大学数学系列丛书

数学建模简明教程

A Concise Course in Mathematical Modeling

（修订本）

王兵团　编著

清华大学出版社

北京交通大学出版社

·北京·

内 容 简 介

本书侧重数学建模知识的了解和数学建模能力及意识的培养，案例丰富，由浅入深，便于学生自学和教师教学。本着简明、实用和有趣的原则，书中的内容主要以初、中等难度数学建模问题为主，以求达到降低数学建模学习起点、实用和通俗易懂的目的。读者只要学过微积分、线性代数和了解简单的概率统计知识就可以学习本书。特别值得一提的是，本书很多内容只需具有高中水平就可以读懂。

本书可作为高校各专业的专科生、本科生、研究生及工程技术人员学习数学建模课程的教材和参考书，其中很多案例可以用于大学数学教学的应用案例。

图书在版编目（CIP）数据

数学建模简明教程/ 王兵团编著. —北京：清华大学出版社；北京交通大学出版社，2012.2（2020.8 修订）

（大学数学系列丛书）

ISBN 978 - 7 - 5121 - 0910 - 0

Ⅰ. ① 数…　Ⅱ. ① 王…　Ⅲ. ① 数学模型-高等学校-教材　Ⅳ. ① O141.4

中国版本图书馆 CIP 数据核字（2012）第 018329 号

责任编辑：黎 丹　　特邀编辑：樊 月

出版发行：清 华 大 学 出 版 社　　邮编：100084　　电话：010 - 62776969
　　　　　北京交通大学出版社　　　邮编：100044　　电话：010 - 51686414
印 刷 者：北京时代华都印刷有限公司
经　　销：全国新华书店
开　　本：185×230　　印张：14　　字数：314 千字
版　　次：2012 年 3 月第 1 版　　2020 年 8 月第 1 次修订　　2020 年 8 月第 4 次印刷
书　　号：ISBN 978 - 7 - 5121 - 0910 - 0/O · 94
印　　数：6 001~7 000 册　　定价：39.00 元

本书如有质量问题，请向北京交通大学出版社质监组反映。对您的意见和批评，我们表示欢迎和感谢。

投诉电话：010 - 51686043，51686008；传真：010 - 62225406；E-mail：press@ bjtu. edu. cn。

序言

数学建模在科学技术发展中的重要作用越来越受到社会的普遍重视，并已经成为现代科学技术工作者必备的重要能力之一。

数学建模教学的目的是培养学生认识问题和解决问题的能力，它涉及对问题积极思考的习惯、理论联系实际并善于发现问题的能力、能在口头和文字上清楚表达自己思想、熟练使用计算机的技能和培养集体合作的团队精神等，所有这些对提高学生的素质都是很有帮助的，非常符合当今提倡素质教育精神的要求。

一个人科研素质的提高是一个过程，具有循环渐进的特点。既然数学建模教学可以达到提高人们科研素质的目的，那么编写一本难度不大的数学建模教材，让学生通过它能较早接触数学建模知识，了解数学建模的方法，可以使其在整个大学学习中有更多的时间锻炼自己的科研素质。在这种思想的指导下，我在2004年主编出版了《数学建模基础》一书。该书出版后，受到很多学校师生的欢迎，并多次印刷再版，这对我是一个很好的激励。在近几年的出国学术访问、国内讲座授课和进行科学研究过程中，编写一本更加实用、学生更加易学、教师更加易教的教材始终是我的一个目标。经过近10年的工作沉淀，终于完成了这本教材。

本书是在我的《数学建模基础》一书基础上做较大改动完成的，其内容有很多是我的科研工作和近几年接触到新东西，并融入了我对数学建模的新认识。书中的内容已在我的教学和讲座辅导中讲授过多年。本着简明、实用和有趣的原则，书中的内容还是主要以初、中等难度数学建模问题为主，以求达到降低数学建模学习起点、实用和通俗易懂的目的。读者只要学过微积分、线性代数和了解简单的概率统计知识就可以学习本书。特别值得一提的是，本书很多内容只需具有高中水平就可以读懂。

全书共分为9章，内容涉及数学建模基础知识、经济问题模型、种群问题模型、随机问题模型、微分方程模型、数值方法模型、面向问题的新算法构造和实际问题变为数学问题的方法。此外，为使学生了解和参加国际国内的数学建模竞赛，本书在附录A介绍了数学建模竞赛的一些内容；附录B给出了数学建模竞赛论文写作注意事项；附录 C 给出了我校学生获得全国大学生和美国大学生数学建模竞赛的赛题和获奖论文原文；附录 D 给出了我校学生的参加数学建模竞赛的感想。附录中的获奖论文没有经过裁减和给出点评，目的是让想参加数学建模竞赛的同学通过阅读获奖论文原文了解数学建模竞赛论文的整体情况，自己思考总结并从这些获奖原文中得到启发。

  本书的建模问题是我在开设数学建模选修课和辅导学生数学建模竞赛多次讲授的问题，实践表明它们都是初学数学建模的学生很感兴趣的建模问题。为正式出版本教材，我又将其做了重新整理和编排。由于本人水平有限，书中难免有不当之处，恳请广大读者指正。

  本书在写作过程中受到全国各地师生的关注，他们给我提出很多保贵建议，此外，我的数学建模团队和学校教务处也在多方面给了我很大帮助，在此一并向他们表示感谢！

编 者
2012 年 2 月

第1章 引 论

在目前崇尚科学探索和追求经济效益的活动中，会经常听到"数学建模"这个词汇，但数学建模能做什么很多人却不知道. 不了解数学建模的人把数学建模理解为单一的数学课程，其中一些人看到一些高精尖的科研问题中经常涉及数学建模问题，还把数学建模看成是很高深的理论，只有研究生水平才能学懂它. 面对这些疑问，本章将给予回答，同时系统介绍有关数学建模的知识和方法.

1.1 什么是数学建模

数学建模是数学知识与实际问题连接的桥梁，它是借助数学的知识和方法来描述实际问题的主要规律，以达到解决实际问题的目的. 数学建模过程中，要先把实际问题用数学语言来描述，以将其转化为我们熟悉的数学问题和形式，然后通过对这些数学问题的求解来获得相应实际问题的解决方案或对相应实际问题有更深入的了解，以帮助决策者进行决策.

数学建模问题不是一个纯数学的问题. 以2001年全国大学生数学建模竞赛考题为例，此年出了两个赛题让参赛队在其中任选一个来做. 这两个赛题是"血管的三维重建问题"和"公交车调度问题". 第一个题目是生物医学方面的问题，而第二个题目是交通问题. 再看看以前各届国内外数学建模试题，更是五花八门，有动物保护、施肥方案、抓走私船的策略、应急设施的选址等. 实际上，熟悉科学研究的人会发现：数学建模的内容正是科学研究工作者及在读研究生完成毕业论文要做的主要工作，是科学研究和生产实践中的重要方法.

由于数学建模具有可以培养学生解决实际问题能力的特点，并且在建模过程中要用到很多数学和计算机应用方面的知识，这对在校大学生和研究生学好数学和计算机课程、提高解决实际问题的能力都是非常有益处的. 因此，了解和学习数学建模知识对渴望提高自身科研素质的读者无疑是很有帮助的.

现实问题与数学模型有如图1-1所示的关系.

图1-1 现实问题与数学模型的关系

学习数学建模，应该了解如下有关的概念.

1. 原型（Prototype）

人们在现实世界里关心、研究、或从事生产、管理的实际对象称为原型. 原型有研究对象、实际问题等.

2. 模型（Model）

为某个目的将原型的某一部分信息进行简缩、提炼而构成的原型替代物称为模型. 模型有直观模型、物理模型、思维模型、计算模型、数学模型等.

一个原型可以有多个不同的模型. 例如，对飞机这个研究对象，我们要研究飞机在空气中飞行的空气动力学问题，此时只要用对飞机外形进行简缩、提炼获得的飞机模型代替原飞机来研究即可，而不必考虑飞机内部构造；但若要研究飞机的机舱设计问题，就只要用对飞机内部结构进行简缩、提炼获得的飞机模型代替原飞机来研究，而不必考虑飞机的外部构造. 这样，我们对飞机这个研究对象至少可以得到两个不同的模型.

3. 数学模型

由数字、字母、或其他数学符号组成，描述实际对象数量规律的数学公式、图形或算法称为数学模型.

数学模型最常见的表现形式是一个或一组数学公式. 我们在中学所熟悉的万有引力公式、化学反应方程式或各个学科知识中出现的所有数学关系式等都是数学模型. 借助数学模型，人们可以更加深入地理解对应实际问题的因果关系和运行规律.

在社会科学中，用数学模型表示一个结论可以达到简单明了、通俗易懂的效果. 例如，爱因斯坦通过自己的切身体会总结出关于人生成功的名言：

$$\text{"人生成功}=\text{艰苦的工作}+\text{正确的方法}+\text{少谈空话"}$$

它对应的数学模型就是

$$S=x+y+z$$

这里 S 代表人生的功成名就，x 代表艰苦的工作，y 代表正确的方法，z 代表少谈空话.

再如，爱迪生有一句关于天才的至理名言：

$$\text{"天才就是百分之九十九的汗水加百分之一的灵感"}$$

它对应的数学模型是

$$G=1\%a+99\%s$$

这里 G 代表天才，a 代表灵感，s 代表汗水.

1.2　数学建模的方法和步骤

数学建模乍听起来似乎很高深，但实际上并非如此. 例如，在中学的数学课程中做应用题列出的数学式子就是简单的数学模型，而做题的过程就是在进行简单的数学建模. 下面用一道代数应用题的求解过程来说明数学建模的步骤.

【例 1 - 1】　一个笼子里装有鸡和兔若干只, 已知它们共有 8 个头和 22 只脚, 问该笼子中有多少只鸡和多少只兔?

解　设笼中有鸡 x 只, 兔 y 只, 由已知条件有

$$\begin{cases} x+y=8 \\ 2x+4y=22 \end{cases}$$

求解以上二元方程组, 得 $x=5$, $y=3$, 即该笼子中有鸡 5 只, 兔 3 只. 将此结果代入原题进行验证可知所求结果正确.

根据例题可以得出数学建模的大致步骤为:

① 根据问题的背景和建模的目的做出假设 (本题隐含的假设是鸡、兔正常, 畸形的鸡、兔除外);

② 用字母表示要求的未知量;

③ 根据已知的常识列出数学式子或图形 (本题中的常识为鸡、兔都有一个头且鸡有 2 只脚, 兔有 4 只脚);

④ 求出数学式子的解答;

⑤ 验证所得结果的正确性.

如果想对某个实际问题进行数学建模, 通常要先了解该问题的实际背景和建模目的, 尽量弄清楚要建模的问题属于哪一类学科, 然后通过互联网或图书馆查找、搜集与建模要求有关的资料和信息, 为接下来的数学建模做准备, 这一过程称为**模型准备**. 由于人们所掌握的专业知识是有限的, 而实际问题往往是多样的、复杂的, 所以模型准备对做好数学建模问题是非常重要的.

一个实际问题往往会涉及很多因素, 如果把涉及的所有因素都考虑到, 既不可能也没必要, 而且还会使问题复杂化而导致建模失败. 要想把实际问题变为数学问题, 需要对其进行必要的、合理的简化和假设, 这一过程称为**模型假设**. 在明确建模目的和掌握相关资料的基础上, 略去一些次要因素, 以主要矛盾为主来对该实际问题进行适当的简化, 并提出合理的假设, 这样可以为数学建模带来方便, 进而使问题得到解决. 一般地, 所得建模的结果依赖于对应模型的假设, 模型假设到何种程度取决于经验和具体问题. 在整个建模过程中, 模型假设可以通过不断修改得到逐步完善.

有了模型假设, 就可以选择适当的数学工具并根据已有的知识和搜集的信息来描述变量之间的关系或其他数学结构 (如数学公式、定理、算法等) 了, 这一过程称为**模型构成**. 在进行模型构成时, 可以使用各种各样的数学理论和方法, 必要时还需要创造新的数学理论和方法, 但要注意的是在保证精度的条件下尽量用简单的数学方法. 要求建模者对所有数学学科都精通是做不到的, 但做到了解这些学科能解决哪一类问题和解决问题的方法对开阔思路是很有帮助的. 此外, 根据不同对象的一些相似性, 借用某些学科中的数学模型, 也是模型构成中常使用的方法. 模型构成是数学建模的关键.

在模型构成中建立的数学模型可以采用解方程、推理、图解、计算机模拟、定理证明等各种传统的和现代的数学方法进行求解，其中有些工作可以用计算机软件来完成. 建模的目的是解释自然现象、寻找规律以解决实际问题. 要达到此目的，还需对获得的结果进行数学分析，如分析变量之间的依赖关系和稳定状况等，这一过程称为**模型求解与分析**.

把模型的分析结果与研究的实际问题做比较，以检验模型的合理性，这一过程称为**模型检验**. 模型检验对建模的成败是很重要的，如果检验结果不符合实际，应该修改、补充假设或改换其他数学方法，重新做模型构成. 通常，一个模型要经过多次反复修改才能得到满意的结果.

利用建模中获得的正确模型对研究的实际问题给出预报或对类似实际问题进行分析、解释和预报以供决策者参考，这一过程称为**模型应用**.

以上数学建模的一般步骤可以用图 1-2 加以说明.

模型准备 ➤ 模型假设 ➤ 模型构成 ➤ 模型求解与分析 ➤ 模型检验 ➤ 模型应用

图 1-2

要注意的是，上述数学建模一般步骤中的每个过程不必在每个建模问题中都要出现，有时各个过程之间没有明显的界限. 这里要指出的是，数学建模的过程不是教条的，而是灵活多样的，衡量数学建模成功与否的标准主要看研究者是否最终解决了问题. 下面用一个建模例子来说明本节的内容.

案例　四足动物的身长和体重关系问题

中国农村的农民经常用测量自家所养猪的身长来估算猪的重量，这是否说明猪的身长和体重有一个计算公式？请用数学建模的方式找到这个计算公式.

模型准备

四足动物的生理构造因种类不同而有所差异，如果陷入生物学对复杂生理结构的研究，将很难得到有价值的模型. 为此可以在较粗浅假设的基础上，建立动物的身长和体重的比例关系. 本问题与体积和弹性力学有关，搜集与此有关的资料得到弹性力学中两端固定的弹性梁的一个结果：长度为 L 的圆柱形弹性梁在自身重力 f 的作用下，弹性梁的最大弯曲 v 与重力 f 和梁的长度 L 的立方成正比，与梁的截面面积 s 和梁的直径 d 的平方成反比，即

$$v \propto \frac{fL^3}{sd^2}$$

利用这个结果，采用类比的方法给出以下假设.

模型假设

（1）设四足动物的躯干（不包括头、尾）是长度为 L、断面直径为 d 的圆柱体，其体

积为 m;

(2) 四足动物的躯干（不包括头、尾）重量与其体重相同，记为 f;

(3) 四足动物可看做一根支撑在四肢上的弹性梁，其腰部的最大下垂对应弹性梁的最大弯曲，记为 v.

模型构成

正比关系与等式关系具有同样的性质，但正比关系表达式具有更简单的形式。如 x 与 y 成正比，用正比关系表示就是 $x \propto y$，而用等式关系表示就是 $x = ky$，k 为常数。为推导公式过程的简洁，这里用正比关系表达式来做推导。

因为重量与体积成正比且相等关系也是正比关系，有

$$f \propto m, \quad m \propto sL$$

根据弹性理论结果及正比关系的传递性，得

$$v \propto \frac{sL^4}{sd^2} = \frac{L^4}{d^2} \Rightarrow \frac{v}{L} \propto \frac{L^3}{d^2}$$

上式多一个变量 v。为到达去掉变量 v 的目的，需要依据其他的知识来帮助。注意到 $\frac{v}{L}$ 可以看做是动物躯干的相对下垂度，从生物进化观点，可以对相对下垂度得出如下推断

1) $\frac{v}{L}$ 太大，四肢将无法支撑，此种动物必被淘汰;

2) $\frac{v}{L}$ 太小，四肢的材料和尺寸超过了支撑躯体的需要，是一种浪费，不符合进化理论。

由此从生物学的角度可以确定，对于每一种生存下来的动物，经过长期进化后，相对下垂度 $\frac{v}{L}$ 已经达到其最合适的数值，它应该接近一个常数 k（不同种类的动物，常数值不同）。于是可以得出

$$\frac{v}{L} \propto \frac{L^3}{d^2} \Rightarrow k \propto \frac{L^3}{d^2} \Rightarrow d^2 \propto L^2$$

再由

$$f \propto sL, \quad s \propto d^2 \propto L^3 \Rightarrow f \propto L^4$$

由此得到四足动物体重与躯干长度的关系的数学模型

$$f = kL^4$$

如上数学模型指出了四足动物的体重与身长的四次方成正比. 显然该数学模型的得出过程比较粗糙，但没有关系，因为数学建模注重的是结果的有效性. 下面用模型检验来说明所得结果的正确性.

模型检验

随机选取一个养猪场的若干头猪或养羊场的若干只羊作为样本，分别测量这些动物

的身长和体重以获得一组实验数据，然后用这组数据代入所得数学模型中，用最小二乘法可以确定公式中的比例常数 k，由此得到描述该动物养殖场动物的躯体长度估计它体重公式．我们用这个具有已知常数 k 的公式来估算该养殖场的其他动物的身长与体重的关系，发现结果是令人满意的．模型检验结果肯定了所得数学模型是正确的．

模型应用

对于养殖场的一种四足动物，先随机采集若干只动物测量它们的身长和体重获得数据，然后用最小二乘法确定公式中的比例常数 k，这样可以得到该养殖场动物的躯体长度与其体重关系的具体公式．利用这个公式，可以不必通过称重，只通过测量其身长就可以得到该只动物的体重，这会给动物称重工作带来很大方便．

简评

发挥想象力，利用类比方法，对问题进行大胆的假设和简化是数学建模的一个重要方法．不过，使用此方法时要注意对所得数学模型进行检验．

应当指出的是，对于同一个实际问题，由于考虑解决问题的假设（即解决问题的前提条件）不同或所建立模型使用的知识的不同，经常会得出不同的数学模型．这些模型都是有意义的，因为它们或是考虑问题的出发点不同，因而所得数学模型适用的范围不同；或是采用的工具（知识和方法）不同，因而所得数学模型有不同的表现形式．我们不能要求所得出的数学模型都一模一样，这也是数学建模没有唯一正确的标准答案的原因．此外，同一结果用不同形式表述也是数学建模经常使用的方法，人们经常用这种方式来使所解决问题的结果更具多样性特点，这里用人们对我国唐朝诗人杜牧描述清明节的诗歌《清明》的不同改写来说明这一点．杜牧的诗歌《清明》为

清明时节雨纷纷，路上行人欲断魂．
借问酒家何处有？牧童遥指杏花村．

有人将其改写成如下宋词和元曲的形式：

宋词	剧本（元曲）
清明时节雨，	［清明时节］［雨纷纷］
纷纷路上行人，	［路上］
欲断魂．	行人（欲断魂）：
借问酒家何处，	借问酒家何处有？
有牧童，	牧童（遥指）：
遥指杏花村．	杏花村．

上面表述清明节的 3 种不同形式所用的汉字相同，但采取了不同的文字结构．杜牧的七言唐诗文字结构比较规整，适于言志；改写的宋词文字结构错落有序，用语活跃，

适于抒情；而元曲用语白话，易懂，适于百姓故事. 不难看到，这三种形式表达的是同一个内容，但又各具特点.

1.3　数学建模的作用

数学建模的作用主要体现在如下三点.

① 解释实际现象，以洞察其本质；

② 找到解决实际问题的方法和途径；

③ 给出实际问题的运行规律，以便决策者根据他们的目的作出实施方案.

上述三点是当今科学研究和生产实践活动最重要的内容. 下面用具体案例说明之.

1. 英文词汇解释

在当今社会，为了使自己生活圆满，有人追求金钱，有人追求权利，还有人追求爱情等. 那么这些人们追求的东西能使自己生活圆满吗？对此，有人借助英文词汇建立了一个用算法表述生活圆满程度的数学模型：

① 将 A、B、C、D、E、…、X、Y、Z 这 26 个英文字母，分别对应百分数 1％、2％、…、26％这 26 个数值；

② 对每一个英文词包含的字母进行对应百分数相加得到该词的权重数，称其为生活圆满度.

用这个数学模型，可以计算出人们所追求的生活圆满百分比数：

MONEY（金钱）：M＋O＋N＋E＋Y＝13＋15＋14＋5＋25＝72％

LEADERSHIP（权利）：L＋E＋A＋D＋E＋R＋S＋H＋I＋P＝97％

LOVE（爱情）：L＋O＋V＋E＝12＋15＋22＋5＝54％

上面的几个计算我们尚没有找到最圆满（100％）的词汇，再尝试几个热门词汇：

LUCK（运气）：L＋U＋C＋K＝12＋21＋3＋11＝47％

KNOWLEDGE（知识）：K＋N＋O＋W＋L＋E＋D＋G＋E＝96％

HARD WORK（努力工作）：H＋A＋R＋D＋W＋O＋R＋K＝98％

STUDY（学习）：S＋T＋U＋D＋Y＝19＋20＋21＋4＋25＝89％

SEX（性）：S＋E＋X＝19＋24＋5＝48％

至此，我们还没有找到最圆满的词汇. 那么什么是最圆满的呢？想到人们常说态度决定一切，那么是这个词汇吗？计算为

ATTITUDE（态度）：

A＋T＋T＋I＋T＋U＋D＋E＝1＋20＋20＋9＋20＋21＋4＋5＝100％

仔细思考会发现，用该模型所得的计算结果与实际情况基本相符的，说明该模型是正确的，找到了正确描述生活圆满度的定量方法. 这个模型量化了社会热点内容的生活圆满度，使我们了解了热点内容生活圆满度的大小，并告诉我们对待工作、生活的态度

能够使我们的生活达到 100%的圆满!

2. 手掌指关节分布研究

美国一名治疗残疾病医院的医生打算开发一种新的治疗方法,为此他咨询了一名从事数学建模研究的教授,希望他能从数学模型方面给出新的治疗法或建议.该医生告诉教授,他治疗的病人的残疾特点是走路像大猩猩,而且手掌与常人有明显不同.教授听后,让这名医生提供 20 张该类残疾人的手掌正面图.

为研究的需要,他拿到该图后,自己又找了 20 张正常人的手掌正面图.他用数学建模的方法,通过一段时间的研究后,发现正常人五个手指的第二关节点基本处在一条椭圆曲线上,而残疾人五个第二指关节点没有这种特点.于是根据这个研究结果,他提出了"通过物理拉伸指关节的方式,将残疾人的五个第二指关节点拉伸到一条椭圆曲线上"的治疗新方法给该医生.同时,他又找到了几张大猩猩的正面手掌图,发现大猩猩手掌第二指关节点的分布也不在一条椭圆曲线上.他用这个结果解释了为什么这类残疾人走路动作像大猩猩的现象.

3. 王选汉字精密照排系统开发

20 世纪初,国外出现了一种利用照相原理来代替铅活字的排版技术.到了 20 世纪 70 年代,国外的印刷业已经发生了翻天覆地的变化,激光照排机已经发展到了第四代,而中国的印刷业却还在汉字的"丛林里"艰难跋涉.然而,我国自己的一项伟大发明引起了一场技术革命,彻底改变了印刷行业的命运,这便是北京大学王选教授发明的"精密汉字照排系统".王选的发明使中文印刷业告别了"铅与火",大步跨进"光与电"的时代,同时他也被人们赞誉为"当代毕昇"和"汉字激光照排之父".目前,全国出版界已有 80%使用了以该技术为核心的国产激光照排机,在全世界几乎凡有中文出版物的地方,该产品都占有绝对优势.

汉字的常用字在 3 000 字以上,印刷用字体、字号又多,每种字体起码需要 7 000 多字,这样印刷用汉字个数高达 100 万以上,汉字点阵对应的总储量将达 200 亿位!然而,当时科研条件十分简陋:国产计算机内存是磁心存储器,最大容量为 64 KB;没有硬盘,只有一个 512 KB 的磁鼓和一条磁带.要想实现庞大的汉字字形信息的存储和输出,在许多人看来真是天方夜谭!王选利用数学建模的方法来处理信息压缩问题,找到了用数学方法计算汉字轮廓曲率的"高招",使庞大的汉字字模减少到 1/500,扫清了研制汉字精密照排系统的最大障碍.他在后来发明的汉字字形信息高速还原技术、不失真的文字变倍技术等都是借助数学建模完成的.

对于数学而言,一些人觉得除了考试之外,数学用处不大.如果你有这个认识,说明你还不了解数学建模或还没有达到科研和技术开发的一定层次.实际中,我们会看到很多著名科学家或工程大师都有很好的数学功底,特别是数学建模的功底!

如果把科研攻关比作一场足球比赛,那么数学在其中的作用是射门时刻的临门一脚，而数学建模则是助你将足球打入禁区的功臣！

1.4 怎样做数学建模

数学建模是一种迭代过程，这是因为在进行数学建模时依赖于模型假设．通常在建模开始时作的初始假设会有些遗漏或不太合适，以至于得出的数学模型与实际不符，这样就要修改假设再重新建模．

数学建模一般是从先建立一个简单的模型开始，然后根据模型的特点和实际需要来修改简单模型使其不断丰富，以获得所要解决问题的复杂一些的数学模型．此外，对要解决的问题若因为考虑太多不能建立一个数学模型或不能求解已经建立的模型，对其进行简化就是我们的首选．建立简化模型是学习数学建模的重要内容，它不但可以给所解决问题指出研究的方向，而且有时甚至是能否使用数学建模技术的关键．

- 建立简化模型或对已经有的数学模型进行简化的方法有：
① 限制问题的识别使问题更具体些；
② 忽略一些变量或因素；
③ 用多个变量的合并效果表示一个变量以减少变量个数；
④ 把一些变量作为常数来考虑；
⑤ 对有关系的变量采用简单线性关系；
⑥ 给出更多的假设．

只有简化模型是不够的，要获得更好的数学模型常采用对简化模型进行改进的方法。

- 对已经有的数学模型进行改进的方法有：
① 把问题进行扩展；
② 加入额外的变量；
③ 仔细考虑模型中的每个变量；
④ 把常数改为变量考虑；
⑤ 考虑变量之间的非线性关系；
⑥ 减少假设的条件．

数学建模通过模型简化和改进使建立的数学模型具有了一般性、现实性和准确性．为说明这一点，请看下面历史上著名的人口增长模型的建模案例．

案例 人口增长模型

人类文明发展到今天，人口与资源之间的矛盾日渐突出，人口问题已成为当前世界上被各国政府和人口科学家最普遍关注的问题之一．请用数学建模的方式建立人口增长的数学模型．

1. 简单模型（指数增长模型，Malthus 模型）

模型假设

① 地球上的资源无限；

② 单位时间人口的增长量与当时人口数成正比，即人口增长率为常数；

③ 人口数足够大，是时间的连续可微函数．

符号说明

t：研究人口变化规律的时间，t_0 是研究开始时间；

r：人口增长率；

$P(t)$：在时刻 t 某地区的人口数．

模型建立及求解

由模型假设，在 t 到 $t+\Delta t$ 时间内人口数的增长量为

$$P(t+\Delta t)-P(t)=rP(t)\Delta t$$

两端除以 Δt，得到

$$\frac{P(t+\Delta t)-P(t)}{\Delta t}=rP(t)$$

由假设①；$P(t)$ 连续可微，令 $\Delta t\to 0$，就可以写出微分方程 $\dfrac{\mathrm{d}P}{\mathrm{d}t}=rP$。如果设 $t=t_0$ 时刻的人口数为 P_0，则 $P(t)$ 满足初值问题：

$$\begin{cases} \dfrac{\mathrm{d}P}{\mathrm{d}t}=rP \\ P(t_0)=P_0 \end{cases} \qquad (1-1)$$

求解之，得出人口数学模型为

$$P(t)=P_0\mathrm{e}^{r(t-t_0)}, \quad t\geqslant t_0$$

显然，由于 $r>0$，当 $t\geqslant t_0$ 时，$P(t)$ 随时间指数地增长，故该模型称为指数增长模型，它是 Malthus 首先得出的，也称为 Malthus 模型．

模型检验

① 通过历史人口数据检验，发现 Malthus 模型在 19 世纪以前欧洲一些地区的人口统计数据可以很好地吻合，但对 19 世纪以后的许多国家，模型遇到了很大的挑战．

② 注意到 $\lim\limits_{t\to\infty}P(t)=\lim\limits_{t\to\infty}P_0\mathrm{e}^{r(t-t_0)}=+\infty$，而我们的地球是有限的，故 Malthus 模型对未来人口总数预测非常荒谬，不合常理，应该予以修正．

2. 改进模型（阻滞增长模型，Logistic 模型）

一个模型的缺陷，通常可以在模型假设当中找到其症结所在．在指数增长模型中，只考虑了人口数本身一个因素影响人口的增长速率，事实上影响人口增长的另外一个因

素还有资源（包括自然资源、环境条件等因素）. 随着人口的增长，资源量对人口增长
开始起阻滞作用，因而人口增长率会逐渐下降. 许多国家的实际情况都是如此. 定性的
分析，人口数与资源量对人口增长的贡献均应当是正向的.

模型假设

① 地球上的资源有限；
② 单位时间人口的增长量与当时人口数成正比，与当时剩余资源也成正比；
③ 人口数足够大，是时间的连续可微函数.

符号说明

t：研究人口变化规律的时间，t_0 是研究开始时间；
r：人口的增长率；
$P(t)$：在时刻 t 某地区的人口数；
P^*：地球的极限承载人口数.

模型建立及求解

地球上的资源有限，不妨设为 1，故一个人的正常生存需要占用资源 $1/P^*$，在时
刻 t 地球剩余资源为 $1-P/P^*$. 由模型假设②和③，易写出如下微分方程模型

$$\begin{cases} \dfrac{dP}{dt} = rP(1-P/P^*) \\ P(t_0) = P_0 \end{cases} \qquad (1-2)$$

这是一个 Bernoulli 方程的初值问题，其解为

$$P(t) = \frac{P^*}{1 + \left(\dfrac{P^*}{P_0} - 1\right) e^{-r(t-t_0)}}$$

在这个模型中，我们考虑了资源量对人口增长率的阻滞作用，因而称为阻滞增长模
型（或 Logistic 模型）. 其图形如图 1-3 所示.

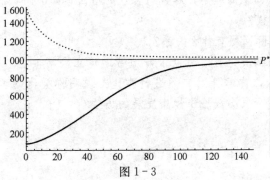

图 1-3

模型检验

从图 1-3 可以看出，人口总数具有如下规律：当人口数的初始值 $P_0 > P^*$ 时，人口曲线（虚线）单调递减，而当人口数的初始值 $P_0 < P^*$ 时，人口曲线（实线）单调递增；无论人口初值如何，当 $t \to \infty$，它们皆趋于极限值 P^*.

检验结果说明 Logistic 模型修正了 Malthus 模型的不足，其在做相对较长时期的人口预测时比 Malthus 模型更准确.

模型讨论

阻滞增长模型从一定程度上克服了指数增长模型的不足，可以被用来做相对较长时期的人口预测，而指数增长模型在做人口的短期预测时，因为其形式的相对简单性也常被采用.

不论是指数增长模型曲线，还是阻滞增长模型曲线，它们有一个共同的特点，即均为单调曲线. 但我们从一些有关我国人口预测的资料发现这样的预测结果：在直到 2030 年这一段时期内，我国的人口一直将保持增加的势头，到 2030 年前后我国人口将达到最大峰值 16 亿，之后将进入缓慢减少的过程——这是一条非单调的曲线，即说明其预测方法不是本节提到的两种方法的任何一种. 要想做出更好的人口预测模型，就要做对模型做更进一步改进才行.

习题与思考

1. 数学建模是怎么回事？数学建模的一般步骤是什么？
2. 什么是数学模型？简述数学模型的作用.
3. 在数学建模时为什么要进行模型假设？哪些内容应该在模型假设中给出？
4. 在数学建模时为什么要进行模型检验？模型检验要从哪些方面来做？
5. 数学建模的作用有哪些？
6. 用自己对数学建模知识的理解，尽量用自己的话回答如下问题：
   （1）怎样做数学建模？
   （2）数学建模与实际问题有什么关系？
7. 数学建模中，恰当的类比有时可以很好地帮助建立数学模型. 如果把一个社会或一个城市看作一个人，你怎样对它们进行类比？说明你类比的理由. 根据人的特点，你能提出哪些有利于社会或城市健康发展的方法？

第 2 章 典型的数学建模案例

数学建模是把实际问题变为数学问题后来寻找解决实际问题的方法或答案的. 为让读者了解并学习用数学建模解决问题的方法和过程, 本章将详细介绍有代表性的 7 个典型案例, 这些案例虽然难度不大, 但能很好地体现数学建模的过程和方法.

案例 1 双层玻璃的功效问题

北方城镇的窗户玻璃是双层的, 这样做的目的是使室内保温, 试用数学建模的方法给出双层玻璃能减少热量损失的定量分析结果.

模型准备

本问题与热量的传播形式、温度有关. 检索有关的资料得到与热量传播有关的一个结果——热传导物理定律:

厚度为 d 的均匀介质, 两侧温度差为 ΔT, 则单位时间内由温度高的一侧向温度低的一侧通过单位面积的热量 Q 与 ΔT 成正比, 与 d 成反比, 即

$$Q = k\frac{\Delta T}{d}$$

其中, k 为热传导系数.

模型假设

根据以上定律做如下假设:
① 室内的热量传播只有传导形式 (不考虑对流、辐射);
② 室内温度与室外温度保持不变 (即单位时间通过窗户单位面积的热量是常数);
③ 玻璃厚度一定, 玻璃材料均匀 (热传导系数是常数).

模型构成

如图 2-1 所示, 其中的符号表示为:
d——玻璃厚度;
T_1——室内温度;
T_2——室外温度;

T_a——靠近内层玻璃的温度；

T_b——靠近外层玻璃的温度；

L——玻璃之间的距离；

k_1——玻璃热传导系数；

k_2——空气热传导系数.

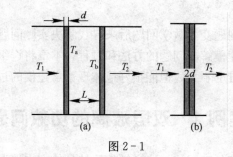

图 2 - 1

对中间有缝隙的双层玻璃，由热量守恒定律应有：穿过内层玻璃的热量等于穿过中间空气层的热量，等于穿过外层玻璃的热量. 所以根据热传导物理定律，得

$$Q=k_1\frac{T_1-T_a}{d}=k_2\frac{T_a-T_b}{L}=k_1\frac{T_b-T_2}{d}$$

消去不易测量的 T_a、T_b，有

$$Q=k_1\frac{T_1-T_2}{d(s+2)}$$

其中

$$s=h\frac{k_1}{k_2}, \quad h=\frac{L}{d}$$

对中间无缝隙的双层玻璃，可以视做厚度为 $2d$ 的单层玻璃，故根据热传导物理定律，有

$$Q'=k_1\frac{T_1-T_2}{2d}$$

而

$$\frac{Q}{Q'}=\frac{2}{s+2}$$

即有

$$Q<Q'$$

此式说明双层玻璃比厚度为 2 层的单层玻璃保温，当然比单层玻璃更保温.

为得到定量结果，考虑 s 的值，查资料有

常用玻璃　$k_1=0.4\sim0.8\text{W/(m·K)}$

静止的干燥空气　$k_2=0.025\text{W/(m·K)}$

若取最保守的估计，有

$$\frac{k_1}{k_2}=16,\qquad \frac{Q}{Q'}=\frac{1}{8h+1},\qquad h=\frac{L}{d}$$

由于 $\frac{Q}{Q'}$ 可以反映双层玻璃在减少热量损失的功效，它是 h 的函数．下面从图形考察它的取值情况．

从图 2-2 中可知，此函数无极小值，且当 h 从零变大时，$\frac{Q}{Q'}$ 迅速下降，但 h 超过 4 后下降变慢．

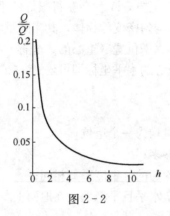

图 2-2

从节约材料方面考虑，h 不宜选择过大，以免浪费材料．如果取 $h\approx4$，有

$$\frac{Q}{Q'}\approx3\%$$

这说明在最保守估计下，玻璃之间的距离约为玻璃厚度的 4 倍时，双层玻璃比单层玻璃避免热量损失可达 97%．

简评　本问题给出的启示是：对于不太熟悉的问题，可以根据实际问题涉及的概念着手去搜索有利于进行数学建模的结论来建模，此时建模中的假设要以所用结论成立的条件给出．此外，本题通过对减少热量损失功效的处理给出了对没有函数极值的求极值问题的一个解决方法．

案例 2　搭积木问题

将一块积木作为基础，在它上面叠放其他积木，问上下积木之间的"向右前伸"可以达到多少？

模型准备

这个问题涉及重心的概念．关于重心的结果有：设 xOy 平面上有 n 个质点，它们

的坐标分别为 (x_1, y_1)，(x_2, y_2)，…，(x_n, y_n)，对应的质量分别为 m_1，m_2，…，m_n，则该质点系的重心坐标 $(\bar{x}, \bar{y})$ 满足的关系式为

$$\bar{x} = \frac{\sum\limits_{i=1}^{n} m_i x_i}{\sum\limits_{i=1}^{n} m_i}, \quad \bar{y} = \frac{\sum\limits_{i=1}^{n} m_i y_i}{\sum\limits_{i=1}^{n} m_i}$$

此外，每个刚性的物体都有重心。重心的意义在于：当物体 A 被物体 B 支撑时，只要它的重心位于物体 B 的正上方，A 就会获得很好的平衡；如果 A 的重心超出了 B 的边缘，A 就会落下来。对于均匀密度的物体，其实际重心就是几何中心。

因为本问题主要与重心的水平位置（重心的 x 坐标）有关，与垂直位置（重心的 y 坐标）无关，所以只要研究重心的水平坐标即可。

模型假设

① 所有积木的长度和重量均为一个单位；
② 参与叠放的积木有足够多；
③ 每块积木的密度都是均匀的，密度系数相同；
④ 最底层的积木可以完全水平且平稳地放在地面上。

模型构成

1）考虑两块积木的叠放情况

对只有两块积木的叠放，注意到此时叠放后的积木平衡主要取决于上面的积木，而下面的积木只起到支撑作用。假设在叠放平衡的前提下，上面积木超过下面积木右端的最大前伸距离为 x_1，选择下面积木的最右端为坐标原点，建立如图 2-3 所示的坐标系。因为积木是均匀的，所以它的重心在其中心位置，且其质量可以认为是集中在重心的，于是每个积木可以认为是质量为 1 且其坐标在重心位置的质点。因为下面的积木总是稳定的，要想上面的积木与下面的积木离开最大的位移且不掉下来，则上面的积木重心应该恰好在底下积木的最右端位置。因此可以得到上面积木在位移最大且不掉下来的中心为 $\frac{1}{2}$（因为积木的长度是1），于是上面的积木可以向右前伸的最大距离 x_1 为 $\frac{1}{2}$。

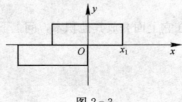

图 2-3

2) 考虑 $n+1$ 块积木的叠放情况

两块积木的情况解决了，如果再加一块积木，叠放情况如何呢？如果增加的积木放在原来两块积木的上边，那么此积木是不能再向右前伸了（为什么），除非再移动底下的积木，但这样会使问题复杂化，因为这里讨论的是建模问题，不是怎样搭积木的问题. 为了便于问题的讨论，把前两块搭好的积木看做一个整体且不再移动它们之间的相对位置，而把增加的积木插入在最底下的积木下方，于是问题又归结为两块积木的叠放问题，不过这次是质量不同的两块积木的叠放问题. 这个处理可以推广到 $n+1$ 块积木的叠放问题，即假设已经叠放好 $n(n>1)$ 块积木后，再加一块积木的叠放问题.

下面就 $n+1(n>1)$ 块积木的叠放问题来讨论. 假设增加的一块积木插入最底层，选择底层积木的最右端为坐标原点建立如图坐标系（如图 2-4 所示）. 考虑上面的 n 块积木的重心关系. 把上面的 n 块积木分成两部分：从最高层开始的前 $n-1$ 块积木，记它们的水平重心为 x_1，总质量为 $n-1$；与最底层积木相连的第 n 块积木，记它的水平重心为 x_2，质量为 1.

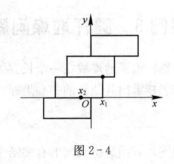

图 2-4

此外，把上面的 n 块积木看做一个整体，并记它的重心水平坐标为 $\bar{x}$，显然 n 块积木的质量为 n. 那么，在保证平衡的前提下，上面 n 块积木的水平重心应该恰好在最底层积木的右端，即有 $\bar{x}=0$. 假设第 n 块积木超过最底层积木右端的最大前伸距离为 z，同样在保证平衡的前提下，从最高层开始的前 $n-1$ 块积木总重心的水平坐标为 z，即有 $x_1=z$，而第 n 块积木的水平重心在距第 n 块积木左端的 $\dfrac{1}{2}$ 处，于是在图 2-4 的坐标系下，第 n 块积木的水平重心坐标为 $x_2=z-\dfrac{1}{2}$. 故由重心的关系，有

$$\bar{x}=\frac{x_1\cdot(n-1)+x_2\cdot 1}{n}=\frac{z\cdot(n-1)+\left(z-\dfrac{1}{2}\right)}{n}=0$$

$$z\cdot(n-1)+\left(z-\frac{1}{2}\right)=0\Rightarrow z=\frac{1}{2n}$$

于是对 3 块积木（即 $n=2$）的叠放有，第 3 块积木的右端到第 1 块积木的右端距离最远可以前伸

$$\frac{1}{2} + \frac{1}{4}$$

对 4 块积木（即 $n=3$）的叠放有，第 4 块积木的右端到第 1 块积木的右端距离最远可以前伸

$$\frac{1}{2} + \frac{1}{4} + \frac{1}{6}$$

对 $n+1$ 块积木的叠放，设从第 $n+1$ 块积木的右端到第 1 块积木的右端最远距离为 d_{n+1}，则有

$$d_{n+1} = \frac{1}{2} + \frac{1}{4} + \cdots + \frac{1}{2n}$$

所以当 $n \to \infty$ 时，有 $d_{n+1} \to \infty$. 这说明随着积木数量的无限增加，最顶层的积木可以前伸到无限远的地方.

简评　本问题给出的启示是：当问题涉及较多对象时，对考虑的问题进行合理的分类往往会使问题变得清晰. 此外，一些看似不可能的事情其实并非不可能.

案例 3　圆杆堆垛问题

把若干不同半径的圆柱形钢杆水平地堆放在一个长方体箱子里，若已知每根杆的半径和最底层各杆的中心坐标，怎样求出其他杆的中心坐标？

模型准备

本问题是一个解析几何问题，利用解析几何的有关结论即可求解.

模型假设

① 箱中最底层的杆接触箱底或紧靠箱壁；
② 除最底层外，箱中的每一根圆杆都恰有两根杆支撑；
③ 箱中的钢杆至少有两层以上.

模型构成

对于本问题，如果把箱中所有钢杆一起考虑会带来较多不便，现把问题分解为已知三个圆杆的半径和两根支撑杆的坐标来求另一个被支撑杆坐标的三杆堆垛问题. 如果三杆堆垛问题解决了，则可以利用它依次求得箱中其他所有圆杆的坐标了. 虽然涉及的是空间物体，但可以用其堆垛的横截面图化为平面问题来解决.

设三个圆杆中两根支撑杆的半径分别为 R_l, R_r，对应坐标为 (x_l, y_l), (x_r, y_r)，被支撑杆的半径和坐标分别为 R_t 和 (x_t, y_t). 连接三根圆杆的中心得到一个三角形，用 a, b, c 表示对应的三条边. 另用两个支撑圆杆的中心作一个直角三角形，如图 2-5

所示，则由几何知识和三角公式，有

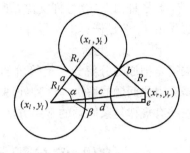

图 2 - 5

$$x_t = x_l + a\cos(\alpha + \beta) = x_l + a(\cos\alpha\cos\beta - \sin\alpha\sin\beta)$$
$$y_t = y_l + a\sin(\alpha + \beta) = y_l + a(\sin\alpha\cos\beta + \cos\alpha\sin\beta)$$

这里计算公式中涉及的数据由如下公式获得

$$a = R_l + R_t, \quad b = R_r + R_t, \quad d = x_r - x_l$$
$$e = y_r - y_l, \quad c = (d^2 + e^2)^{\frac{1}{2}}$$
$$\cos\beta = \frac{d}{c}, \quad \sin\beta = \frac{e}{c}, \quad \cos\alpha = \frac{a^2 + c^2 - b^2}{2ac}$$
$$\sin\alpha = (1 - \cos^2\alpha)^{\frac{1}{2}}$$

在编程计算支撑钢杆的坐标时，为了能快速求出 (x_t, y_t)，可以按如下顺序编程
计算求解：

$$a = R_l + R_t$$
$$b = R_r + R_t$$
$$d = x_r - x_l$$
$$e = y_r - y_l$$
$$c = (d^2 + e^2)^{\frac{1}{2}}$$
$$\mathrm{csb} = \frac{d}{c}$$
$$\mathrm{snb} = \frac{e}{c}$$
$$\mathrm{csa} = \frac{a^2 + c^2 - b^2}{2ac}$$
$$\mathrm{sna} = (1 - \mathrm{csa}^2)^{\frac{1}{2}}$$
$$x_t = x_l + a(\mathrm{csa} \cdot \mathrm{csb} - \mathrm{sna} \cdot \mathrm{snb})$$
$$y_t = y_l + a(\mathrm{sna} \cdot \mathrm{csb} + \mathrm{csa} \cdot \mathrm{snb})$$

有了如上三杆问题的求解，对多于三杆的问题就可以按支撑关系及先后顺序依次求

出所有其他杆的坐标. 例如，如果长方体箱子中有 6 根圆杆，已知 1、2、3 号的圆杆在箱底，4 号杆由 1、2 号杆支撑，5 号杆由 2、3 号杆支撑，6 号杆由 4、5 号杆支撑，则可以调用如上三杆问题的算法先由 1、2 号杆算出 4 号杆坐标，接着再用 2、3 号杆算出 5 号杆坐标，最后用 4、5 号杆算出 6 号杆坐标.

简评　本题建立模型的关键是把原题分解为一组等价的子问题，使问题得以简化，从而通过讨论子问题的求解来获得原问题的解决. 这种处理问题的方法可以使复杂问题变得简单、有效，它是处理一些有规律复杂问题的常用方法.

案例 4　公平的席位分配问题

席位分配在社会活动中经常遇到，如人大代表或职工学生代表的名额分配、其他物质资料的分配等. 通常分配结果的公平与否以每个代表席位所代表的人数相等或接近来衡量. 目前沿用的惯例分配方法为按比例分配方法，即

$$某单位席位分配数＝某单位人数比例×总席位$$

按上述公式进行分配，如果一些单位的席位分配数出现小数，则先按席位分配数的整数分配席位，余下席位按所有参与席位分配单位中小数的大小依次进行分配，这种分配方法公平吗？下面来看一个学院在分配学生代表席位中遇到的问题.

某学院按有甲、乙、丙三个系并设 20 个学生代表席位，其最初学生人数及学生代表席位如表 2-1 所示.

表 2-1　学生席位情况

系　　　名	甲	乙	丙	总　　　数
学　生　数	100	60	40	200
学生人数比例	$\frac{100}{200}$	$\frac{60}{200}$	$\frac{40}{200}$	
席　位　分　配	10	6	4	20

后来由于出现学生转系情况，各系学生人数及学生代表席位有所变化，如表 2-2 所示.

表 2-2　转系后学生席位情况

系　　　名	甲	乙	丙	总　　　数
学　生　数	103	63	34	200
学生人数比例	$\frac{103}{200}$	$\frac{63}{200}$	$\frac{34}{200}$	
按比例分配席位	10.3	6.3	3.4	20
按惯例席位分配	10	6	4	20

由于总代表席位为偶数，使得在解决问题的表决中有时出现表决平局现象而不能达成一致意见．为改变这一情况，学院决定再增加一个代表席位，总代表席位变为 21 个．表 2-3 为重新按惯例分配席位的情况．

表 2-3　增加一个席位后的席位分配情况

系　　　名	甲	乙	丙	总　　　数
学　生　数	103	63	34	200
学生人数比例	$\dfrac{103}{200}$	$\dfrac{63}{200}$	$\dfrac{34}{200}$	
按比例分配席位	10.815	6.615	3.57	21
按惯例席位分配	11	7	3	21

这个分配结果导致丙系比增加席位前少一席位的情况，这让人觉得席位分配明显不公平．这个结果也说明按惯例分配席位的方法有缺陷，请尝试建立更合理的分配席位方法解决上面代表席位分配中出现的不公平问题．

模型构成

先讨论由两个单位公平分配席位的情况，具体如表 2-4 所示．

表 2-4　单位 A、B 分配席位情况

单　　　位	人　　　数	席　位　数	每席代表人数
单位 A	p_1	n_1	$\dfrac{p_1}{n_1}$
单位 B	p_2	n_2	$\dfrac{p_2}{n_2}$

要满足公平，应该有

$$\frac{p_1}{n_1} = \frac{p_2}{n_2}$$

但这一般不成立．注意到等式不成立时，有

若 $\dfrac{p_1}{n_1} > \dfrac{p_2}{n_2}$，则说明单位 A "吃亏"（即对单位 A 不公平）；

若 $\dfrac{p_1}{n_1} < \dfrac{p_2}{n_2}$，则说明单位 B "吃亏"（即对单位 B 不公平）．

因此，可以考虑用算式 $p = \left| \dfrac{p_1}{n_1} - \dfrac{p_2}{n_2} \right|$ 来作为衡量分配不公平程度，不过此公式有不足之处（绝对数的特点），如某两个单位的人数和席位为 $n_1 = n_2 = 10$，$p_1 = 120$，$p_2 = 100$，算得 $p = 2$；另两个单位的人数和席位为 $n_1 = n_2 = 10$，$p_1 = 1\,020$，$p_2 = 1\,000$，算得 $p = 2$．虽然在两种情况下都有 $p = 2$，但显然第二种情况比第一种公平．

下面采用相对标准对公式给予改进. 定义席位分配的相对不公平标准公式如下:

若 $\dfrac{p_1}{n_1} > \dfrac{p_2}{n_2}$, 定义

$$r_A(n_1,\ n_2) = \dfrac{\dfrac{p_1}{n_1} - \dfrac{p_2}{n_2}}{\dfrac{p_2}{n_2}}$$

为对单位 A 的相对不公平值;

若 $\dfrac{p_1}{n_1} < \dfrac{p_2}{n_2}$, 定义

$$r_B(n_1,\ n_2) = \dfrac{\dfrac{p_2}{n_2} - \dfrac{p_1}{n_1}}{\dfrac{p_1}{n_1}}$$

为对单位 B 的相对不公平值.

由定义知, 对某单位的不公平值越小, 该单位在席位分配中越有利. 因此, 可以用使不公平值尽量小的分配方案来减少分配中的不公平.

下面讨论通过使用不公平值的大小来确定分配方案.

设单位 A 的人数为 p_1, 已经有席位数为 n_1, 单位 B 的人数为 p_2, 已经有席位数为 n_2. 再增加一个席位, 分别分配给单位 A 和单位 B 时, 有如下不公平值

$$r_B(n_1+1,\ n_2) = \dfrac{\dfrac{p_2}{n_2} - \dfrac{p_1}{n_1+1}}{\dfrac{p_1}{n_1+1}} = \dfrac{(n_1+1)\,p_2}{p_1 n_2} - 1$$

$$r_A(n_1,\ n_2+1) = \dfrac{\dfrac{p_1}{n_1} - \dfrac{p_2}{n_2+1}}{\dfrac{p_2}{n_2+1}} = \dfrac{(n_2+1)\,p_1}{p_2 n_1} - 1$$

用不公平值的公式来决定席位的分配. 对于新的席位分配, 若有

$$r_B(n_1+1,\ n_2) < r_A(n_1,\ n_2+1)$$

则增加的席位应给 A, 此时对不等式 $r_B(n_1+1,\ n_2) < r_A(n_1,\ n_2+1)$ 进行简化, 可以得出不等式

$$\dfrac{p_2^2}{(n_2+1)n_2} < \dfrac{p_1^2}{(n_1+1)n_1}$$

引入公式

$$Q_k = \dfrac{p_k^2}{(n_k+1)n_k}$$

于是知道增加的席位分配可以由 Q_k 的最大值决定，它可以推广到多个组的一般情况.

用 Q_k 的最大值决定席位分配的方法称为 Q 值法.

对多个组（m 个组）的席位分配 Q 值法可以描述为：

(1) 先计算每个组的 Q 值，即 Q_k（$k=1,2,\cdots,m$）；

(2) 求出其中最大的 Q 值 Q_i（若有多个最大值任选其中一个即可）；

(3) 将席位分配给最大值 Q_i 对应的第 i 组.

这种分配方法很容易编程处理.

模型求解

先按应分配的整数部分分配，余下的部分按 Q 值分配. 本问题的整数名额共分配了 19 席，具体为：

$$
\begin{array}{lll}
\text{甲} & 10.815 & n_1=10 \\
\text{乙} & 6.615 & n_2=6 \\
\text{丙} & 3.570 & n_3=3
\end{array}
$$

对第 20 席的分配，计算 Q 值为

$$Q_1=\frac{103^2}{10\times11}\approx96.45, \quad Q_2=\frac{63^2}{6\times7}=94.5, \quad Q_3=\frac{34^2}{3\times4}\approx96.33$$

因为 Q_1 最大，所以第 20 席应该给甲单位.

对第 21 席的分配，计算 Q 值为

$$Q_1=\frac{103^2}{11\times12}\approx80.37, \quad Q_2=\frac{63^2}{6\times7}=94.5, \quad Q_3=\frac{34^2}{3\times4}\approx96.33$$

因为 Q_3 最大，所以第 21 席应该给丙单位.

最后的席位分配为：甲 11 席，乙 6 席，丙 4 席.

简评　本题给出的启示是对涉及较多对象的问题，可以先通过研究两个对象来找出所考虑问题的一般规律，这也是科学研究的常用方法.

注：本题若以 $n_1=n_2=n_3=1$ 开始，逐次增一席用 Q 值法分配，也可以得到同样的结果。

案例 5　中国人重姓名问题

由于中国人口的增加和中国姓名结构的局限性，中国人姓名相重的现象日渐增多，特别是单名的出现，使重姓名问题更加严重，由此引出的矛盾也日益突出. 重姓名现象引起的误会与带来的弊端是众所周知的. 伴随着我国经济文化的高速发展和对外交往的扩大，重姓名引起的问题将更加突出，可以说有效地克服重姓名问题即中国人姓名改革是迫在眉睫的. 因此，用合理的方法对中国人姓名进行改革非常必要. 请尝试提出一个

合理且可以有效解决此问题的中国人取名方案.

模型准备

首先研究中国姓名的结构和取名习惯. 中国的姓名是由姓和名来组成的，姓在前名在后，目前姓大约有 5 730 个，但常用姓只有 2 077 个左右，名通常由两个字组成，较早时名的第一个字体现辈分，由一个家族的族谱决定，后一个字可任选. 近来随着家族概念的淡化，名中已无辈分之意，为方便记忆单字名日渐增多.

组合数学中的乘法原理和鸽笼原理可以非常简单地解释拥有十几亿人口的中国重名现象. 姓名是由汉字排列而成，构成姓名的汉字多，则姓名总数就多. 要想有效地克服重姓名问题，就该增加姓名的汉字数，因此本问题可以用排列组合理论来解决.

模型假设

① 中国的所有姓名共有 N 个，其中姓有 S 个；
② 取名的方法和习惯不改变，即姓名中应该父亲姓氏在姓名首位.

模型构成

靠机械地增加名字的个数解决重姓名问题或完全改变现有的姓名是不明智的，也是不可取的. 为扩大姓名集合并考虑到中国姓名的特色和兼顾原有取名习惯，利用排列组合的理论，提出如下体现父母姓的复姓名方式来解决重姓名问题. 引入的中国姓名取名方法称为 FM 取名方法，其中"F"和"M"分别是中文"父"（fù）和"母"（mǔ）二字的拼音首字母，同时也是英语"父"（father）和"母"（mother）二词的首字母，它表示父母之意，"FM 姓名"是与父母有关的姓名. 一个"FM 姓名"的结构为

主姓名·辅姓名

其中，主姓名就是现在所用的姓名，而辅姓名可以只是母亲的姓，也可以是用母亲姓取的另一个姓名，不过这个姓名要求名在前姓在后以区别于主姓名，中间的"·"是间隔号，如果用"$\overset{?}{}$"和"$\overline{\overset{?}{}}$"分别表示父母姓，"$*$"和"$\overline{*}$"表示对应的两个名字，则"FM 姓名"可表示为

$\overset{?}{}\ *\ \cdot\ \overline{*}\ \overline{\overset{?}{}}$或$\overset{?}{}\ *\ \cdot\ \overline{\overset{?}{}}$

取一个"FM 姓名"是很简单的，只要按以前的习惯，用父、母姓各取一个姓名，然后按"FM 姓名"结构的要求就得到"FM 姓名". 例如，父亲姓王，母亲姓孙，给孩子取的名字是东风和靖，则孩子的"FM 姓名"为

王东风·靖孙

如果只取一个名字，则孩子的"FM 姓名"为

王东风·孙

显然，这种"FM 姓名"对原姓名改动较小，也无需重新翻字典去找新的名字，易

于在人口普查时对全国公民的姓名做统一改动.

在一般场合或不易引起混淆的情况下，直接使用主姓名或原来的姓名即可，但是在正式场合，如译写著作、论文及发明创造、申请专利等署名时应填写完整的"FM 姓名"，这有利于中国人姓名向正规化、合理化的多字姓名过渡.

模型分析

由假设①，按排序原则，在"FM 姓名"体系下，"FM 姓名"集合中姓名总数变为

$$N \cdot S + N \cdot N = N \cdot (S + N)$$

其中，$N \cdot S$ 为辅姓名只有姓的"FM 姓名"总数，$N \cdot N$ 是辅姓名有姓和名的"FM 姓名"总数. 这表明"FM 体系"将原来的姓名集合增加了 $S + N$ 倍. 注意到 N 是很大的，因而这种扩充较显著，而且原来的重姓名（主姓名重名）个数在"FM 姓名"体系中会减少，而"FM 姓名"样本空间又扩大了 $S + N$ 倍，由概率论知识可知，重姓名的概率将变得比原来的 $\dfrac{1}{S+N}$ 还小. 可见"FM 姓名"体系对姓名集合样本的扩充对解决重姓名问题是非常有效的.

把"FM 姓名"结构和其使用规定称为"FM 姓名"体系，它有如下优点：

（1）可以有效地解决中国人重姓名问题.

（2）使姓名表示更加合理. 因为按遗传学的观点，一个人最直接的血缘关系是父母，但现在的姓名中没有体现母亲这一部分，姓名中含有父母姓才是最科学的，"FM 姓名"正好体现了这点.

"FM 姓名"把辅姓名采用姓和名颠倒的方法，这样可以不被误认为是两个人的姓名或两个名字生硬搭配，从而巧妙地把主、辅姓名合成了一个名字. 虽然辅姓名不像传统的中国姓名，但它和西方的名在前、姓在后的姓名表示相一致，还是可以自成一体的.

另外，"FM 姓名"采用了父姓、母姓，使得姓名不能轻易改动. 因为原姓名是开放型的（只要在名字后面加上或减去一个字就得到另一个姓名）而"FM 姓名"是紧凑型的，任何改动都会留下痕迹.

（3）能有效地缓解家庭矛盾. 长期以来，家庭中孩子的姓名只反映出父姓，而对孩子付出巨大无私爱的母亲姓氏则没有反映. 虽说姓只代表一个符号，但近来人们总把它与自己对孩子的爱联系在一起. 当前父母都想把自己的姓反映在孩子姓名中，为争孩子的姓而引起夫妻不和导致家庭破裂的案例也较常见，它多数出现在母亲是独生女的家庭里，由中国目前的国情，至少下一代中国的家庭里父母基本都是独生子女，这种矛盾必然会增大，不及时解决将会演变成一个社会问题. "FM 姓名"体系有效地解决了这一矛盾，使家庭关系更加巩固，且对提高妇女的地位起到积极作用.

（4）能有效地破除"重男轻女"的封建思想．一直以来，孩子的姓都是沿用父姓，姓名的这种选择方式客观上支持了"重男轻女"的不良思想．"FM 姓名"体系用了父母双姓，彻底解决了孩子姓的确定问题，使男女受到平等的对待，这对于从根源上消除重男轻女的思想也起着积极的作用．

（5）是可行的最佳方案．要想在中国有效地消除重姓名现象，首先要扩展足够大的姓名集合；其次新姓名要实施方便，且易被人们接受，这正是"FM 姓名"体系所具有的优点．因为"FM 姓名"不改变现有的姓名称呼习惯，又具有母亲姓，将会得到广大家庭的支持和拥护，从而使它可行．而且一个现有的姓名改为"FM 姓名"，修改工作量达到最小，不论把现有的姓名变为一个"FM 姓名"，还是给新生儿取"FM 姓名"都是很简单方便的，这是因为在现有姓名后面再增加一个辅姓名就构成了"FM 姓名"．任何其他方法对姓名矛盾的解决都没有这样好的综合效果．

简评　"FM 姓名"模型虽然简单且在建模中只使用了较简单的重复排列和组合的数学方法，但作者对模型的说明解释非常到位，使得模型很有特点．本题给出的启示是：在完成一个数学建模问题时，要遵循在保证解决问题的前提下尽量使用简单的数学方法建模．另外，对所得模型的令人信服的科学解释也是非常必要的．

案例 6　实物交换问题

甲有玉米若干千克，乙有山羊若干只，因为各自的需要，甲、乙想交换彼此的东西，问怎样做才能完成交换活动？

模型准备

实物交换问题在个人之间或国家之间的各类贸易活动中经常遇到．通常，交换的结果取决于交换双方对所交换物品的偏爱程度．由于偏爱程度是一个模糊概念，较难给出一个确切的定量关系，此时可以采用图形法的建模方式来描述双方该如何交换物品才能完成交换活动．

模型假设

① 交换不涉及其他因素，只与交换双方对所交换物品的偏爱程度有关；
② 交换按等价交换原则进行．

模型构成

设交换前甲有玉米 X 千克，乙有山羊 Y 只，交换后甲有玉米 x 千克、山羊 y 只，则在交换后乙有玉米 $X-x$ 千克、山羊 $Y-y$ 只．于是可以用一个平面坐标中的二维点坐标 (x, y) 来描述交换方案，而这些坐标点满足 $0 \leqslant x \leqslant X$，$0 \leqslant y \leqslant Y$，即交换只在这个平面矩形区域内发生. 引入二维点坐标后，把所考虑的范围限制在一个有限的平面区域中，从而使问题简化. 但这还不够，因为交换只是在其中的一个点发生. 为找到这个点，由假设①，引入如下衡量偏爱程度的无差别曲线概念.

对甲方来说，交换后其对占有不同数量的玉米和山羊满意度是不同的，显然其满意度是 x，y 的函数 $f(x, y)$. 由于交换后某方认为同样满意的情况一般不只一种，如对甲方来说，占有 x_1 数量的玉米、y_1 数量的山羊与占有 x_2 数量的玉米、y_2 数量的山羊可以达到同样的满足感 c_1，因此有 $f(x_1, y_1) = f(x_2, y_2) = c_1$，这说明对甲方来说交换结果在点 $P_1(x_1, y_1)$ 和 $P_2(x_2, y_2)$ 是没有差别的，而所有与点 $P_1(x_1, y_1)$ 具有同样满意度的点组成一条对甲满意度无差别的曲线 $f(x, y) = c_1$. 类似地，如果把甲在交换后的满足感 c_1 修改为 c_2，就可以得到另一条对甲无差别的曲线 $f(x, y) = c_2$. 因此甲有无数条无差别曲线，将所有这些无差别曲线表示为 $f(x, y) = c$，其中 c 称为在点 (x, y) 的满意度.

无差别曲线是一条由隐函数确定的平面曲线或可以看成二元函数 $f(x, y)$ 的等高线，虽然 $f(x, y)$ 没有具体的表达式，但仍然可以讨论这族无差别曲线的特点.

无差别曲线 $f(x, y) = c$ 具有如下特点：

（1）无差别曲线是彼此不相交的. 因为若两条无差别曲线相交，则在交点处具有两个不同的满意度，这与无差别曲线定义矛盾.

（2）无差别曲线是单调递减的. 由交换常识可知，在满意度一定的前提下，交换的两种物品成反比关系.

（3）满意度大的无差别曲线在满意度小的无差别曲线上方. 因为对甲来说，用同样的玉米换取更多的山羊会更满意.

（4）无差别曲线是下凸的. 因为交换的特点是物以稀为贵. 当某人拥有较少的物品时，他愿意用其较少部分物品换取较多的另一种物品；反之，当其拥有较多的物品时，他愿意用其较多部分物品换取较少的另一种物品. 这在数学上可以描述为当 x 较小时，交换是用较少的 Δx 换取较多的 Δy；当 x 较大时，交换是用较多的 Δx 换取较少的 Δy. 具有这种特点的曲线是下凸的，如图 2-6 所示. 于是可以画出对甲的无差别曲线族图形，如图 2-7 所示.

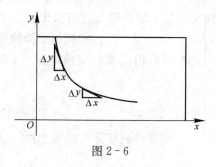

图 2-6

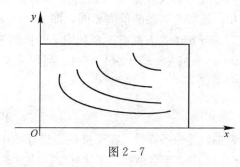

图 2-7

类似地，可以得到对乙的无差别曲线

$$g(x, y) = d$$

由于交换是在甲、乙双方进行的，甲方的物品减少对应乙方物品的增加，反之亦然. 将双方的无差别曲线画在一起可以观察到交换的发生特点，具体画法见图 2-8 所示.

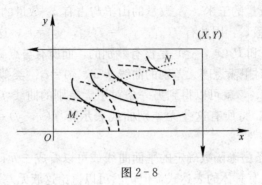

图 2-8

于是在交换区域中，任何一点都有甲和乙各一条无差别曲线通过. 甲、乙两条无差别曲线的交点表示甲、乙交换发生. 两族无差别曲线中的曲线彼此发生相交的情况只有相切于一点或者相交于两点的可能. 如果交点不是切点，则过此点的甲、乙两条无差别曲线还在另一点相交，故由无差别曲线的定义知，在这两条曲线上甲、乙双方具有同样的满意度，而这是不可能的. 因为这两条曲线中一条是下凸的，另一条是上凸的，过所围区域内任一点的无差别曲线具有与这两条无差别曲线不同的满意度，且一定与其中一条相交，这就导致在同一交点处对某方来说有两种满意度的情况，因此交点不是切点时不发生实际交换. 简单分析可知，两条无差别曲线相切于一点的点都可以发生实际交换，这些相切于一点的点构成交换区域的一条曲线，记为 MN，称其为交换路径. 这样借助无差别曲线概念将交换方案从矩形区域缩小为其中的一条交换路径曲线 MN 上.

关于实际交换究竟在交换路径曲线 MN 的哪一点上发生，要借助交换原则来确定. 由假设②，交换按等价交换的原则. 设玉米的价格为每千克 p 元，山羊的价格为每只 q 元，则交换前甲方拥有玉米的价值为 pX，乙方拥有山羊的价值为 qY. 若交换前甲、乙拥有物品的价值相同，即 $pX = qY$，则交换发生后，甲方拥有玉米和山羊的价值为 $px + qy$，乙方拥有玉米和山羊的价值为 $p(X - x) + q(Y - y)$，按等价交换的原则有 $px + qy = p(X - x) + q(Y - y)$. 利用关系 $pX = qY$ 可以得出实际交换的点 (x, y) 满足关系式

$$\frac{x}{X} + \frac{y}{Y} = 1$$

此曲线是一条直线，在交换路径坐标系中画出该直线就得到实际交换发生的点（如图 2-9 所示），至此就找到了实际交换的方案.

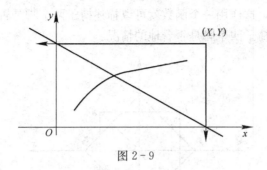

图 2 - 9

简评 本题巧妙地用图形方法建模解决了涉及不易定量表示的模糊概念建模问题，其中在建模中引入的无差别曲线概念及对无差别曲线的讨论很有特点，它给出了怎样研究和了解没有具体关系式函数特征的一种方法.

案例 7 椅子摆放问题

椅子能在不平的地面上放稳吗？下面用数学建模的方法解决此问题.

模型准备

仔细分析本问题的实质发现本问题与椅子脚、地面及椅子脚和地面是否接触有关. 如果把椅子脚看成平面上的点，并引入椅子脚和地面距离的函数关系就可以将问题与平面几何和连续函数联系起来，从而可以用几何知识和连续函数知识来进行数学建模.

模型假设

为了讨论问题方便，对问题进行简化，先做出如下三个假设：
① 椅子的四条腿一样长，椅子脚与地面接触可以视为一个点，且四脚连线是正方形（对椅子的假设）；
② 地面高度是连续变化的，沿任何方向都不出现间断（对地面的假设）；
③ 椅子放在地面上至少有三只脚同时着地（对椅子和地面之间关系的假设）.

模型构成

根据上述假设进行本问题的模型构成. 用变量表示椅子的位置，引入平面图形及坐标系如图 2 - 10 所示. 图中 A、B、C、D 为椅子的四只脚，坐标系原点选为椅子中心，坐标轴选为椅子四只脚的对角线. 于是由假设②，椅子的移动位置可以由正方形沿坐标原点旋转的角度 θ 来唯一表示，而且椅子脚与地面的垂直距离就成为 θ 的函数. 注意到正方形的中心对称性，可以用椅子的相对两个脚与地面的距离之和来表示这对应两个脚与地面的距离关系，这样用一个函数就可以描述椅子两个脚是否着地的情况．于是引入两个函数即可描述椅子四个脚是否着地的情况．

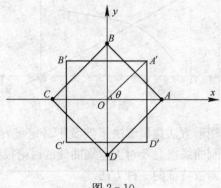

图 2 - 10

记函数 $f(\theta)$ 为椅子脚 A、C 与地面的垂直距离之和，函数 $g(\theta)$ 为椅子脚 B、D 与地面的垂直距离之和，则有 $f(\theta) \geqslant 0$，$g(\theta) \geqslant 0$，且它们都是 θ 的连续函数．由假设 (3)，对任意的 θ，$f(\theta)$、$g(\theta)$ 至少有一个为零，不妨设当 $\theta = 0$ 时，$f(0) > 0$，$g(0) = 0$，故问题可以归为证明如下数学命题：

数学命题（问题的数学模型）　已知 $f(\theta)$、$g(\theta)$ 都是 θ 的非负连续函数，对任意的 θ，有 $f(\theta)g(\theta) = 0$，且 $f(0) > 0$，$g(0) = 0$，则存在 θ_0，使得 $f(\theta_0) = g(\theta_0) = 0$.

模型求解

证明：将椅子旋转 $90°$，对角线 AC 与 BD 互换，故 $f(0) > 0$，$g(0) = 0$ 变为 $f\left(\dfrac{\pi}{2}\right) = 0$，$g\left(\dfrac{\pi}{2}\right) > 0$. 构造函数 $h(\theta) = f(\theta) - g(\theta)$，则有 $h(0) > 0$，$h\left(\dfrac{\pi}{2}\right) < 0$，且 $h(\theta)$ 也是连续函数．显然，$h(\theta)$ 在闭区间 $\left[0, \dfrac{\pi}{2}\right]$ 上连续．由连续函数的零点定理知，必存在一个 $\theta_0 \in \left(0, \dfrac{\pi}{2}\right)$，使得 $h(\theta_0) = 0$，即存在 $\theta_0 \in \left(0, \dfrac{\pi}{2}\right)$，使得 $f(\theta_0) = g(\theta_0)$. 由于对任意的 θ，有 $f(\theta)g(\theta) = 0$，特别有 $f(\theta_0)g(\theta_0) = 0$，于是 $f(\theta_0)$、$g(\theta_0)$ 至少有一个为零，从而有 $f(\theta_0) = g(\theta_0) = 0$. 证毕．

简评　问题初看起来似乎与数学没有什么关系，不易用数学建模来解决，但通过如上处理把问题变为一个数学定理的证明，使其可以用数学建模来解决，从中可以看到数学建模的重要作用．本题给出的启示是：对于一些表面上与数学没有关系的实际问题也可以用数学建模的方法来解决，此类问题建模的着眼点是寻找、分析问题中出现的主要对象及其隐含的数量关系，通过适当简化与假设将其变为数学问题．

💻 习题与思考

1. 双层玻璃功效问题建模案例可以给出什么启示?

2. 公平席位分配问题的席位公式 $Q_k = \dfrac{p_k^2}{n_k(n_k+1)}$ 是怎样得出的?

3. 中国人重姓名问题数学建模案例中的模型准备、模型假设是什么? 该案例给你什么启示?

4. 通过对本章的学习, 你对数学建模有哪些新的认识?

5. 请尝试在你学过的知识中找出一个数学建模案例.

6. 用数学建模的方法说明销量极大的易拉罐(如可口可乐饮料罐)设计的合理性.

7. 某学院有 8 个专业的研究生共 148 人, 其中各专业的人数分别为: 11 人, 3 人, 8 人, 45 人, 4 人, 40 人, 3 人, 34 人, 假设学校拨给学院奖学金名额的等级及比例为

等级	一等	二等	三等	四等
比例	40%	20%	20%	20%

请用数学建模的方法给该学院设计一个合理的分配奖学金名额的方法和具体的名额分配方案.

8. (道路交通路口车辆、行人停止线位置问题) 在道路交叉的每个路口常设有机动车、非机动车和行人停止线来避免车辆和行人穿越路口时出现拥堵和事故发生. 车辆和行人在停车线处是等待还是通行由路口的信号灯控制. 道路通行规定: 绿灯亮时, 准许通行, 但转弯的车辆不得妨碍被放行的直行车辆、行人通行; 黄灯亮时, 已越过停止线的车辆和行人可以继续通行; 红灯亮时, 禁止车辆和行人通行.

如果在兼顾车辆和行人都能比较满意地通过路口的条件下, 想使路口通行量尽可能大, 那么这些停止线应该怎样画和画在路口的何处为好? 请用数学建模的方法解决此问题并给出根据数学模型得出的具体道路交通路口车辆、行人停止线位置. 同时用模型说明目前道路交叉的每个路口的机动车、非机动车和行人停止线位置是否合理.

第 3 章　经济问题模型

在人类社会中，经济活动是最为活跃的活动之一. 小到个人，大到企业和国家，每天都要与经济问题打交道. 本章将介绍几个有代表性的经济模型，以此帮助读者了解用数学建模解决经济问题的一些方法.

3.1　日常生活中的经济模型

一般人日常生活中遇到最多的经济问题是存款问题、贷款问题和养老金问题，本节不作过多的理论解释，而是通过案例的形式分别给出这些问题的解决方法和数学模型，读者可以通过这些案例的学习，了解这类问题的建模过程和解决方法.

3.1.1　连续利率问题

某银行为吸引储户来存款，出台了一个特殊存款理财品种. 该品种的政策是允许储户在一年期间可以任意次结算，但要求储户存款的最低金额为 10 万元且存款时间至少 1 年. 假设该银行年利率为 5%，某储户买了 10 万元的这个存款理财品种，随后他在一年的存款期间等间隔地结算 n 次，每次结算后将本息全部存入银行，问在不计利息税的情况下，一年后该储户的本息和是多少？

解　设 a_n（$n=0,1,2,\cdots$）表示在一年的存款期间里等间隔结算 n 次一年后该储户的本息和. 为得出该计算公式，先作如下分析.

若该储户每季度结算一次，则每季度利率为 $\dfrac{0.05}{4}$，在一年要结算 4 次：

第一季度后储户本息共计：$100\,000\left(1+\dfrac{0.05}{4}\right)$；

第二季度后储户本息共计：$100\,000\left(1+\dfrac{0.05}{4}\right)^2$；

第三季度后储户本息共计：$100\,000\left(1+\dfrac{0.05}{4}\right)^3$；

由此得出　一年后该储户本息共计

$$a_4 = 100\,000\left(1+\dfrac{0.05}{4}\right)^4$$

若该储户每月结算一次，则月利率为 $\dfrac{0.05}{12}$，在一年要结算 12 次. 按上面的方法易

得一年后储户本息共计为

$$a_{12}=100\,000\left(1+\frac{0.05}{12}\right)^{12}$$

观察规律可知，若该储户一年里等间隔地结算 n 次，则一年后本息共计数学模型为

$$a_n=100\,000\left(1+\frac{0.05}{n}\right)^n$$

计算出几个 a_n 值后会发现结算次数越多，一年后得到的本息和越多，如有

$$a_1=105\,000,\quad a_4=105\,095,\quad a_{12}=105\,116$$

那么这种增加是否是不断增大的呢？回答是否定的. 实际上，当结算次数不断增加，在上式中令 $n\to\infty$，有

$$\lim_{n\to\infty}100\,000\left(1+\frac{0.05}{n}\right)^n=100\,000e^{0.05}$$

结果说明，这种存款理财产品虽然会随着结算次数的增加使储户一年后储户的本息和比一年的定期存款多一点. 由于

$$100\,000e^{0.05}-100\,000\times(1+5\%)\approx100\,000\times0.127\%$$

故有一年期间多次结算产生的比一年定期存款多的金额不会超过储户存款金额的 0.13%.

3.1.2　贷款问题

小王夫妇打算贷款买一辆 11 万元的轿车用于家庭活动. 他们选择了首付车价额 30%、余额贷款的方式购买. 假设他们打算用每月偿付固定的钱款分 12 个月还清银行贷款，他们每月要还多少钱才行？

解　因为要 12 个月还清贷款，故要选择银行的一年贷款. 假设当年的年贷款利率为 6.57%，故分配到每月上的利率就是 $0.065\,7\div12$. 此外，他们选择了首付车价额 30%，则还欠车款的金额为

$$110\,000-110\,000\times30\%=77\,000(元)$$

为此，他们向银行借了为期一年的贷款 77 000 元. 为确定每月的还款金额，用数学符号 b_n $(n=0,1,2,\cdots)$ 表示贷款第 n 个月该夫妇所欠银行的钱数，r 是贷款的月利率，x 是每月还款金额，由题意有

$$b_{n+1}=b_n+rb_n-x=(1+r)b_n-x$$

整理有数学模型

$$b_n=(1+r)^nb_0-((1+r)^{n-1}+(1+r)^{n-2}+\cdots+(1+r)+1)x$$
$$=(1+r)^nb_0-x\frac{(1+r)^n-1}{r}\quad(n=0,1,\cdots)$$

因为 $r=0.065\,7/12=0.547\,5\%$，$b_0=77\,000$，$b_{12}=0$，有

$$x = \frac{r(1+r)^{12}b_0}{(1+r)^{12}-1} = 6\ 647.31(\text{元})$$

故小王夫妇每月要还 6 647.31 元.

假设某人贷款额为 B 元,贷款机构的贷款月利率为 r,其每月偿付固定的钱款为 x 元,同样设 b_n $(n=0,1,2,\cdots)$ 表示贷款第 n 个月该贷款人所欠银行的钱数. 则有对一般的贷款问题数学模型为

$$b_n = (1+r)^n B - x \frac{(1+r)^n - 1}{r}, \quad n=0,1,\cdots$$

3.1.3 养老金问题

养老金是为退休目的而规划的一种存取款品种. 通常人们可以在年轻时按月存入一定数额的钱款,然后在自己退休后按月从先前的存款账户中支取固定的钱款用于生活. 养老金对存入的存款付给活期存款利息并允许每月有固定数额的提款,直到提尽为止.

假设某人从现在开始,每月的第一天存 500 元到养老金账户,一直存 20 年. 在银行活期率为 1% 的前提下,他 20 年后的养老金账户有多少存款? 如果从 21 年后的每个月末支取 500 元,他能支取多长时间?

解 因为 20 年有 240 个月,设 a_n $(n=1,2,\cdots,240)$ 表示第 n 个月此人养老金账户的存款金额,r 表示活期存款的月利率,因为活期存款的利率也是年利率,故有

$$r = \frac{0.01}{12} = \frac{1}{1\ 200}, \quad a_0 = 0$$

$$a_{n+1} = (1+r)a_n + 500$$

整理有数学模型

$$a_n = (1+r)^n a_0 + 500 \left[(1+r)^{n-1} + (1+r)^{n-2} + \cdots + (1+r) + 1\right]$$

$$a_n = 500 \frac{(1+r)^n - 1}{r}, \quad n=1,2,\cdots,240$$

他 20 年后的养老金账户的存款为 $a_{240} \approx 132\ 781$ 元.

从 21 年后,他每月末支取 500 元,设 b_n $(n=0,1,2,\cdots)$ 表示其从第 21 年开始的第 n 个月的支取后,其养老金账户的余额,则有

$$b_{n+1} = b_n + rb_n - 500 = (1+r)b_n - 500$$

整理后,有

$$b_n = (1+r)^n b_0 - 500 \frac{(1+r)^n - 1}{r}, \quad n=0,1,\cdots$$

要回答他能支取多长时间,就要求出上式中满足 $b_n \geq 0$ 的最大 n. 该式不易用解析式求出,我们采用直接计算的方式求之. 由 $r=1/1\ 200$,$b_0 = a_{240} = 132\ 781$ 元代入算得临界点为

$$b_{300} \approx 141, \quad b_{301} \approx -358$$

由此得知此人从第 21 年开始可以连续领 300 个月的钱款.

注意到该储户只按月连续存了 240 个月的 500 元钱，但可以在 20 年后连续支取 300 个月的 500 元钱，若不考虑通胀因素，这一点还是比较诱人的.

3.2　商品广告模型

问题的提出

无论你是听广播，还是看报纸，或是收看电视，常可看到、听到商品广告. 随着社会向现代化的发展，商品广告对企业生产所起的作用越来越得到社会的承认和人们的重视. 商品广告确实是调整商品销售量的强有力手段. 然而，你是否了解广告与销售之间的内在联系？如何评价不同时期的广告效果？这个问题对于生产企业、对于那些为推销商品作广告的企业极为重要. 请建立独家销售的广告模型.

模型假设

① 商品的销售速度会因做广告而增加，但增加是有一定限度的. 当商品在市场上趋于饱和时，销售速度将趋于它的极限值；当速度达到它的极限值时，无论再作何种形式的广告，销售速度都将减慢.

② 商品销售速度随商品的销售率增加而减小，因为自然衰减是销售速度的一种性质.

符号说明

$s(t)$：t 时刻商品销售速度；

$A(t)$：t 时刻广告水平（以费用表示）；

$r(s)$：销售速度的净增长率；

M：销售的饱和水平，即市场对商品的最大容纳能力，它表示销售速度的上极限；

λ：衰减因子，是广告作用随时间增加而商品销售速度自然衰减的速度，$\lambda > 0$ 为常数.

模型建立

因为商品销售速度的变化关系为

　　　　商品销售速度的变化率＝销售速度净增长率－销售速度自然衰减率

为描述商品销售速度的增长，由假设①知商品销售速度的净增长率 $r(s)$ 应该是商品销售速度 $s(t)$ 的减函数，并且在销售饱和水平 M 处，有 $r(M)=0$. 为简单起见，假设 $r(s)$ 为满足 $r(M)=0$ 的 $s(t)$ 的线性减函数

$$r(s) = P\left(1 - \frac{s(t)}{M}\right)$$

其中用 P 表示响应系数，表示广告水平 $A(t)$ 对商品销售速度 $s(t)$ 的影响能力，P 为常数.

由导数的含义，可建立本问题的如下数学模型：

$$\frac{\mathrm{d}s}{\mathrm{d}t}=P\left(1-\frac{s}{M}\right)A(t)-\lambda s \tag{3-1}$$

模型求解

从模型方程可知，当 $s=M$ 或 $A(t)=0$ 时，都有

$$\frac{\mathrm{d}s}{\mathrm{d}t}=-\lambda s$$

表示销售达到饱和水平或没投入广告宣传，此时商品的销售速度只能是自然衰减.

为求解模型（3-1），选择在时间 $(0,\tau)$ 内均匀投放广告、其他时间不做广告的广告策略，其数学表示就是

$$A(t)=\begin{cases} A(\text{常量}), & 0<t<\tau \\ 0, & t\geqslant\tau \end{cases}$$

① 当 $0<t<\tau$ 时，若用于广告的总费用为 a，则 $A=\dfrac{a}{\tau}$，代入模型方程有

$$\frac{\mathrm{d}s}{\mathrm{d}t}+\left(\lambda+\frac{P}{M}\cdot\frac{a}{\tau}\right)s=P\cdot\frac{a}{\tau}$$

令 $\lambda+\dfrac{P}{M}\cdot\dfrac{a}{\tau}=b$，$P\cdot\dfrac{a}{\tau}=k$，则有 $\dfrac{\mathrm{d}s}{\mathrm{d}t}+bs=k$，其解为

$$s(t)=C\mathrm{e}^{-bt}+\frac{k}{b}$$

若令 $s(0)=s_0$，则

$$s(t)=\frac{k}{b}(1-\mathrm{e}^{-bt})+s_0\mathrm{e}^{-bt}$$

② 当 $t\geqslant\tau$ 时，模型（3-1）变为

$$\frac{\mathrm{d}s}{\mathrm{d}t}=-\lambda s$$

其通解为 $s=C\mathrm{e}^{-\lambda t}$，而 $t=\tau$ 时 $s(t)=s(\tau)$，所以

$$s(t)=s(\tau)\mathrm{e}^{\lambda(\tau-t)}$$

综合之，有本问题的解

$$s(t)=\begin{cases} \dfrac{k}{b}(1-\mathrm{e}^{-bt})+s_0\mathrm{e}^{-bt}, & 0<t<\tau \\ s(\tau)\mathrm{e}^{\lambda(\tau-t)}, & t\geqslant\tau \end{cases}$$

$s(t)$ 的图形如图 3-1 所示.

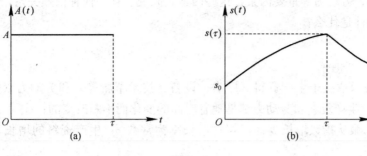

图 3-1

模型讨论

① 生产企业若保持稳定销售，即 $\dfrac{\mathrm{d}s}{\mathrm{d}t}=0$，那么可以根据模型估计采用广告水平 $A(t)$，即由 $PA(t)\left(1-\dfrac{s(t)}{M}\right)-\lambda s(t)=0$，可得到

$$A(t)=\frac{\lambda s}{P\left(1-\dfrac{s}{M}\right)}$$

② 从图形上可知，在销售水平比较低的情况下，增加单位广告产生的效果比销售速度 s 接近极限速度 M 的水平时增加广告所取得的效果更显著.

③ 要得到某种商品的实际销售速度，可以采用离散化方式得到模型中的参数 P、M 和 λ，方法为

将模型（3-1）离散化，得

$$s(n+1)-s(n)=PA(n)\left(1-\frac{s(n)}{M}\right)-\lambda s(n)$$

上式是关于数 P、M 和 λ 的线性方程（严格的说应该是 P，P/M 和 λ 的线性方程），代入若干个月的销售数据，并利用最小二乘法可以得到 P、M 和 λ 的估计值.

广告策略公式还可以选择其他形式，由此会得出新的数学模型. 在实际中广告策略公式到底选用什么形式，应该由实际问题来决定. 例如，如果只有一组在不同时刻所花费的广告费用的调查数据：$\{t_k, A(t_k)\}$，$k=0$，1，$\cdots$，n，可以选择该数据的拟合函数来作为广告策略公式.

3.3 经济增长模型

问题的提出

大到一个国家的国民产值，小到一个企业中某种产品的生产量，其值通常取决于相

关的生产资料、劳动力等重要因素，这些因素之间究竟存在何种依赖关系，进而劳动生产率提高的条件是什么？

模型假设

① 生产量只取决于生产资料（厂房、设备、技术革新等）和劳动力（数量、素质等）；生产量、生产资料和劳动力都是随着时间的变化而不断改变的；

② 劳动力服从指数增长规律，相对增长率为常数 ρ；生产资料的增长率正比于生产量；

③ 劳动生产率可由生产量与劳动力之比来表征.

符号说明

符号	t	Q	K	L	Z
含义	时间	生产量	生产资料	劳动力	劳动生产率

模型建立与求解

由假设①，有如下函数关系

$$Q=f(K, L), \quad Q=Q(t), \quad K=K(t), \quad L=L(t)$$

在正常情况下，生产资料越多，可以达到的生产量就越多. 另外，在劳动力越多时，如果不考虑会产生人员冗余致使劳动效率的极端低下，则生产总量也会越多. 因此，用数学来描述就是 $Q=f(K, L)$ 关于 K，L 均单调递增，它对应

$$\frac{\partial Q}{\partial K}, \quad \frac{\partial Q}{\partial L} \geqslant 0$$

1）道格拉斯（Douglas）生产函数

在实际生产中，人们关心的往往是生产的增产量，而不是绝对量，因此定义生产资料指数 $i_K(t)$、劳动力指数 $i_L(t)$ 和总产量指数 $i_Q(t)$ 分别为

$$i_Q(t)=\frac{Q(t)}{Q(0)}, \quad i_L(t)=\frac{L(t)}{L(0)}, \quad i_K(t)=\frac{K(t)}{K(0)} \tag{3-2}$$

显然，这三个量与度量单位无关，因此分别称为"无量纲化"的生产资料、劳动力与总产量. 例如，在表 3-1 中，列出了美国马萨诸塞州 1890—1926 年的生产资料指数 $i_K(t)$、劳动力指数 $i_L(t)$ 和总产量指数 $i_Q(t)$ 的一组统计数据，取 1899 年为基年，即 $t=0$，则 $i_L(6)=1.3$，$i_K(6)=1.37$，$i_Q(6)=1.42$，这与当时生产资料、劳动力及总产量的具体数量无关.

表 3 - 1 美国马萨诸塞州 1890—1926 年 $i_K(t)$, $i_L(t)$, $i_Q(t)$ 数据

t	$i_K(t)$	$i_L(t)$	$i_Q(t)$	t	$i_K(t)$	$i_L(t)$	$i_Q(t)$	t	$i_K(t)$	$i_L(t)$	$i_Q(t)$
−9	0.95	0.78	0.72	4	1.22	1.22	1.30	17	3.61	1.86	2.09
−8	0.96	0.81	0.78	5	1.27	1.17	1.30	18	4.10	1.93	1.96
−7	0.99	0.85	0.84	6	1.37	1.30	1.42	19	4.36	1.96	2.20
−6	0.96	0.77	0.73	7	1.44	1.39	1.50	20	4.77	1.95	2.12
−5	0.93	0.72	0.72	8	1.53	1.47	1.52	21	4.75	1.90	2.16
−4	0.86	0.84	0.83	9	1.57	1.31	1.46	22	4.54	1.58	2.08
−3	0.82	0.81	0.81	10	2.05	1.43	1.60	23	4.54	1.67	2.24
−2	0.92	0.89	0.93	11	2.51	1.58	1.69	24	4.58	1.82	2.56
−1	0.92	0.91	0.96	12	2.63	1.59	1.81	25	4.58	1.60	2.34
0	1.00	1.00	1.00	13	2.74	1.66	1.93	26	4.58	1.61	2.45
1	1.04	1.05	1.05	14	2.82	1.68	1.95	27	4.54	1.64	2.58
2	1.06	1.08	1.18	15	3.24	1.65	2.01				
3	1.16	1.18	1.29	16	3.24	1.62	2.00				

从表 3 - 1 可知，在正常的经济发展过程中（除个别年份外，如 1908 年），上述三个指标都是随时间增长的，但是很难直接从表中发现具体的经济规律．为了进行定量分析，定义两个新变量

$$\xi(t) = \ln\frac{i_L(t)}{i_K(t)}, \quad \psi(t) = \ln\frac{i_Q(t)}{i_K(t)} \quad (t = -9, \cdots, 27) \tag{3-3}$$

根据表中数据，在直角坐标系上作 $\{(\xi(t), \psi(t)) \mid t = -9, \cdots, 27\}$ 的散点图，发现 $\xi(t)$, $\psi(t)$ 基本上成正比例关系（散点位于一条通过原点的直线附近），如图 3 - 2 所示．

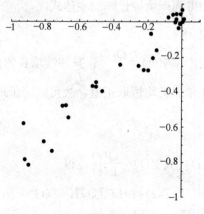

图 3 - 2

利用数据拟合，作一元线性回归曲线，得

$$\phi = 0.733\,674\xi$$

这一结果并非偶然，事实上它后来被更多地区或国家的统计数据所肯定：存在常数 $\gamma \in (0, 1)$，使得 ξ, ϕ 之间的关系为

$$\phi = \gamma\xi \qquad\qquad (3-4)$$

当然对常数 $\gamma \in (0, 1)$，其取值通常和相应地区或国家的经济发展阶段及主要产业结构类型等因素有关．由式（3-2）、式（3-3）、式（3-4）可得

$$i_Q(t) = i_L^{\gamma}(t)i_K^{1-\gamma}(t) \qquad\qquad (3-5)$$

即

$$Q(t) = aL^{\gamma}(t)K^{1-\gamma}(t) \qquad\qquad (3-6)$$

其中，$a = Q(0)L^{-\gamma}(0)K^{-(1-\gamma)}(0)$．这就是著名的 Cobb - Douglas（柯布-道格拉斯）生产函数．

对式（3-6）两边取对数，然后再对 t 求导，得

$$\frac{\dot{Q}(t)}{Q(t)} = \gamma \cdot \frac{\dot{L}(t)}{L(t)} + (1-\gamma) \cdot \frac{\dot{K}(t)}{K(t)} \qquad\qquad (3-7)$$

即生产量 $Q(t)$、生产资料 $K(t)$ 和劳动力 $L(t)$ 三者的相对增长率服从简单的线性规律．其中系数 γ、$1-\gamma$ 分别为产量对劳动力、生产资料的弹性系数，表示劳动和资本在生产过程中的相对重要性，其经济含义为：

当 $\gamma \to 1_{-0}$ 时，产量增长率对劳动力增长率的响应要比对生产资料增长率的响应大得多；

当 $\gamma \to 0_{+0}$ 时，产量增长率对劳动力增长率的响应要比对生产资料增长率的响应小得多．式（3-7）是经济增长率的数学模型，该模型中除非知道劳动力和生产资料的增长率，否则无法从式（3-7）得到产量增长率的表达式．

2）劳动生产率增长的条件

根据模型假设，劳动生产率 $Z(t) = \dfrac{Q(t)}{L(t)}$，其持续增长的条件应为 $\dot{Z}(t) > 0$ 恒成立．由于讨论的几个主要经济变量通常均恒取正值，故可以等价地用劳动生产率的相对增长率 $\dfrac{\dot{Z}(t)}{Z(t)} > 0$ 来表示．

将 $Q(t) = aL^{\gamma}(t)K^{1-\gamma}(t)$ 代入 $Z(t) = \dfrac{Q(t)}{L(t)}$，得

$$Z(t) = aL^{\gamma-1}(t)K^{1-\gamma}(t)$$

两边同时取对数，然后对 t 求导，可得

$$\frac{\dot{Z}(t)}{Z(t)} = (1-\gamma)\left[\frac{\dot{K}(t)}{K(t)} - \frac{\dot{L}(t)}{L(t)}\right] \qquad (3-8)$$

令其恒取正值，得等价条件

$$\frac{\dot{K}(t)}{K(t)} > \frac{\dot{L}(t)}{L(t)}$$

恒成立，即生产资料的相对增长率恒大于劳动力的相对增长率.

根据模型假设②，$K(t)$、$L(t)$ 满足如下初值问题

$$\begin{cases} \dot{L}(t) = \rho L(t) \\ \dot{K}(t) = \sigma Q(t) \\ Q(t) = aK^{1-\gamma}(t)L^{\gamma}(t) \\ K(0) = K_0, \quad L(0) = L_0 \end{cases}$$

解得

$$L(t) = L_0 e^{\rho t}, \quad K^{\gamma}(t) = K_0^{\gamma} + \frac{\sigma a}{\rho} \cdot L_0^{\gamma} \cdot (e^{\rho t} - 1) \qquad (3-9)$$

因此这一具体经济增长模式为

$$\frac{\dot{K}(t)}{K(t)} - \frac{\dot{L}(t)}{L(t)} = \left[\frac{\dot{K}(0)}{K_0} - \frac{\dot{L}(0)}{L_0}\right]\left(\frac{K_0}{K(t)}\right)^{\gamma} \qquad (3-10)$$

其恒取正值的充分必要条件为

$$\frac{\dot{K}(0)}{K_0} - \frac{\dot{L}(0)}{L_0} > 0$$

其经济意义为：只要在初始时生产资料的相对增长率大于劳动力的相对增长率，就能保证劳动生产率的不断增长；反之，劳动生产率会不断降低. 由此可见，早期投资是有决定性意义的.

由式（3-8）、式（3-10）得

$$\frac{\dot{Z}(t)}{Z(t)} = (1-\gamma)\left[\frac{\dot{K}(0)}{K_0} - \frac{\dot{L}(0)}{L_0}\right]\left(\frac{K_0}{K(t)}\right)^{\gamma}$$

结合式（3-9）知，当 $t \to \infty$ 时，上式右端趋于零，这说明劳动生产率最终趋于一常数值.

模型应用

实际生产往往不只涉及两种生产资料，但是如果认为劳动是指人类在生产过程中提供的体力和智力的总和，而资本包括实物形式的生产资料等资本品和货币形式的资本，则可以认为企业生产产品时，仅考虑两种可变生产要素，即劳动和资本，从而可以简化模型，进行大概的预测.

3.4　市场经济中的蛛网模型

问题的提出

在市场经济中经常看到的是：当某种商品的上市量远大于需求量时，就会出现价格下降的情况，以致生产者为了自己不赔或少赔钱，在后续的生产中就不生产或少生产该商品．但这样做的结果是导致该商品上市量变少使该商品供不应求又导致价格上涨，此时生产者看到有利可图，又重操旧业大量生产该商品，以致下个时期又重现价格下降的局面．如果没有外界的干预，该情况会不断循环出现．这样的事件在我国农业生产中经常出现，如大葱种植、大白菜种植和奶牛养殖等，该结果往往会导致国家经济活动的不稳定和让生产者得不到应有的回报．请尝试用数学建模的方式表述和研究该现象，用研究结果提出合理化建议以应对市场经济中的这个问题．

模型假设

① 商品的价格只由商品的供需数量决定；
② 商品的数量只由商品的价格大小决定．

问题分析

商品的生产时间可以用时段（也称时期）表示，一个时段表示的是商品的一个生产周期，如人们常说的种植周期、饲养周期等．

商品的价格由消费者的需求关系决定，每个时期，数量越多价格越低，数量越少价格越高．商品的下一时期的商品数量由生产者的供应关系决定，如前段时期的价格越低，生产者下一时期的生产数量越少，投入到市场的商品数量就会少．

在市场经济中，商品生产的特点可以用图 3-3 表示

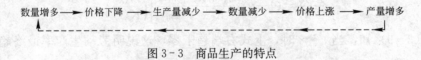

数量增多 ——→ 价格下降 ——→ 生产量减少 ——→ 数量减少 ——→ 价格上涨 ——→ 产量增多

图 3-3　商品生产的特点

从图 3-3 可知，商品的价格和数量是震荡的．在现实中，这种震荡可能越来越大，也可能越来越趋向平稳．本节主要讨论基于市场经济不稳定时，这种震荡呈现什么样的状况，而政府此时应该怎样采取措施保持经济的稳定．

模型建立

设第 k 时段商品数量为 Q_k，价格 P_k，由假设和分析有

$$P_k = f(Q_k), \quad k = 1, 2, \cdots$$

而下一时段的数量 Q_{k+1} 由上一时段的价格 P_k 决定，有

$$Q_{k+1} = h(P_k), \quad k = 1, 2, \cdots$$

函数 $P_k = f(Q_k)$，$k = 1, 2, \cdots$，常称为需求函数，问题的分析可知它是单调下降的；另一个函数 $Q_{k+1} = h(P_k)$，$k = 1, 2, \cdots$，常称为供应函数，易知它是单调上升的.

　　为讨论方便，假设需求函数和供应函数都是直线，分别用 D 和 S 表示，则需求与供应的变化可以用平面坐标系中形如蜘蛛网的如下几种类型的图形描述. 如图 3-4～图 3-6 所示.

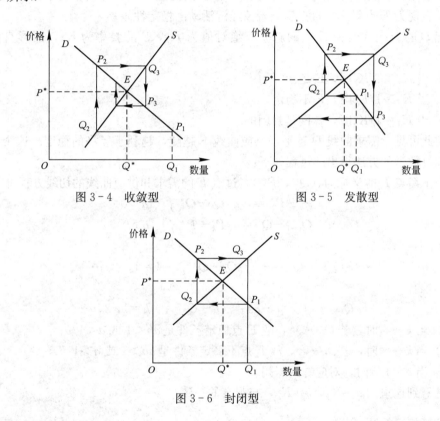

图 3-4　收敛型　　　　　　　　　　图 3-5　发散型

图 3-6　封闭型

　　(1) 收敛型蛛网

　　在此图中，给定数量 Q_1，价格 P_1 由需求曲线 D 上的 P_1 点决定，而下一时段的数量 Q_2 由供应曲线 S 上的 Q_2 点决定，价格 P_2 由 D 上的 P_2 点决定，这样得到一系列点. 按箭头方向趋向于两曲线的交叉点 E，意味着市场经济将趋向稳定.

　　(2) 发散型蛛网

　　与上面分析类似，可以发现这一系列变化的点慢慢远离平衡点 E，说明 E 是不稳定的平衡点，这种情况的结果是对应商品的市场经济表现将出现越来越大的震荡.

（3）封闭型蛛网

分析发现，这一以系列变化的点波动一直持续，但不远离也不趋向平衡点 E.

模型讨论

从图形上可知，一旦需求曲线和供应曲线被确定下来，商品数量和价格是否趋向稳定就完全由这两条曲线在 E 附近的形状决定（因为初始价格和商品数量应该离平衡点 E 不远）.

观察比较上述图的不同，可以发现 D 和 S 的陡缓不同，即斜率的不同（如果非直线，则表现为 E 点斜率）直接影响着该经济活动的稳定性.

记 D 的斜率（或在 E 点的斜率）绝对值为 K_f，S 的斜率为 K_g，图形直观告诉我们：

① 当 $K_f < 1/K_g$ 时，E 是稳定的；

② 当 $K_f > 1/K_g$ 时，E 不稳定；

③ 当 $K_f = 1/K_g$ 时，蛛网是封闭的.

由此可见，需求曲线 D 越平，供应曲线 S 越陡，越利于经济的稳定. 这个结论也可以通过数学的方法得出. 过程如下：

设平衡点 E 的坐标为（Q^*，P^*），过点 E 的需求和供应曲线的切线方程可写为

$$P_k - P^* = -a(Q_k - Q^*)，\quad a > 0$$
$$Q_{k+1} - Q^* = b(P_k - P^*)，\quad b > 0$$

消去 P_k 有

$$Q_{k+1} - Q^* = -ab(Q_k - Q^*)，\quad k = 1, 2, \cdots$$

对 k 递推有

$$Q_{k+1} - Q^* = (-ab)^k(Q_1 - Q^*)，\quad k = 1, 2, \cdots$$

① 当 $k \to \infty$ 时，若 $Q_k \to Q^*$，故 E 点稳定条件是 $ab < 1$ 或 $a < 1/b$；

② 当 $k \to \infty$ 时，若 $Q_k \to \infty$，故 E 点不稳定条件是 $ab > 1$ 或 $a > 1/b$；

③ 当 $a = 1/b$ 时，对应蛛网封闭.

注意到这里的 $a = K_f$，$b = K_g$，与观察的一致.

实际情况解释

① 实际上，需求曲线 D 和供应曲线 S 的具体形式通常是根据各个时段商品数量和价格的一系列统计资料得到的. 一般来说，D 取决于消费者对这种商品的需求程度和他们的消费水平，如消费者收入增加或者需求程度很高时，D 会向上移动；S 则与生产者的生产能力、经营水平等有关，如当生产力提高时，S 会向右移动.

② 由方程知，a 表示商品供应量减少一个单位时价格的上涨幅度，b 表示价格上涨一个单位时下个时期商品供应的增加量. 通常 a 数值反映消费者对商品需求的敏感

程度. 例如, 如果商品是生活必需品, 消费者处于持币待购状态, 商品数量稍缺, 人们就会立即抢购, 那么 a 会比较大, 曲线会较陡; 反之, a 就比较小; b 的数值反映生产经营者对商品价格的敏感程度, 如果生产者目光短浅, 追逐一时的高利润, 价格稍有上涨就会大量增加生产, 那么 b 就会比较大, 曲线会较平; 反之, b 就会比较小.

经济不稳定时的干预方法

根据斜率 a, b 的意义, 容易对市场经济稳定与否的条件作出解释:

① 当供应函数 S 确定时, a 越小, 需求曲线 D 越平, 表明消费者对商品需求的敏感度越小, $ab<1$ 易成立, 有利于经济稳定.

② 当需求函数 D 确定时, b 越小, 供应曲线 S 越陡, 表明生产者对价格的敏感程度越小, 也有 $ab<1$ 易成立, 有利于经济稳定.

③ 当 a, b 较大, 表明消费者对商品的需求和生产者对价格都很敏感, 则会致 $ab>1$ 成立, 经济不稳定.

政府采用的干预办法

① 使 a 尽量小. 考察极端情况, $a=0$ 时, 即需求曲线水平, 不论供应曲线如何, $ab<1$ 总成立, 经济总稳定. 这种办法相当于控制物价, 无论商品数量多少, 命令价格不得改变.

② 使 b 尽量小. 考察极端情况, $b=0$ 时, 即供应曲线竖直, 不论需求曲线如何, $ab<1$ 总成立, 也总稳定. 这种办法相当于控制市场上商品的数量.

📖 习题与思考

1. 商品广告模型的建模案例对你有什么启发?
2. 经济增长模型的建模案例对你有什么启发?
3. 某人为支持教育事业, 一次性存入一笔助学基金, 用于资助某校贫困生. 假设该校每年末支取 10 000 元, 已知银行年利率为 5%, 如果该基金供学校支取的期限为 20 年, 问此人应存入多少资金? 如果该基金无期限地用于支持教育事业, 此人又应该存入多少资金?
4. 找一个存款、贷款和保险方面的实际问题进行建模求解.

第 4 章　种群问题模型

种群问题是指种群在数量或密度上随时间的变化问题，有单物种种群和多物种种群问题之分．学习并研究种群问题可以更好地了解种群数量的变化规律，以达到控制和管理种群的目的．人们利用数学建模方法得到了很多数学模型来研究种群问题，如第 1 章的 Malthus 模型和 Logistic 模型就是历史上很有名的研究人口增长的单种群数学模型的案例，种群数学模型对种群生态学的发展起到了难以估计的作用．

为方便学习数学建模技术，本章主要通过案例来介绍一些种群问题模型和一些与种群问题有关的知识．

4.1　自治微分方程的图解方法

种群问题的数学模型有很多是用微分方程表示的，要真正解决种群问题就涉及求解微分方程的方法．常用的求解微分方程的方法有求通解的解析方法和求数值解的数值方法，但对一些特殊的微分方程用图解方法求解是更好的选择．

图解方法虽然不能给出解的解析形式，但可以给出解曲线的图形特征，以便人们能更形象地了解解的运行规律，达到解决所研究问题的目的．此外，通过图形来看清解的物理形态也是科研人员研究和理解真实世界系统的一种强有利的技能和工具．

自治微分方程（组）是不显含自变量的微分方程（组），很多种群问题的数学模型可以用自治微分方程（组）表示，该类微分方程（组）的求解常用图解方法．

4.1.1　自治微分方程

定义 4 - 1　设因变量 y 是自变量 x 的函数，函数 $f(y)$ 连续可微，称微分方程

$$\frac{\mathrm{d}y}{\mathrm{d}x} = f(y)$$

为**自治微分方程**；称 $f(y)=0$ 的根 y^* 为**平衡点**或**静止点**．

注意到，微分方程的解是函数，不是数！因此，平衡点 y^* 实际对应着 xOy 平面的水平线 $y=y^*$．特别，常数函数 $y=y^*$ 还是 $\frac{\mathrm{d}y}{\mathrm{d}x}=f(y)$ 的解曲线，称为 $\frac{\mathrm{d}y}{\mathrm{d}x}=f(y)$ 的一个奇解，该奇解上函数值不发生变化，因此平衡点形象地称为静止点．

为形象描述自治微分方程因变量解 y 的变化与平衡点的关系，画出对应的相直线

是常用的方法之一. **相直线**是因变量 y 轴上的图.

借助相直线完成图解自治微分方程的具体步骤如下:

① 画因变量 y 轴, 并在其上标记所有平衡点将 y 轴分割为若干区间;

② 在每个区间上确定 y' 的正负, 并在轴上标出变化箭头 ($y'>0$ 表示 y 单调增, 故在对应区间画出右向箭头, 否则画左向箭头);

③ 计算 y'' 并求出 $y''=0$ 的点, 用 $y'=0$ 和 $y''=0$ 的 y 值分割 y 的值域, 计算所有分割区间上 y' 及 y'' 的符号, 用表格给出;

④ 在 xOy 平面上根据③的表格数据画出各类解曲线图.

【**例 4 - 1**】 用图解法求解自治微分方程 $\dfrac{\mathrm{d}y}{\mathrm{d}x}=(y+2)(y-3)$.

解 令

$$\frac{\mathrm{d}y}{\mathrm{d}x}=(y+2)(y-3)=0$$

得平衡点 $y=-2$, $y=3$.

用表格给出 y' 在各个区间的符号如下:

y	$(-\infty, -2)$	-2	$(-2, 3)$	3	$(3, \infty)$
y'	$+$		$-$		$+$

其对应的相直线图如下 (箭头表示 y 值的变化趋势).

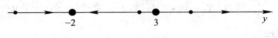

图 4 - 1　相直线

由 $\dfrac{\mathrm{d}^2 y}{\mathrm{d}x^2}=(2y-1)y'=(2y-1)(y+2)(y-3)=0$, 得 $y=0.5$, $y=-2$, $y=3$, 用 $y'=0$ 和 $y''=0$ 的 y 值分割 y 的值域得下表:

y	$(-\infty, -2)$	-2	$(-2, 0.5)$	0.5	$(0.5, 3)$	3	$(3, \infty)$
y'	$+$		$-$		$-$		$+$
y''	$-$		$+$		$-$		$+$

上表在 xOy 平面对应的各类解曲线见图 4 - 2, 注意画图时要看初始点的 y 值在哪个值域, 然后按函数单调和凸凹性画出.

从图 4 - 2 可以看到, 在两个平衡点处的解曲线, 随着自变量的增大, 解曲线有两种不同的变化趋势: 一种是朝着平衡点 (如 $y=-2$) 不断靠近的解, 另一种是远离平衡点 (如 $y=3$) 的解. 对前一种具有吸引功能的平衡点称为**稳定的平衡点**, 而称具有排斥功能的平衡点为**不稳定平衡点**. 不稳定平衡点具有随着自变量的增加解来越远离该平衡点的特点.

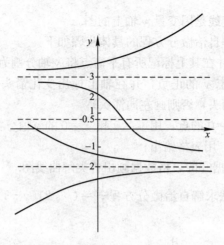

图 4 - 2　解曲线

稳定平衡点和不稳定平衡点在相直线图上可以直观地看到这种性态.

4.1.2　自治微分方程组

定义 4 - 2　设 $y_1 = y_1(t)$，$y_2 = y_2(t)$，…，$y_n = y_n(t)$ 都是自变量 t 的一元函数，且多元函数 $f_k(y_1, y_2, …, y_n)$，$k=1, 2, …, n$ 具有连续偏导数，称微分方程组

$$\frac{\mathrm{d}y_k}{\mathrm{d}t} = f_k(y_1, y_2, …, y_n), \quad k=1, 2, …, n$$

为一阶自治微分方程组.

由于微分方程组的解是多个一元函数，而微分方程组是这多个一元函数的一组关系式，故也称微分方程组为系统.

若用 n 维空间 $\mathbf{R}^n$ 中的向量值函数工具，则一阶自治微分方程组可以简记为

$$\frac{\mathrm{d}\boldsymbol{Y}}{\mathrm{d}t} = F(\boldsymbol{Y})$$

式中的向量值函数 $\boldsymbol{Y}(t) = (y_1(t), y_2(t), …, y_n(t))^{\mathrm{T}}$，$F(\boldsymbol{Y}) = (f_1(\boldsymbol{Y}), f_2(\boldsymbol{Y}), …, f_n(\boldsymbol{Y}))^{\mathrm{T}}$.

与自治微分方程类似，称使方程组 $F(\boldsymbol{Y}) = \boldsymbol{0}$ 的解 $\boldsymbol{Y}^* = (y_1^*, y_2^*, …, y_n^*)^{\mathrm{T}}$ 为系统 $\frac{\mathrm{d}\boldsymbol{Y}}{\mathrm{d}t} = F(\boldsymbol{Y})$ 的**平衡点**或**静止点**，此时 $y_k(t) \equiv y_k^*$ $(k=1, 2, …, n)$ 是系统 $\frac{\mathrm{d}\boldsymbol{Y}}{\mathrm{d}t} = F(\boldsymbol{Y})$ 的一个奇解.

平衡点对一个系统的定性分析中具有特殊的意义. 若该系统在平衡点 $\boldsymbol{Y}^*$ 附近出发的任一解 $\boldsymbol{Y}(t)$，均有 $\lim\limits_{t \to +\infty} \boldsymbol{Y}(t) = \boldsymbol{Y}^*$，称系统 $\frac{\mathrm{d}\boldsymbol{Y}}{\mathrm{d}t} = F(\boldsymbol{Y})$ 的平衡点 $\boldsymbol{Y}^*$ 是**（渐近）稳定**的，否则称 $\boldsymbol{Y}^*$ 是**不（渐近）稳定**的.

　　为叙述方便，这里重点讨论 $n=2$ 的一阶自治微分方程组，对 $n>2$ 的一阶自治微分方程组可以类似讨论.

　　$n=2$ 的一阶自治微分方程组可以写为如下形式

$$\begin{cases} \dfrac{\mathrm{d}x}{\mathrm{d}t}=f(x,\ y) \\[2mm] \dfrac{\mathrm{d}y}{\mathrm{d}t}=g(x,\ y) \end{cases}$$

这里变量 $x=x(t)$，$y=y(t)$ 都是变量 t 的一元函数，$f(x,\ y)$，$g(x,\ y)$ 具有连续偏导数.

　　同时满足 $f(x,\ y)=0$，$g(x,\ y)=0$ 的二维点（x^*，y^*）是系统的平衡点或静止点. 系统的解向量函数 $\mathbf{Y}(t)=(x(t),\ y(t))$ 产生相平面中一条运动轨迹曲线，其上任何一点表示系统在某时刻的位置，这里的 **相平面** 是 xOy 平面，它是系统的二解函数 $x=x(t)$，$y=y(t)$ 为坐标轴的平面坐标系.

　　系统的平衡点（x^*，y^*）也是系统的一个解，它是相平面 xOy 上过此点的唯一解，在相平面上，它是二直线 $x(t)=x^*$，$y(t)=y^*$ 的交点，即该解的轨迹只是一个点.

　　【例 4 - 2】　求解微分方程组

$$\begin{cases} \dfrac{\mathrm{d}x}{\mathrm{d}t}=-x(x^2+y^2) \\[2mm] \dfrac{\mathrm{d}y}{\mathrm{d}t}=-y(x^2+y^2) \end{cases}$$

的平衡点，并讨论其稳定性.

　　解　由

$$\begin{cases} -x(x^2+y^2)=0 \\ -y(x^2+y^2)=0 \end{cases}$$

求得该微分方程组的唯一平衡点（0，0）.

　　由已知微分方程组有

$$\begin{cases} x\dfrac{\mathrm{d}x}{\mathrm{d}t}=-x^2(x^2+y^2) \\[2mm] y\dfrac{\mathrm{d}y}{\mathrm{d}t}=-y^2(x^2+y^2) \end{cases}$$

两方程相加并整理，有

$$\frac{\mathrm{d}(x^2+y^2)}{\mathrm{d}t}=-2(x^2+y^2)^2$$

进而有解

$$x^2+y^2=\frac{1}{2t+c} \quad \left(c=\frac{1}{(x(0))^2+(y(0))^2}\right)$$

对该微分方程组的任一解（$x(t)$，$y(t)$），

$$\lim_{t\to+\infty}(x^2+y^2)=\lim_{t\to+\infty}\frac{1}{2t+c}=0$$

故也有

$$\lim_{t \to +\infty}(x(t), y(t)) = (0, 0)$$

因此平衡点（0，0）是稳定的.

4.2　单种群问题

单种群问题也称为单物种种群问题，主要研究一个生物群体的数量或密度的变化规律. 单种群的数量随时间的波动，主要受初级种群参数（出生率、死亡率、迁入率、迁出率等）和次级种群参数（年龄分布、性比、种群增长率等）的影响.

4.2.1　单种群的一般模型

设 $x(t)$ 表示 t 时刻某范围内一种群体的数量，当数量 $x(t)$ 较大时，可以把 $x(t)$ 看作 t 的连续函数. 在受初级种群参数影响的情况下，注意到种群数量 $x(t)$ 对时间 t 的导数 $\dfrac{\mathrm{d}x}{\mathrm{d}t}$ 的实际含义就是种群的变化率，并假设种群的数量变化只与出生、死亡、迁入和迁出因素有关，则描述单种群数量变化的一般模型为

$$\begin{cases} \dfrac{\mathrm{d}x}{\mathrm{d}t} = B - D + I - E \\ x(t_0) = x_0 \end{cases}$$

式中，B 表示出生率；D 表示死亡率；I 表示迁入率；E 表示迁出率.

针对所研究种群的不同出生率、死亡率、迁入率和迁出率，就可以得到该种群的数学模型. 例如，如第 2 章的 Malthus 模型是在假设 $B - D$（人口增长率）与当时人口数量成正比、$I = E = 0$ 得出的数学模型，而 Logistic 模型是在假设 $B - D$ 与当时人口数量成正比，也与该地区所容纳人口的剩余量成正比、$I = E = 0$ 得出的数学模型.

在实际问题中，如果所研究的问题不特别强调种群的出生率和死亡率，也没有明显的种群流动描述（此时显然有 $I = E = 0$），则有更简单的描述单种群数量变化的一般模型

$$\begin{cases} \dfrac{\mathrm{d}x}{\mathrm{d}t} = G \\ x(t_0) = x_0 \end{cases}$$

式中，$G = B - D$ 表示种群增长率.

【例 4 - 3】（种群控制问题）某地区的野猪数量增加得很快，由于食物不够，常有野猪扰民，破坏当地农民的农作物. 为控制野猪种群的发展，把野猪控制在合理的数量规模，主管部门决定发放猎捕野猪许可证并规定一张许可证只能捕杀一头野猪. 长期研究发现，该地区的野猪数若降到 m 头以下，则这个地区的野猪将会灭绝，但若超过 M 头，猪的种群数量就会由于营养不良和疾病降回到 M 头，请你通过数学建模的方式研究该地区猪的种群数量变化规律并回答主管部门发放多少张猎捕许可证才不会出现猪的

种群灭绝情况.

解　本问题没有特别强调野猪的流动，故选择 $I=E=0$. 此外，本题也没有特别说明猪的出生率和死亡率，故种群的数量变化主要由种群增长率决定.

设 $P(t)$ 为在时刻 t 猪的数量. 因为本问题涉及猪种群数量的变化问题，可以用微分方程来表述变化规律. 为了表述的方便，假设 $P(t)$ 是连续可微的. 注意到导数是函数的变化率，在本题中 $\dfrac{\mathrm{d}P}{\mathrm{d}t}$ 就是在时刻 t 猪的数量变化率. 考虑到导数值的正负对应函数 $P(t)$ 的增减，而且时刻 t 猪的数量变化率 $\dfrac{\mathrm{d}P}{\mathrm{d}t}$ 显然与当时猪的数量 $P(t)$、该地区可以容纳的猪的数量 $M-P(t)$ 和使猪种群不灭绝的数量 $P(t)-m$ 成正比，设比例系数为 k，由本题的描述，有

$$B-D=kP(M-P)(P-m)$$

对应的数学模型为

$$\frac{\mathrm{d}P}{\mathrm{d}t}=kP(M-P)(P-m)$$

这是一个自治微分方程，它有 3 个平衡点：$P=0$，$P=M$，$P=m$.

用表格给出 P' 在各个区间的符号：

P	0	$(0, m)$	m	(m, M)	M	(M, ∞)
P'		$-$		$+$		$-$

其对应的相直线图如图 4-3 所示（箭头表示 y 值的变化趋势）.

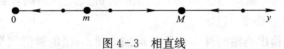

图 4-3　相直线

由 $\dfrac{\mathrm{d}^2 P}{\mathrm{d}t^2}=k^2 P(m-P)(M-P)(mM-2mP-2MP+3P^2)=0$，得

$$P=0,\quad P=m,\quad P=M,\quad P_1=\frac{m+M-\Delta}{3},\quad P_2=\frac{m+M+\Delta}{3},\quad \Delta=\sqrt{m^2+M^2-mM}$$

因为 $m^2+M^2>2mM>mM$，故有 $m^2+M^2-mM>0$，从而 $\Delta>0$. 此外，

$$P_1=\frac{1}{3}\cdot\frac{(m+M-\Delta)(m+M+\Delta)}{(m+M+\Delta)}=\frac{mM}{m+M+\Delta}>0$$

$$\frac{P_1}{m}=\frac{M}{m+M+\Delta}<1\Rightarrow P_1<m$$

$$\frac{P_2}{m}=\frac{1}{3}\left(1+\frac{M}{m}+\sqrt{1+\frac{M(M-m)}{m^2}}\right)>1\Rightarrow P_2>m$$

$$\frac{P_2}{M}=\frac{1}{3}\left(1+\frac{m}{M}+\sqrt{1+\frac{m(m-M)}{M^2}}\right)<1\Rightarrow P_2<M$$

故有 $0 < P_1 < m < P_2 < M$. 因为
$$P'' = 3k^2 P(m-P)(M-P)(P-P_1)(P-P_2)$$
用 $P'=0$ 和 $P''=0$ 的 P 值分割 P 的值域得

P	0	$(0, P_1)$	P_1	(P_1, m)	m	(m, P_2)	P_2	(P_2, M)	M	(M, ∞)
P'		$-$		$-$		$+$		$+$		$-$
P''		$+$		$-$		$+$		$-$		$+$

上表在 tP 平面对应的各类解曲线如图 4-4 所示.

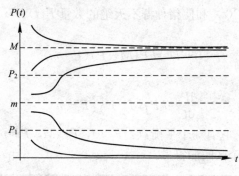

图 4-4　解曲线

由图 4-4 可知该地区猪的种群数量变化规律:当猪的种群数小于 m 时,猪的种群数量会随时间变化单调减少,最终出现灭绝结果;当猪的种群数大于 m 时,猪的种群数量会随时间变化单调增加,最终趋于 M 头;当猪的种群数大于 M 时,猪的种群数量会随时间变化单调减少,最终趋于 M 头.

图形上虽然可以得出当猪的种群数等于 m 或 M 时,猪的种群数量会随时间变化保持不变,但猪的种群数量由于出生或死亡随时发生,出现固定数量的结果一般不能维持较长时间,种群数量波动才是常态,因此猪的种群数等于 m 或 M 的情况不会得出数量维持不变的结果. 不过这两个数量值有不同的特性,数量 m 不是稳定的,而 M 是稳定的.

从如上结果可知主管部门发放的猎捕许可证的数量要小于 $P(t)-m$ 才会使进行猎捕后种群的剩余数量大于 m,否则就会带来灾难性的灭绝情况发生!考虑到种群数量会受天灾人祸这些不可控因素的影响,为保险起见,主管部门发放的猎捕许可证的数量为 $P(t)-P_2$ 或许更好.

4.2.2　受年龄性别影响的种群模型

种群的一般模型不能描述受次级种群参数(年龄分布、性别比等)影响的种群问题,这种问题不能用微分方程方法来建立数学模型,但可以借助向量矩阵的理论进行数学建模,下面用一个实际案例说明.

【例 4 - 4】　人口增长的年龄结构模型.

问题的提出

不同年龄的人在死亡和生育方面存在着差异. 表 4 - 1～表 4 - 3 给出了某个国家在 1966 年的人口统计资料, 它的年龄区间长度 5 年, 试根据此资料建立描述人口增长的模型, 并对每一个时间段和每一个年龄组, 计算出相应的总人口数. 计算年限为 19 个 5 年的时间段.

表 4 - 1　女婴出生率

年龄组	5～10	10～15	15～20	20～25	25～30	30～35	35～40	40～45	45～50
比率	0.001 02	0.085 15	0.305 74	0.400 02	0.280 61	0.152 60	0.064 20	0.014 83	0.000 89

表 4 - 2　女性人口存活率

年龄组	比率	年龄组	比率
0～5	0.996 70	45～50	0.974 37
5～10	0.998 37	50～55	0.962 58
10～15	0.997 80	55～60	0.945 62
15～20	0.996 72	60～65	0.915 22
20～25	0.996 07	65～70	0.868 06
25～30	0.994 72	70～75	0.800 21
30～35	0.992 40	75～80	0.692 39
35～40	0.988 67	80～85	0.773 12
40～45	0.982 74		

表 4 - 3　女 性 人 数　　　　　　　　　　　　　单位: 千人

年龄组	比率	年龄组	比率
0～5	9 715	45～50	5 987
5～10	10 226	50～55	5 498
10～15	9 542	55～60	4 839
15～20	8 806	60～65	4 174
20～25	6 981	65～70	3 476
25～30	5 840	70～75	2 929
30～35	5 527	75～80	2 124
35～40	5 987	80～85	1 230
40～45	6 371	85 以上	694

模型假设

① 讨论的对象是年龄区间长为 5 年 (年龄超过 85 岁的人不按此年龄区间分组) 的年龄组人数, 年龄组的编号按 0～5, 5～10, 10～15, 15～20, 20～25, 25～30, 30～

35，35～40，40～45，45～50，50～55，55～60，60～65，65～70，70～75，75～80，80～85，85 以上依次为第 1，2，3，4，5，6，7，8，9，10，12，13，14，15，16，17，18 年龄组；

②同一年龄组的女人和男人的有相同的存活率，且存活率不变，表中没有的数据视为存活率为零；

③同一年龄组的女人生男孩和女孩的出生率相同，且出生率不变，表中没有的数据视为出生率为零.

符号约定及说明

t：时间，单位为年；

$x_k(t)$：t 时刻第 k 个年龄组的人口数量，$k=1，2，\cdots，18$，单位为千人；

$x_k(0)$：初始时刻第 k 个年龄组的人口数量，$k=1，2，\cdots，18$，单位为千人；

$x(t)$：t 时刻人口数量，单位为千人；

b_k：第 k 组妇女的生育率

$$b_k=\frac{一个时间段内第 k 组妇女生育的且存活的新生儿总数}{一个时间段第 k 组妇女总数}$$

bw_k：第 k 组妇女生育女婴的比率，$b_k=2\mathrm{bw}_k$

s_k：第 k 组人口的存活率

$$s_k=\frac{一个时间段内第 k 组存活下来的人数}{一个时间段第 k 组人数}$$

问题分析与建模

因为人口统计资料是按年龄区间为 5 年的间隔给出的，故考虑人口的增长也按每五年为基本时间段处理，由符号约定有 t 时刻人口数量为

$$x^{\mathrm{T}}(t)=(x_1(t),x_2(t),\cdots,x_{18}(t))，\quad t=0，5，10，15，\cdots$$

考虑在 t 时刻到 $t+5$ 时刻人口的变化状态. 由假设有 $\dfrac{x_k(t)}{2}$ 表示第 k 个年龄组在 t 时刻的妇女数，于是第 k 个年龄组妇女在 t 到 $t+5$ 时刻生育且存活的人数为 $b_k\times\dfrac{x_k(t)}{2}=\mathrm{bw}_k x_k(t)$.

此外，因为在 $t+5$ 时刻第一个年龄组的人口是由在 t 时刻到 $t+5$ 时刻期间出生且活到 $t+5$ 时刻的人构成的，由给定的数据具有生育能力的妇女只有第 2～10 组的妇女，因此有

$$x_1(t+5)=\mathrm{bw}_2 x_2(t)+\mathrm{bw}_3 x_3(t)+\cdots+\mathrm{bw}_{10} x_{10}(t) \tag{4-1}$$

而在 $t+5$ 时刻，第 2 至第 17 个年龄组的人数由相应在 t 时刻的第 1 至第 16 个年龄组的存活人数构成. 由定义有

$$x_k(t+5)=s_{k-1}x_{k-1}(t), \quad k=2, 3, \cdots, 18 \tag{4-2}$$

式（4-1）和（4-2）就是人口增长的年龄结构模型，它可以用矩阵表示为

$$x(t+5)=\boldsymbol{G}x(t) \tag{4-3}$$

这里

$$\boldsymbol{G}=\begin{bmatrix} 0 & bw_2 & bw_3 & \cdots & bw_{10} & 0 & \cdots & 0 \\ s_1 & 0 & 0 & \cdots & 0 & 0 & \cdots & 0 \\ 0 & s_2 & 0 & \cdots & 0 & 0 & \cdots & 0 \\ 0 & 0 & s_3 & \cdots & 0 & 0 & \cdots & 0 \\ \vdots & \vdots & \vdots & & \vdots & \vdots & & \vdots \\ \vdots & \vdots & \vdots & & s_{10} & \vdots & & \vdots \\ \vdots & \vdots & \vdots & & \vdots & \ddots & & \vdots \\ 0 & 0 & 0 & \cdots & 0 & 0 & s_{17} & 0 \end{bmatrix}$$

$\boldsymbol{G}$ 称为增长矩阵. 如果给定初始时刻的人口总数 $x(0)$，由式（4-3）可以递推出确定人口增长的矩阵方程

$$x(5n)=\boldsymbol{G}^n x(0), \quad n=1, 2, \cdots \tag{4-4}$$

利用式（4-4）可以计算出在任意时间段的人口分布情况.

在给定的数据下，有

$x(0)=2(9\ 715, 10\ 226, 9\ 542, 8\ 806, 6\ 981, 5\ 840, 5\ 527, 5\ 987, 6\ 371, 5\ 987,$
$\quad 5\ 498, 4\ 839, 4\ 174, 3\ 476, 2\ 929, 2\ 124, 1\ 230, 694)^{\mathrm{T}}$

$(bw_2, \cdots, bw_{10})=(0.001\ 02, 0.085\ 15, 0.305\ 74, 0.400\ 02, 0.280\ 61,$
$\quad 0.152\ 60, 0.064\ 20, 0.014\ 83, 0.000\ 89)$

$(s_1, s_2, \cdots, s_{17})=(0.996\ 70, 0.998\ 37, 0.997\ 80, 0.996\ 72, 0.996\ 07, 0.994\ 72,$
$\quad 0.992\ 40, 0.988\ 67, 0.982\ 74, 0.974\ 37, 0.962\ 58, 0.945\ 62,$
$\quad 0.915\ 22, 0.868\ 06, 0.800\ 21, 0.692\ 39, 0.773\ 12)$

用公式编程进行计算，可以得出：在第 1 个五年按第 1，2，3，4，5，6，7，8，9，10，12，13，14，15，16，17，18 年龄组人口数目的变化见表 4-4。

表 4-4　第 1 个五年人口数目的变化　　　　单位：千人

年龄组	人口数	年龄组	人口数
0~5	18 548.4	45~50	12 522.1
5~10	19 365.9	50~55	11 667.1
10~15	20 418.7	55~60	10 584.5
15~20	19 042.0	60~65	9 151.71
20~25	17 554.2	65~70	7 640.26
25~30	13 907.1	70~75	6 034.75
30~35	11 618.3	75~80	687.63
35~40	10 970.0	80~85	2 941.27
40~45	11 838.3	85 以上	1 901.88

在第 19 个五年按第 1，2，3，4，5，6，7，8，9，10，12，13，14，15，16，17，18 年龄组人口的变化见表 4 - 5。

表 4 - 5　第 19 个五年人口数目的变化　　　　　　　　单位：千人

年龄组	人口数	年龄	人口数
0~5	49 334.8	45~50	30 209.1
5~10	46 800.7	50~55	28 229.8
10~15	44 473.8	55~60	25 756.3
15~20	42 300.9	60~65	22 815.7
20~25	40 245.8	65~70	19 712.3
25~30	38 222.7	70~75	16 657.8
30~35	36 127.8	75~80	13 131.8
35~40	34 013.9	80~85	8 642.7
40~45	32 039.6	85 以上	6 040.74

计算结果给出的预测为：在第 1 个 5 年末，人口由 199 892 千人变为 210 394 千人，以后按 5 年一个时间段的变化到第 19 个 5 年末，人口的变化（单位：千人）依次为

222 470，235 946，249 902，263 635，277 338，291 935，307 803，324 809，342 500，360 928，380 099，399 800，419 950，440 432，462 022，484 722，508 974，534 756.

4.3　多种群问题

在自然环境中，生物种群丰富多彩，它们之间通常存在着相互竞争、相互依存或者弱肉强食三种基本关系.

多物种种群比单物种种群复杂，因为此时不同的物种之间可以有不同的方式相互作用. 例如一种动物可以以另外一种动物作为主要食物来源，这通常称为捕食关系；两个物种可以相互依赖，如蜜蜂以植物的花蜜为食，同时替植物传播花粉. 为论述的方便，本节重点讨论两个种群的问题，其使用的方法和结果都可以推广到两个以上的多种群问题中.

4.3.1　两种群问题的一般模型

设 $x(t)$ 和 $y(t)$ 表示 t 时刻某范围内两个种群的数量，当数量 $x(t)$ 和 $y(t)$ 较大时，可以把 $x(t)$ 和 $y(t)$ 都看作 t 的连续函数. 注意到种群的相对变化率通常与研究范围内的种群数有关，利用相对变化率概念，两种群的一般数学模型可写为

$$\begin{cases} \dfrac{dx}{dt} \cdot \dfrac{1}{x} = f(x, y) \\ \dfrac{dy}{dt} \cdot \dfrac{1}{y} = g(x, y) \end{cases}$$

式中 $f(x, y)$，$g(x, y)$ 对应种群的相对增长率或称固有增长率.

当选取

$$\begin{cases} f(x,y)=a+bx+cy \\ g(x,y)=m+nx+sy \end{cases}$$

有

$$\begin{cases} \dfrac{dx}{dt} \cdot \dfrac{1}{x}=a+bx+cy \\ \dfrac{dy}{dt} \cdot \dfrac{1}{y}=m+nx+sy \end{cases}$$

整理得两种群常用的一般数学模型

$$\begin{cases} \dfrac{dx}{dt}=x(a+bx+cy)=ax+bx^2+cxy \\ \dfrac{dy}{dt}=y(m+nx+sy)=my+nxy+sy^2 \end{cases}$$

在以上模型中的系数取不同的符号就可以得到两个种群的不同关系模型.

【**例 4 - 5**】（种群竞争问题）小李大学毕业后被招聘到一个度假村做总经理助理. 该度假村为了吸引更多的游客来度假村游玩，决定建一个人工池塘并在其中投放活的鳟鱼和鲈鱼供游人垂钓. 董事长想知道若投放一批这两种鱼后，是否这两种鱼一直能在池塘中共存？若不能共存，怎样做才不会出现池中只有一种鱼的情况？由于小李是大学生，因此总经理就把这个任务交给小李来解决. 请你用数学建模的方法来帮助小李解决总经理的问题.

问题分析

研究发现：鳟鱼和鲈鱼的食物和生活空间基本相同，这两个种群在池塘中会争夺有限的同一食物来源和生活空间，出现密度制约情况很小. 令 $x(t)$，$y(t)$ 分别表示竞争关系中鳟鱼和鲈鱼种群在时刻 t 的数量.

模型假设

① 鳟鱼和鲈鱼种群的增长率与该种群数量成正比，比例系数分别为 a，$b(a>0$，$b>0)$；

② 两种鱼的作用都是降低对方的增长率，其大小正比于两种鱼数量的乘积，比例系数分别为 c，$d(c>0$，$d>0)$；

③ 鳟鱼和鲈鱼种群函数 $x(t)$，$y(t)$ 是连续可微的.

模型建立

根据模型假设，可以写出如下数学模型

$$\begin{cases} \dfrac{\mathrm{d}x}{\mathrm{d}t} = ax - cxy = (a - cy)x \\[2mm] \dfrac{\mathrm{d}y}{\mathrm{d}t} = by - dxy = (b - dx)y \end{cases}$$

模型求解与分析

所得数学模型是自治微分方程组，采用图解法求解之. 由方程组

$$\begin{cases} (a - cy)x = 0 \\ (b - dx)y = 0 \end{cases}$$

得两个平衡点 $(0, 0)$ 和 $\left(\dfrac{b}{d}, \dfrac{a}{c}\right)$. 在相平面 xOy 的 x 轴和竖直线 $x = \dfrac{b}{d}$ 上，有 $\dfrac{\mathrm{d}y}{\mathrm{d}t} = 0$，说明在这两条线上鲈鱼的增长率为零. 同样，在相平面 xOy 的 y 轴和横直线 $y = \dfrac{a}{c}$ 上，有 $\dfrac{\mathrm{d}x}{\mathrm{d}t} = 0$，说明在这两条线上鳟鱼的增长率为零，如图 4 - 5 和图 4 - 6 所示.

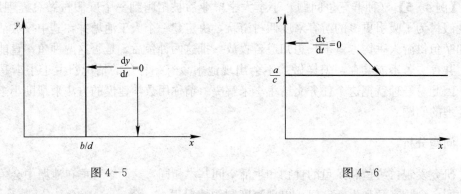

图 4 - 5　　　　　　　　　　　　　　　　图 4 - 6

在相平面上用平衡点对应的二直线 $x(t) = \dfrac{b}{d}$，$y(t) = \dfrac{a}{c}$ 分割鳟鱼和鲈鱼的值域（相平面的第一象限）得四个区域 A，B，C，D，如图 4 - 7 所示.

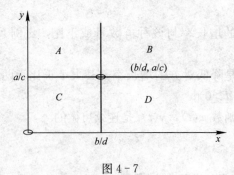

图 4 - 7

如果最初放入池塘的两种鱼数量在平衡点，则两种鱼不会增加，但实际中这种情况不会发生，因为即使开始是两种鱼数量在平衡点，但随着钓鱼活动或其他事件发生，池塘两种鱼数量之比很容易发生变化. 因此要研究最初放入池塘的两种鱼数量不在平衡点的情况. 下面用图解法来研究这个问题，此时要考察两个导数 $\dfrac{\mathrm{d}x}{\mathrm{d}t}$，$\dfrac{\mathrm{d}y}{\mathrm{d}t}$ 在相平面的四个区域的符号. 在本题中有

区域	A	B	C	D
x'	$-$	$+$	$+$	$+$
y'	$+$	$-$	$+$	$-$

由导数的符号可知对应函数的增降，在相平面画出对应图，如图 4-8 所示.

注意，图中四个区域的小斜箭头指示出系统轨迹在起点的走向，利用它可以在相平面画出系统解的轨线图，如图 4-9 所示.

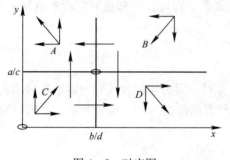

图 4-8　对应图

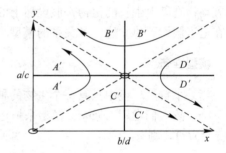

图 4-9　轨线图

从相平面图可以得出结论：无论开始时投放的鳟鱼和鲈鱼两种鱼数量如何，如果不加入人为管理，这两种鱼都不能一直在池塘中共存下去.

为满足总经理不出现池中只有一种鱼的情况要求，可以给出动态调控的建议，具体为：每隔一段时间抽查池中两种鱼的数量关系，若发现两种鱼的数量处于图中的 A' 或 B' 区，说明鳟鱼朝着不断减少的趋势发展，若不采取措施鳟鱼将会将会完全消失，故此时应该发布措施提醒钓鱼者只能钓鲈鱼不能钓鳟鱼；若发现两种鱼的数量处于图中的 C' 或 D' 区，说明鲈鱼朝着不断减少的趋势发展，若不采取措施鲈鱼将会将会完全消失，故此时应该发布措施提醒钓鱼者只能钓鳟鱼不能钓鲈鱼. 当然两种鱼的数量处于图中的 A' 或 B' 区时也可以采用向池中投鳟鱼的方式修正两中鱼的数量对比，这样通过动态调控可以使得两种鱼能共存在池中.

4.3.2　种群模型系数的意义

在常用的两种群一般数学模型中，其中的系数在种群问题中都有确切含义，具体为：

一次项系数表示对应的该种群的自然增长率；

二次项系数表示该种群的密度制约或内部竞争程度，称为密度制约度；

交叉项系数表示两种群的接触程度.

以上系数取值的正负有不同的含义，如假设 $a > 0$，模型

$\dfrac{\mathrm{d}x}{\mathrm{d}t} = ax$ 表示种群 x 有种群之外的食物，此时说明种群数量是指数增长的；

$\dfrac{\mathrm{d}x}{\mathrm{d}t} = -ax$ 表示种群 x 没有种群之外的食物，此时说明种群数量是指数衰减的.

根据模型中系数的符号可以得到两种群关系的模型. 因为函数导数表示该函数的增长率，导数的正负对应函数的增减. 在两种群问题中，种群数量总是非负的，面对任意给定的一个两种群数学模型，利用导数的这种特性可以得知这两个种群的关系.

同样，对于三种群及以上的种群问题也有类似的结果. 为方便计，下面用一个案例说明之.

【例 4-6】 在马来西亚的科莫多岛上有一种巨大的食肉爬虫，它吃哺乳动物，而哺乳动物吃岛上生长的植物，假设岛上的植物非常丰富且食肉爬虫对它没有直接影响，请在适当假设下建立这三者关系的模型.

模型准备

当某个自然环境中只有一个生物的种群生存时，因为生物成长到一定数量后增长率会下降，故人们常用 Logistic 模型来描述这个种群的演变过程. 设种群在 t 时刻的数量为 $x = x(t)$，则有

$$\frac{\mathrm{d}x}{\mathrm{d}t} = rx\left(1 - \frac{x}{N}\right)$$

式中，r 为固有增长率，N 是环境容许的种群最大数量. 由方程可以得到，$x_0 = N$ 是稳定平衡点，即 $t \to \infty$ 时 $x(t) \to N$. 令 $a = r$，$b = \dfrac{r}{N}$，模型 $\dfrac{\mathrm{d}x}{\mathrm{d}t} = rx\left(1 - \dfrac{x}{N}\right)$ 可以简化为

$$\frac{\mathrm{d}x}{\mathrm{d}t} = ax - bx^2$$

故某物种数量 $x = x(t)$ 按 Logistic 规律增长，就暗示有模型 $\dfrac{\mathrm{d}x}{\mathrm{d}t} = ax - bx^2$.

模型假设

① 植物能独立生存，并按 Logistic 规律增长；
② 食肉爬虫对植物没有直接影响.

模型分析与建立

设哺乳动物、食肉爬虫和植物在时刻 t 的数量分别记为 $x_1(t)$，$x_2(t)$ 和 $x_3(t)$. 因

为植物按 Logistic 规律增长，而哺乳动物的存在使植物的增长率减小，设减小的程度与哺乳动物数量成正比，于是 $x_3(t)$ 满足方程

$$\frac{\mathrm{d}x_3}{\mathrm{d}t} = a_3 x_3 - a_4 x_3^2 - c_{31} x_1 x_3$$

比例系数 c_{31} 反映哺乳动物掠食植物的能力.

食肉爬虫离开哺乳动物无法生存，设它独立存在时死亡率为 a_2，有 $\frac{\mathrm{d}x_2}{\mathrm{d}t} = -a_2 x_2 + \cdots$，而哺乳动物的存在为食肉爬虫提供了食物，相当于使食肉爬虫的死亡率降低，且促使其增长. 设这种作用与哺乳动物的数量成正比，于是 $x_2(t)$ 满足方程

$$\frac{\mathrm{d}x_2}{\mathrm{d}t} = -a_2 x_2 + b_{21} x_1 x_2$$

比例系数 b_{21} 反映哺乳动物对食肉爬虫的供养能力.

而对于哺乳动物，离开植物无法生存，设它独立时死亡率为 a_1，有 $\frac{\mathrm{d}x_1}{\mathrm{d}t} = -a_1 x_1 + \cdots$，而植物的存在为哺乳动物提供了食物，相当于使哺乳动物的死亡率降低，且促使其增长. 设这种作用与植物的数量成正比，又有 $\frac{\mathrm{d}x_1}{\mathrm{d}t} = -a_1 x_1 + c_{13} x_1 x_3 + \cdots$. 又食肉爬虫的存在使哺乳动物的死亡率上升，设这种作用与食肉爬虫数量成正比，于是 $x_1(t)$ 满足方程

$$\frac{\mathrm{d}x_1}{\mathrm{d}t} = -a_1 x_1 - b_{12} x_1 x_2 + c_{13} x_1 x_3$$

综上，可以得到本题的数学模型

$$\begin{cases} \dfrac{\mathrm{d}x_1}{\mathrm{d}t} = -a_1 x_1 - b_{12} x_1 x_2 + c_{13} x_1 x_3 \\[2mm] \dfrac{\mathrm{d}x_2}{\mathrm{d}t} = -a_2 x_2 + b_{21} x_1 x_2 \\[2mm] \dfrac{\mathrm{d}x_3}{\mathrm{d}t} = a_3 x_3 - a_4 x_3^2 - c_{31} x_1 x_3 \end{cases}$$

注意到，在本题中有：植物的增长能独立生存，并受到自身密度的影响，与哺乳动物的数量成反比，是捕食与被捕食关系的食饵；食肉爬虫不能独立生存，与哺乳动物的数量成正比，是捕食与被捕食关系的捕食者；哺乳动物不能独立生存，与植物的数量成正比，植物是其食饵，与食肉爬虫的数量成反比，食肉爬虫是其捕食者. 利用此事实也可以给出同样的数学模型.

4.3.3　几个常见的两种群关系模型

下面是两种群关系的几个模型（你能看出其中的奥妙吗?）. 为叙述方便，模型中的系数字母都是正数.

（1）相互竞争模型

两个种群为了争夺有限的同一食物来源和生活空间，从长远的眼光来审视，其最终结局是它们中的竞争力弱的一方首先被淘汰，然后另一方独占全部资源而以单种群模式发展；还是存在某种稳定的平衡状态，两个物种按照某种规模构成双方长期共存？

相互竞争关系可以由如下数学模型描述.

① 没有密度制约模型

$$\begin{cases} \dfrac{\mathrm{d}x}{\mathrm{d}t} = ax - cxy \\[2mm] \dfrac{\mathrm{d}y}{\mathrm{d}t} = my - nxy \end{cases}$$

② 有密度制约模型

$$\begin{cases} \dfrac{\mathrm{d}x}{\mathrm{d}t} = ax - bx^2 - cxy \\[2mm] \dfrac{\mathrm{d}y}{\mathrm{d}t} = my - nxy - sy^2 \end{cases}$$

（2）相互依存模型

自然界中处于同一环境下两个种群相互依存而共生的现象是很普遍的. 比如植物与昆虫，一方面植物为昆虫提供了食物资源；另一方面，尽管植物可以独立生存，但昆虫的授粉作用又可以提高植物的增长率. 事实上，人类与人工饲养的牲畜之间也有类似的关系.

相互依存数学模型可以由如下数学模型描述.

① 没有密度制约模型

$$\begin{cases} \dfrac{\mathrm{d}x}{\mathrm{d}t} = ax + cxy \\[2mm] \dfrac{\mathrm{d}y}{\mathrm{d}t} = my + nxy \end{cases}$$

② 有密度制约模型

$$\begin{cases} \dfrac{\mathrm{d}x}{\mathrm{d}t} = ax - bx^2 + cxy \\[2mm] \dfrac{\mathrm{d}y}{\mathrm{d}t} = my + nxy - sy^2 \end{cases}$$

③ 互利共生模型

$$\begin{cases} \dfrac{\mathrm{d}x}{\mathrm{d}t} = -ax + cxy \\[2mm] \dfrac{\mathrm{d}y}{\mathrm{d}t} = -my + nxy \end{cases}$$

（3）捕食与食饵模型

在自然界中种群之间捕食与被捕食的关系普遍存在，如生活在草原上的狼和羊．弱肉强食的种群其发展也会共生或先后灭亡．捕食与食饵模型可以由如下数学模型描述．

① 没有密度制约模型，种群 y 以吃种群 x 为生

$$\begin{cases} \dfrac{\mathrm{d}x}{\mathrm{d}t} = ax - cxy \\ \dfrac{\mathrm{d}y}{\mathrm{d}t} = -my + nxy \end{cases}$$

② 没有密度制约模型，种群 y 以吃种群 x 为生

$$\begin{cases} \dfrac{\mathrm{d}x}{\mathrm{d}t} = ax - bx^2 - cxy \\ \dfrac{\mathrm{d}y}{\mathrm{d}t} = -my + exy - sy^2 \end{cases}$$

【例 4 - 7】　假设甲、乙两种群处于相互依存关系，每个种群数量的增长率与该种群数量成正比，同时也与有闲资源成正比．此外，两个种群均可以独立存在，但可被其直接利用的自然资源有限．请写出该问题的数学模型并求其平衡点．

模型假设与符号说明

① 设 $x_1(t)$，$x_2(t)$ 表示处于相互依存关系中甲、乙两种群在时刻 t 的数量；

② $s_i(t)(i=1，2)$ 表示甲、乙两种群的有闲资源；

③ 两个种群均可以被其直接利用的自然资源均设为"1"，$N_i(i=1，2)$ 分别表示甲、乙两种群在单种群情况下自然资源所能承受的最大种群数量；

④ 两种群的存在均可以促进另一种群的发展，我们视之为另一种群发展中可以利用的资源，$\sigma_i(i=1，2)$ 为二折算因子，σ_1/N_2 表示一个单位数量的乙可充当种群甲的生存资源的量，σ_2/N_1 表示一个单位数量的甲可充当种群乙的生存资源的量；

⑤ $r_i(i=1，2)$ 分别表示甲、乙两种群的固有增长率．

模型建立

两种群数量的增长率可以用种群数量 $x_i(t)$ 对时间 t 的导数 $\dot{x}_i(t)(i=1，2)$ 表示．由题意和假设有

$$\begin{cases} \dot{x}_1 = r_1 x_1 s_1 \\ \dot{x}_2 = r_2 x_2 s_2 \end{cases}$$

再由假设，有

$$\begin{cases} s_1 = 1 - \dfrac{x_1}{N_1} + \sigma_1 \dfrac{x_2}{N_2} \\ s_2 = 1 + \sigma_2 \dfrac{x_1}{N_1} - \dfrac{x_2}{N_2} \end{cases}$$

经化简，得本问题的数学模型

$$\begin{cases} \dot{x}_1 = r_1 x_1 \left(1 - \dfrac{x_1}{N_1} + \sigma_1 \dfrac{x_2}{N_2} \right) \\ \dot{x}_2 = r_2 x_2 \left(1 + \sigma_2 \dfrac{x_1}{N_1} - \dfrac{x_2}{N_2} \right) \end{cases}$$

模型求解

只求解模型方程的平衡点，为此，令

$$\begin{cases} r_1 x_1 \left(1 - \dfrac{x_1}{N_1} + \sigma_1 \dfrac{x_2}{N_2} \right) = 0 \\ r_2 x_2 \left(1 + \sigma_2 \dfrac{x_1}{N_1} - \dfrac{x_2}{N_2} \right) = 0 \end{cases}$$

求得该模型的四个平衡点为

$$P_1(0, 0), \ P_2(N_1, 0), \ P_3(0, N_2), \ P_4 \left(\frac{1+\sigma_1}{1-\sigma_1\sigma_2} N_1, \ \frac{1+\sigma_2}{1-\sigma_1\sigma_2} N_2 \right)$$

种群模型可以有很多应用，下面给出捕食与食饵模型在渔业生产活动的应用来说明之.

假设某湖中有两种鱼 y 和 x，鱼 y 以吃鱼 x 为生，对应的数学模型为

$$\begin{cases} \dfrac{dx}{dt} = ax - cxy \\ \dfrac{dy}{dt} = -my + nxy \end{cases}$$

显然其平衡点为 $(m/n, a/c)$，可以证明这两种群的解轨线是周期的. 假设周期为 T，有两种群的平均量

$$\begin{cases} \bar{x} = \dfrac{1}{T} \displaystyle\int_0^T x(t) \, dt \\ \bar{y} = \dfrac{1}{T} \displaystyle\int_0^T y(t) \, dt \end{cases}$$

将原模型改写为

$$\begin{cases} \dfrac{1}{x} \dfrac{dx}{dt} = a - cy \\ \dfrac{1}{y} \dfrac{dy}{dt} = -m + nx \end{cases}$$

做积分，注意周期性

$$\begin{cases} \ln x(T) - \ln x(0) = \int_0^T \frac{1}{x} \frac{\mathrm{d}x}{\mathrm{d}t} = aT - c\int_0^T y(t)\mathrm{d}t = 0 \\ \ln y(T) - \ln y(0) = \int_0^T \frac{1}{y} \frac{\mathrm{d}y}{\mathrm{d}t} = -mT + n\int_0^T x(t)\mathrm{d}t = 0 \end{cases}$$

得两种群的平均鱼量

$$\bar{x} = \frac{m}{n}, \quad \bar{y} = \frac{a}{c}$$

若此时加入抓捕活动，设 r 为抓捕比例，有改进的数学模型

$$\begin{cases} \dfrac{\mathrm{d}x}{\mathrm{d}t} = ax - cxy - rx \\ \dfrac{\mathrm{d}y}{\mathrm{d}t} = -my + nxy - ry \end{cases}$$

得在新模型下，每个周期的平均鱼量变为

$$\bar{x} = \frac{m+r}{n}, \quad \bar{y} = \frac{a-r}{c}$$

说明抓捕会导致食饵增加，捕食者减少. 这个结论可以解释捕捞活动的一些疑惑并指导人们渔业生产.

习题与思考

1. 用图解法求解第 1 章的 Malthus 模型和 Logistic 模型.

2. 已知某两种群生态系统的数学模型

$$\begin{cases} \dot{x}_1(t) = 2x_1\left(1 - \dfrac{x_1}{10} - \dfrac{1}{2} \times \dfrac{x_2}{15}\right) \\ \dot{x}_2(t) = 4x_2\left(1 - 3 \times \dfrac{x_1}{10} - \dfrac{x_2}{15}\right) \end{cases}$$

其中以 $x_1(t)$，$x_2(t)$ 分别表示 t 时刻甲乙两种群的数量，请问该模型表示哪类生态（相互竞争、相互依存）系统模型，求出系统的平衡点，并画出系统的相轨线图.

3. 令 $x(t)$，$y(t)$ 分别表示两个种群在时刻 t 的数量，则两种群的一般数学模型可以写为

$$\begin{cases} \dfrac{\mathrm{d}x}{\mathrm{d}t} = ax + bx^2 + cxy \\ \dfrac{\mathrm{d}y}{\mathrm{d}t} = dy + exy + sy^2 \end{cases}$$

请根据这个一般模型完成如下任务：

(1) 当两种群 $x(t)$，$y(t)$ 是相互依存关系时，写出对应的数学模型；

(2) 当两种群 $x(t)$，$y(t)$ 是相互竞争关系时，写出对应的数学模型；

4. 利用两种群模型的理论来建立夫妻关系的一种数学模型.

第 5 章 随机问题模型

随机问题就是通常的概率统计问题，其特点是问题的结果不是唯一确定的．人们处理随机问题的方法往往是根据结果出现可能性的大小和自己的承受能力来决定自己的选择．随机问题在实际中是经常出现的，借助概率统计的知识可以把实际的随机问题变为数学问题以达到解决随机问题的目的．

本章主要通过案例来介绍一些随机问题模型，以使读者了解随机问题的建模方法．

5.1 仪器正确率问题

问题的提出

某地区由于吸烟的人数很多，致使该地区有较高的肺癌发病率．过去资料显示，5 000 人中平均有一人患有肺癌．为监控该地区的肺癌发展，该地区一家著名医院研发了一台检查肺癌的仪器，任何人经过该仪器检查后都可以给出是否患有肺癌的结果．检查结果表明，患有肺癌的人被该仪器检查出肺癌结果的正确率为 90%，没患肺癌的人被该仪器检查出没有肺癌结果的正确率也为 90%．

张三是该地区的一个居民，他虽然不吸烟，但他周围朋友吸烟的较多，因此他经常处于被动吸烟的环境．前一天，与他关系密切的一个吸烟的朋友被病理诊断出患有肺癌，而这几天他也经常感到胸部不适，因此决定去这家著名医院作个检查．不幸的是，医生用该仪器给他做检查的结果显示他患有肺癌！面对这个诊断及该仪器声称的诊断正确率，你是否认为张三患有肺癌的可能性也是很大？请对该仪器的诊断结果进行讨论．

问题分析与求解

本问题是在张三被仪器查出肺癌的条件下，推断张三真有肺癌的问题．学过概率论的人都知道，这是条件概率问题，通过 Bayes 定理可以解决．为便于讨论，引入如下符号：

L^+：张三患有肺癌事件；

L^-：张三没有肺癌事件；

I^+：仪器检查显示张三患有肺癌事件；

I^-：仪器检查显示张三没有肺癌事件．

由所给条件,易得如下概率值

$$P(L^+) = \frac{1}{5\,000}, \quad P(I^+|L^+) = 90\% = 0.9, \quad P(I^-|L^-) = 90\% = 0.9$$

$$P(L^-) = 1 - P(L^+) = \frac{4\,999}{5\,000}, \quad P(I^-|L^+) = 0.1, \quad P(I^+|L^-) = 0.1$$

由 Bayes 公式,张三被仪器查出肺癌的条件下,张三真有肺癌的概率为

$$P(L^+|I^+) = \frac{P(I^+|L^+)P(L^+)}{P(I^+|L^+)P(L^+) + P(I^+|L^-)P(L^-)}$$

$$= \frac{0.9 \times (1/5\,000)}{0.9 \times (1/5\,000) + 0.1 \times (4\,999/5\,000)} \approx 0.18\%$$

结果说明张三被仪器查出肺癌但他真有肺癌的概率只有约 0.18%,这是很小的概率,故张三不必过于因为检查结果而担心.

结果讨论

以上的结论让人们很诧异,难道一些检查结果很准确的检查仪器其检查结果就这么不可信吗? 为解释这个现象,我们在如上问题中引进数学模型来做探讨.

注意到在张三被仪器查出肺癌的条件下,张三真有肺癌的概率与某地区肺癌发病率、患有肺癌的人被仪器检查出肺癌结果的正确率及没患肺癌的人被该仪器检查出没有肺癌的正确率有关,把原问题中的具体数字用数学符号代替,引入如下符号:

p:某地区肺癌发病率;

x:患有肺癌的人被仪器检查出肺癌结果的正确率;

y:没患肺癌的人被该仪器检查出没有肺癌的正确率

在张三被仪器查出肺癌的条件下,张三真有肺癌的概率数学模型为

$$P(L^+|I^+) = \frac{xp}{xp + (1-y)(1-p)}$$

(1) 仪器检测准确率的讨论

由

$$P(L^+|I^+) = \frac{xp}{xp + (1-y)(1-p)} = 1 - \frac{(1-y)(1-p)}{xp + (1-y)(1-p)}, \quad 0 \leqslant x, y, p \leqslant 1$$

可知患有肺癌的人被仪器检查出肺癌结果的正确率 x 或 y 越高,张三被仪器查出肺癌而其真有肺癌的可能性越大.

(2) 地区的肺癌发病率对仪器结果的影响

为考察这个影响,在模型中取定 $x = y = 90\%$,$p = 0.01, 0.02, \cdots, 0.1$,有

p	0.01	0.02	0.03	0.04	0.05	0.06	0.07	0.08	0.09	0.10
$P(L^+|I^+)$	0.083	0.155	0.218	0.273	0.321	0.365	0.404	0.439	0.471	0.500

从表中可知某地区的肺癌发病率越高，仪器检查结果的可信性也越高. 表中指出在仪器原有诊断正确率条件下，当该地区的肺癌发病率是 1/10，则有在被仪器查出肺癌的条件下，张三真有肺癌的可能性变为 50% 了. 因此，对仪器给出的检查结果要结合该地区的发病率来考虑.

如上讨论说明，某人真有肺癌的概率与该地区的肺癌发病率及患有肺癌的人被仪器检查出肺癌结果的正确率成正比. 在某人被准确率较高仪器查出患某病的条件下，是否该人真正患有此病要综合考虑检查的结果，对结果不能不信，也不能全信.

5.2　遗　传　问　题

5.2.1　常染色体遗传问题

某农场的植物园计划对园中的金鱼草植物进行遗传研究. 金鱼草的花有三种花色：红、粉红和白色，以往的研究发现金鱼草由两个遗传基因决定花的颜色. 若该农场计划采用开红花的金鱼草一直作为亲体分别与三种花色的金鱼草相结合的方案培育金鱼草植物后代，那么经过若干年后，这种金鱼草植物的任一代的三种花色会如何分布？

模型准备

本问题是常染色体遗传问题，其中无论是亲体还是后代都由两个遗传基因决定自己的特性，遗传规律为：后代的基因对是由其两个亲体的基因对中各取一个基因组成.

基因对也称为基因型. 如果所考虑的遗传特征是由两个基因 A 和 a 控制的，就有三种基因对：AA，Aa，aa，基因对的基因排列与顺序无关.

模型假设

① 金鱼草只开红花、粉红色花和白花，没有其他花色；

② 两个遗传基因是 A 和 a，基因对是 AA 的金鱼草开红花、是 Aa 的开粉红色花、是 aa 的开白花；

③ 后代的基因对是从其两个亲体的基因对中等可能地各取一个基因组成.

模型的分析与建立

当一个亲体的基因型为 Aa，而另一个亲体的基因型是 aa 时，那么后代可以从 aa 型中得到基因 a，从 Aa 型中或得到基因 A，或得到基因 a. 这样，后代基因型会出现四种

$$Aa，Aa，aa，aa$$

由古典概率计算公式

$$P(A) = \frac{\text{有利于事件 } A \text{ 基本事件数}}{\text{样本空间总数}}$$

易算出产生后代为 Aa 或 aa 的概率都为 1/2. 根据这种方法易得出双亲体基因型的所有可能结合对应后代基因型的概率表如表 5-1 所示.

表 5-1　概　率　表

		父体-母体的基因型					
		$AA-AA$	$AA-Aa$	$AA-aa$	$Aa-Aa$	$Aa-aa$	$aa-aa$
后代基因型	AA	1	1/2	0	1/4	0	0
	Aa	0	1/2	1	1/2	1/2	0
	aa	0	0	0	1/4	1/2	1

令 a_n, b_n, c_n ($n=0$, 1, 2, $\cdots$) 分别表示第 n 代金鱼草开红花、粉红色花和白花（或基因型为 AA, Aa, aa）的比例，$x^{(n)}$ 为第 n 代金鱼草植物的基因型分布，则有

$$\boldsymbol{x}^{(n)} = (a_n, \ b_n, \ c_n)^{\mathrm{T}}$$

和

$$a_n + b_n + c_n = 1, \quad n=0, 1, \cdots$$

用开红花的金鱼草一直作为亲体分别与三种花色的金鱼草相结合，表示要选两个亲体分别为 $AA-AA$，$AA-Aa$ 和 $AA-aa$ 的方案培育金鱼草植物后代. 由后代基因型的概率表，有

$$\begin{cases} a_n = 1 \cdot a_{n-1} + 0.5 b_{n-1} + 0 \cdot c_{n-1} \\ b_n = 0 \cdot a_{n-1} + 0.5 b_{n-1} + 1 \cdot c_{n-1} \quad (n=1, 2, \cdots) \\ c_n = 0 \cdot a_{n-1} + 0 \cdot b_{n-1} + 0 \cdot c_{n-1} \end{cases}$$

用矩阵形式表示有

$$\boldsymbol{x}^{(n)} = \boldsymbol{M} \boldsymbol{x}^{(n-1)}, \quad n=1, 2, \cdots$$

其中

$$\boldsymbol{M} = \begin{bmatrix} 1 & 0.5 & 0 \\ 0 & 0.5 & 1 \\ 0 & 0 & 0 \end{bmatrix}$$

递推之，有第 n 代基因型的分布与初始分布的关系

$$\boldsymbol{x}^{(n)} = \boldsymbol{M} \boldsymbol{x}^{(n-1)} = \boldsymbol{M}^2 \boldsymbol{x}^{(n-2)} = \cdots = \boldsymbol{M}^n \boldsymbol{x}^{(0)}$$

直接计算，有第 n 代这种金鱼草植物的三种花色的分布满足

$$\begin{cases} a_n = 1 - 0.5^n b_0 - 05^{n-1} \cdot c_0 \\ b_n = 0.5^n b_0 + 0.5^{n-1} c_0 \quad (n=1, 2, \cdots) \\ c_n = 0 \end{cases}$$

当 $n \to \infty$ 时，有 $a_n \to 1$，$b_n \to 0$，$c_n \to 0$. 结果说明，不管最初花色分布如何，如果这种培

育不断做下去，金鱼草植物的花色将都是红色.

5.2.2　近亲结婚遗传问题

人们从无数事实中认识到血缘关系近的男女结婚，后代死亡率高，常出现痴呆、畸形和遗传病. 这是因为近亲结婚的夫妇，从共同祖先那里获得了较多的相同基因，很容易使对后代生存不利的有害基因相遇（遗传学上叫做纯合），从而加重了有害基因对子代的危害程度，所以容易出生素质低劣的孩子. 请用数学建模的方法解释这个原因.

模型准备

人类回避近亲结婚主要是从婚后生育后代可能不健康来考虑的. 要用数学建模的方式说明其原因，就要从人类遗传的基因变化规律来考察. 人类的性染色体是总数 23 对染色体的其中一对组成，性染色体是以 X 和 Y 标示. 拥有两个 X 染色体的个体是雌性，拥有 X 和 Y 染色体各一个的个体是雄性，因此雄性性染色体常记为 XY，雌性性染色体记为 XX. 近亲结婚的染色体的配对称之为自交对，近亲结婚的染色体的基因型称之为自交对基因型.

每个人的基因序列上都会有不同的缺陷，但正常的人没有显现出来，因为基因的表现上显性基因（正常基因）起决定作用. 如果某人的基因上某段有缺陷，我们用小写字母 a 来表示该缺陷基因，相对应的该段正常基因用大写字母 A 表示，则此人该段基因组合就是 Aa.

一般情况下，X 染色体较大，携带的遗传资讯多于 Y 染色体.

模型假设

① 只讨论近亲繁殖后代的情况，繁殖时染色体的交换是等可能的；
② 只讨论与性染色体 X 连锁的基因，不考虑与性染色体 Y 连锁的基因遗传；
③ 与染色体 X 连锁的基因为 A 或 a，分别记为 X_A 和 X_a.

模型建立

由假设，对雄性亲体来说，其染色体有两种形式：X_AY 和 X_aY；而对雌性亲体来说，其染色体有三种形式：X_AX_A，X_AX_a，X_aX_a.

由假设③可知，染色体 X 的下标就是该染色体的基因，利用此特点可以写出自交对的基因型. 如假设当雄性 X_AY 与 雌性 X_AX_a 交配，记为 $X_AY-X_AX_a$，该代自交对的基因型就是 $(A，Aa)$，简记为 $A\text{-}Aa$.

考察第 $n-1$ 代自交对雄性 X_AY 与 雌性 X_AX_a 交配，通过染色体的等可能交换，它们所生的下一代有四种组合：X_AX_A，X_AX_a，X_AY，X_aY. 这一代再等可能雌雄配对有

四种情况

$$X_A Y - X_A X_A, \quad X_A Y - X_A X_a, \quad X_a Y - X_A X_A, \quad X_a Y - X_A X_a$$

对应的自交对基因型为

$$A - AA, \quad A - Aa, \quad a - AA, \quad a - Aa$$

这个结果说明当第 $n-1$ 代自交对基因型为 (A, Aa) 时，其下一代（第 n 代）会等可能地出现四个自交对基因型：(A, AA)，(A, Aa)，(a, AA)，(a, Aa). 由简单的概率计算知这四个自交对基因型出现的概率都为 1/4. 这样得出如下结论：

如果第 $n-1$ 代自交对基因型是 (A, Aa)，那么第 n 代自交对的基因型将等可能（各 1/4）出现：(A, AA)，(A, Aa)，(a, AA)，(a, Aa).

因为雌雄亲体结成配偶共有 6 种基因类型：

$$(A, AA), \quad (A, Aa), \quad (A, aa), \quad (a, AA), \quad (a, Aa), \quad (a, aa)$$

而近亲繁殖过程可由以上 6 种自交对基因型中的任何一种开始. 类似如上讨论可以得出第 $n-1$ 代自交对到第 n 代自交对基因型转移概率表（表 5-2）.

表 5-2　自交对的基因型的转移概率表

$(n-1)$ 代	(n) 代					
	(A, AA)	(A, Aa)	(A, aa)	(a, AA)	(a, Aa)	(a, aa)
(A, AA)	1	0	0	0	0	0
(A, Aa)	**1/4**	**1/4**	0	**1/4**	**1/4**	0
(A, aa)	0	0	0	0	1	0
(a, AA)	0	1	0	0	0	0
(a, Aa)	0	1/4	1/4	0	1/4	1/4
(a, aa)	0	0	0	0	0	1

注：表中黑体字部分，即为刚刚举例示意部分内容.

引入自交对的基因型的数学符号如表 5-3 所示.

表 5-3　自交对基因型的数学符号

基因型	自交对的基因型					
	(A, AA)	(A, Aa)	(A, aa)	(a, AA)	(a, Aa)	(a, aa)
基因型符号	e_1	e_2	e_3	e_4	e_5	e_6
第 n 代基因型符号	$e_1^{(n)}$	$e_2^{(n)}$	$e_3^{(n)}$	$e_4^{(n)}$	$e_5^{(n)}$	$e_6^{(n)}$

利用自交对基因型转移概率表，有第 $n-1$ 代自交对与第 n 代自交对基因型的数学模型为

$$\begin{bmatrix} e_1^{(n)} \\ e_2^{(n)} \\ e_3^{(n)} \\ e_4^{(n)} \\ e_5^{(n)} \\ e_6^{(n)} \end{bmatrix} = \begin{bmatrix} 1 & 0 & 0 & 0 & 0 & 0 \\ 1/4 & 1/4 & 0 & 1/4 & 1/4 & 0 \\ 0 & 0 & 0 & 0 & 1 & 0 \\ 0 & 1 & 0 & 0 & 0 & 0 \\ 0 & 1/4 & 1/4 & 0 & 1/4 & 1/4 \\ 0 & 0 & 0 & 0 & 0 & 1 \end{bmatrix} \begin{bmatrix} e_1^{(n-1)} \\ e_2^{(n-1)} \\ e_3^{(n-1)} \\ e_4^{(n-1)} \\ e_5^{(n-1)} \\ e_6^{(n-1)} \end{bmatrix}$$

记

$$\boldsymbol{M} = \begin{bmatrix} 1 & 0 & 0 & 0 & 0 & 0 \\ 1/4 & 1/4 & 0 & 1/4 & 1/4 & 0 \\ 0 & 0 & 0 & 0 & 1 & 0 \\ 0 & 1 & 0 & 0 & 0 & 0 \\ 0 & 1/4 & 1/4 & 0 & 1/4 & 1/4 \\ 0 & 0 & 0 & 0 & 0 & 1 \end{bmatrix}, \quad \boldsymbol{X}^{(n)} = \begin{bmatrix} e_1^{(n)} \\ e_2^{(n)} \\ e_3^{(n)} \\ e_4^{(n)} \\ e_5^{(n)} \\ e_6^{(n)} \end{bmatrix}$$

有

$$\boldsymbol{X}^{(n)} = \boldsymbol{M}\boldsymbol{X}^{(n-1)} = \boldsymbol{M}^2\boldsymbol{X}^{(n-2)} = \cdots = \boldsymbol{M}^n\boldsymbol{X}^{(0)}$$

对 $\boldsymbol{M}$ 进行对角化处理，得

$$\boldsymbol{X}^{(n)} = \boldsymbol{P}\boldsymbol{D}^n\boldsymbol{P}^{-1}\boldsymbol{X}^{(0)}$$

其中

$$\boldsymbol{P} = \begin{bmatrix} \beta_1 & \beta_2 & \beta_3 & \beta_4 & \beta_5 & \beta_6 \end{bmatrix},$$

$$\boldsymbol{D}^n = \begin{bmatrix} 1 & 0 & 0 & 0 & 0 & 0 \\ 0 & 1 & 0 & 0 & 0 & 0 \\ 0 & 0 & (1/2)^n & 0 & 0 & 0 \\ 0 & 0 & 0 & (1/2)^n & 0 & 0 \\ 0 & 0 & 0 & 0 & (1+\sqrt{5})^n/4^n & 0 \\ 0 & 0 & 0 & 0 & 0 & (1+\sqrt{5})^n/4^n \end{bmatrix}$$

令 n 趋于无穷，有

$$\boldsymbol{X}^{(n)} = \begin{bmatrix} e_1^{(n)} \\ e_2^{(n)} \\ e_3^{(n)} \\ e_4^{(n)} \\ e_5^{(n)} \\ e_6^{(n)} \end{bmatrix} \xrightarrow{n \to \infty} \begin{bmatrix} e_1^{(0)} + \dfrac{2}{3}e_2^{(0)} + \dfrac{1}{3}e_3^{(0)} + \dfrac{2}{3}e_4^{(0)} + \dfrac{1}{3}e_5^{(0)} \\ 0 \\ 0 \\ 0 \\ 0 \\ \dfrac{1}{3}e_2^{(0)} + \dfrac{2}{3}e_3^{(0)} + \dfrac{1}{3}e_4^{(0)} + \dfrac{2}{3}e_5^{(0)} + e_6^{(0)} \end{bmatrix} \qquad (5-1)$$

模型讨论

从式（5-1）可以看出随着代数的增加，只有纯合自交对（A，AA）和（a，aa）的基因型保留下来，其他型的自交对将消失，说明所有自交对都趋于纯化基因对.

因为每个人的基因序列上都会有不同的缺陷，但是正常的人没有显现出来，因为在基因的表现上显性基因（正常基因）起决定作用. 正常人甲基因上某段有缺陷，若用小写字母 a 来表示该缺陷基因，相对应的该段正常基因为大写字母 A，那么甲的此段基因组合就是 Aa. 类似的，乙在这同一段基因上有另外一种缺陷，用 b 来表示，正常为 B，则乙的此段基因组合就是 Bb. 假如甲乙为异性，结合后产生的后代基因重组就出现 AB，Ab，aB，ab 四种可能形式，前 3 种都是正常的，而只要 a 与 b 不同，则 ab 也还是正常的. 但若 a 与 b 相同，就会将同一个基因缺陷纯化，此时对应的后代显示出缺陷表象，即该后代是一个有某种缺陷的后代. 我们的模型结果得出的自交对都趋于纯化基因对，说明近亲结婚产生有缺陷后代的可能性是较大的，因此要避免近亲结婚.

5.3　随机模拟问题

问题的提出

克灵特·康利是康利渔业有限公司的总经理，管理着一支由 50 条渔船组成的捕捞船队，他们在为马萨诸塞州新百利港外作业，捕捞鳕鱼. 每个工作日清早出海，常常是过午方能结束作业，返回渔港将捕到的鱼卖出. 受需求所制，捕到的鱼价格因地而异. 有时在一个港市因需求有限，卖不出去，再驶奔其他港市就会来不及，此时只能将捕到的鱼倒入大海. 每条船究竟能捕捞多少、卖出去多少、卖到什么价钱都是不确定的，因而公司每日的收益也就是不确定的.

为把问题简单化，这里只讨论一条船的产销问题. 假设它每天鳕鱼捕捞量是恒定的 3 500 磅，还知道每日的运作成本是 10 000 美元. 再假设该船只有两处选择，或驶到格劳斯特港或驶到洛科泊特港去卖鱼. 格劳斯特港鳕鱼的收购价在一段时间内稳定在 3.25 美元/磅，洛科泊特港的价格水平总的说来要高于格劳斯特港，但变异性强.

克灵特·康利估计洛科泊特港的价格服从正态分布，期望值是 3.65 美元/磅，标准差为 0.20 美元/磅. 此外，两地的吞吐能力也不同，格劳斯特港有非常大的鳕鱼交易市场，康利公司在那儿卖鱼从未受遇到过限制；而洛科泊特港的鳕鱼交易市场相比之下要小得多，康利公司有时只能卖出部分捕到的鱼，有时甚至一磅也卖不成. 克灵特·康利估计洛科泊特港的鳕鱼需求服从一个离散概率（见表 5-4）. 假设洛科泊特港的鳕鱼需求量与其收购价相互独立.

表 5-4　洛科泊特港鳕鱼需求的概率分布

需求量/磅	概率	需求量/磅	概率
0	0.02	4 000	0.33
1 000	0.03	5 000	0.29
2 000	0.05	6 000	0.20
3 000	0.08		

当每一天到来时，克灵特·康利都得思考究竟时到格劳斯特港还是到洛科泊特港卖鱼，以便能获得更多的收益．请尝试帮助克灵特·康利解决此问题．

问题的分析与求解

解决克灵特·康利面临的售鱼港口选择问题，可以从每天在两个港口卖鱼的收益着手．由题意有：到格劳斯特港卖鱼的收益为

$$G = 3.25 \times 3\,500 - 10\,000 = 1\,375(美元)$$

洛科泊特的问题就复杂了，价格和需求都不确定，是随机问题．用 F 表示收益，P 表示价格，D 表示需求量，有下式成立

$$
\begin{aligned}
F &= P \times \min\{3\,500, D\} - 10\,000 \\
&= \begin{cases} P \times 3\,500 - 10\,000, & D \geqslant 3\,500 \\ P \times D - 10000, & D < 3\,500 \end{cases}
\end{aligned}
$$

这里，具体到某一天的价格 P 和需求量 D 是随机数，有待于通过模拟产生，模拟的前提是：价格 P 服从正态分布，期望值是 3.65 美元/磅，标准差为 0.20 美元/磅；需求量 D 服从一个离散型分布，具体函数关系由表 5-4 规定．计算机模拟的具体做法如下．

(1) 模拟需求量

利用离散型随机变量分布函数的特点，把表 5-4 的单值概率分布改写成区间式形式，这样可以使各数据区间的长度正好是对应的概率值（见表 5-5）．

表 5-5　洛科泊特港鳕鱼需求与数据区间的对应

需求量/磅	概率	数据区间
0	0.02	0.00～0.02
1 000	0.03	0.02～0.05
2 000	0.05	0.05～0.10
3 000	0.08	0.10～0.18
4 000	0.33	0.18～0.51
5 000	0.29	0.51～0.80
6 000	0.20	0.80～1.00

　　用实数区间 [0, 1] 上均匀分布的随机数取值即可以得到落入各小区间中的概率，从而得到相应的随机模拟需求量. 计算机中产生一系列随机数，如 200 个，代表从第 1 天到第 200 天的运气，当然也可以取其他的天数. 如果某一天的随机数落在表 5-5 第 3 列的某一个区间，就模拟到这天的需求量，它即为表内与该区间数字同一行的第 1 列的数值. 例如，某日的随机数是 0.29，它落在表内第 3 列数据的第 5 行（0.18～0.51），这天的需求模拟值就是 4 000 磅. 约定一个规则，若随机数恰是某个区间的上限，取下一行的磅数. 例如，某日的随机数是 0.18，它是表内第 3 列数据的第 4 行（0.10～0.18）区间的上限，这天的需求量模拟值取下一行的 4 000 磅. 用 $q_1, q_2, \cdots, q_7$ 表示 7 个数据区间的上限值

$$0.02,\ 0.05,\ 0.10,\ 0.18,\ 0.51,\ 0.80,\ 1.00$$

则有任给一个随机数 r，当 $q_i \leqslant r < q_{i+1}$ 时，该天的需求量取第 i 个值. 依据以上做法模拟生成 200 天的需求量，算法如下：

　　① 输入洛科泊特港鳕鱼需求概率表和需求量表；

　　② 根据需求概率表计算出 [0, 1] 区间的分割点 $q_1, q_2, \cdots, q_7$ 获得 7 个小区间；

　　③ 输入模拟天数 m，随机产生 m 个 [0, 1] 内的随机实数；

　　④ 对每个产生的随机实数落入哪个小区间确定该天的模拟需求量.

　　根据如上算法编程计算得到如表 5-6 所示的 200 天需求量模拟结果.

表 5-6　200 天需求量模拟结果（自左往右，自上而下）　　　　　单位：磅

4 000	6 000	4 000	3 000	5 000	4 000	2 000	4 000	5 000	5 000
2 000	5 000	2 000	5 000	5 000	4 000	5 000	4 000	1 000	4 000
6 000	4 000	6 000	6 000	5 000	4 000	5 000	5 000	1 000	1 000
5 000	4 000	4 000	4 000	4 000	5 000	4 000	6 000	5 000	4 000
5 000	5 000	5 000	6 000	5 000	4 000	6 000	6 000	1 000	1 000
3 000	3 000	6 000	0	6 000	5 000	6 000	5 000	2 000	1 000
4 000	5 000	4 000	5 000	5 000	3 000	5 000	6 000	3 000	6 000
5 000	6 000	3 000	5 000	4 000	5 000	3 000	5 000	6 000	1 000
5 000	4 000	6 000	6 000	6 000	5 000	5 000	4 000	6 000	6 000
1 000	4 000	4 000	5 000	6 000	5 000	5 000	6 000	6 000	6 000
3 000	6 000	0	6 000	5 000	6 000	5 000	5 000	6 000	4 000
5 000	5 000	6 000	6 000	6 000	0	4 000	6 000	6 000	4 000
3 000	5 000	4 000	5 000	6 000	4 000	5 000	5 000	6 000	6 000
3 000	6 000	6 000	5 000	4 000	4 000	2 000	5 000	4 000	5 000
5 000	5 000	5 000	6 000	5 000	6 000	6 000	5 000	4 000	6 000
2 000	5 000	3 000	4 000	6 000	5 000	5 000	6 000	4 000	5 000
3 000	4 000	5 000	4 000	5 000	6 000	6 000	4 000	3 000	1 000
5 000	0	5 000	5 000	5 000	5 000	5 000	5 000	6 000	4 000
4 000	4 000	6 000	6 000	4 000	5 000	4 000	5 000	6 000	6 000
4 000	3 000	5 000	5 000	6 000	3 000	6 000	6 000	5 000	6 000

（2）价格 P 的模拟

上面提及"克灵特·康利估计洛科泊特港的价格服从正态分布，期望值是 3.65 美元/磅，标准差为 0.20 美元/磅". 只要指定概率分布的参数，计算机就能生成服从既定分布的数据. 要获得服从期望值是 3.65 美元/磅，标准差为 0.20 美元/磅的正态分布随机数，很多数学软件都有专门的命令来完成这项工作，这里使用 Mathematica 软件命令获得 200 个服从正态分布 $N[3.65，0.2]$ 的随机数来代表克灵特·康利估计洛科泊特港的价格 200 天的价格，模拟结果见表 5 - 7.

表 5 - 7　200 日价格模拟结果（自上而下，自左至右）　　　单位：美元

3.737 8	3.721 2	3.345 9	3.775 7	3.722 0	3.901 4	3.671 5	3.996 1	4.066 2	3.370 4
3.941 7	3.428 3	3.511 3	4.066 4	3.764 8	4.281 3	2.975 1	3.453 2	3.613 8	3.588 7
3.831 9	3.64 5	3.825 3	3.776 5	3.849 6	3.506 9	3.415 1	3.545 7	3.566 8	3.468 0
3.520 8	3.843 7	3.534 3	3.598 1	4.038 9	3.620 1	3.946 9	3.880 6	3.719 2	3.671 8
3.804 3	3.387 1	3.533 2	3.625 8	3.652 7	3.318 1	3.935 2	3.838 9	3.500 5	3.554 5
3.819 2	3.855 3	3.345 4	3.462 9	3.866 7	3.499 7	3.463 8	3.686 0	4.130 2	3.427 4
3.676 6	3.145 2	3.687 0	3.335 2	3.658 2	3.627 4	3.816 8	3.731 0	3.522 9	3.691 0
3.541 7	3.665 3	3.543 7	3.652 6	3.897 4	4.305 9	3.841 7	3.403 2	3.758 8	3.298 4
3.708 9	3.640 8	3.566 9	3.573 8	3.760 7	3.906 5	.66 572	3.779 0	3.769 1	3.491 2
3.450 7	3.328 6	3.617 6	.49 364	3.526 8	3.638 8	3.564 4	3.430 3	3.732 8	3.546 1
3.958 0	3.635 0	3.883 5	3.769 3	3.606 6	3.524 5	3.567 2	3.602 3	3.816 2	3.695 9
3.598 7	3.373 6	3.436 8	3.831 4	3.743 3	3.610 7	3.332 1	3.266 9	3.772 2	3.397 9
3.704 6	3.472 3	3.285 8	3.625 9	3.659 9	3.251 5	3.158 8	3.540 0	3.829 9	3.452 1
3.673 4	3.693 7	3.976 7	3.756 1	3.602 8	3.597 0	3.881 5	3.801 8	3.650 2	3.897 7
3.925 0	3.660 8	3.592 5	3.531 3	3.790 5	3.659 2	3.824 3	3.995 8	3.685 9	3.720 9
3.376 6	3.881 9	3.333 1	3.994 6	3.523 7	3.632 1	3.353 4	4.012 5	3.924 3	3.851 5
3.733 4	3.717 6	3.549 2	3.668 7	3.509 8	3.538 9	3.944 8	3.740 9	4.1234	3.191 4
3.485 5	3.687 9	3.747 9	3.455 3	3.536 7	3.595 0	3.724 8	3.717 2	3.947 1	3.638 3
3.675 3	3.590 1	3.780 9	3.557 9	3.677 2	3.735 3	3.648 2	3.719 7	3.506 6	3.567 3
3.672 7	3.852 6	3.577 0	3.634 1	3.569 0	3.630 5	3.932 7	3.617 5	3.876 4	3.760 1

（3）根据公式计算模拟日收益

将表 5 - 6 和表 5 - 7 中的数据逐一代入公式 $F = P \times \min\{3\,500，D\} - 10\,000$，就得到每天的模拟收益. 去掉小数部分得到 200 天模拟收益，列入表 5 - 8.

（4）收益分析

① 收益范围处于 $-10\,000$ 美元到 5 070 美元之间，这又可以划分成两个区间：亏损区间（$-10\,000$，$-2\,083$ 美元，在跨度为 7 917 美元的范围内，仅散布有 19 个数值；盈利区间（193，5 070）美元，在跨度不足 5 000 美元的范围内，却散布有 181 个数值. 分正负两段作频数分析如表 5 - 9 所示.

表 5－8　200 天模拟收益（自上而下，自左至右）　　　　　　单位：美元

3 082	3 024	1 710	3 215	3 027	1 704	1 014	3 986	2 198	1 796
3 795	1 999	2 289	4 232	3 176	4 984	412	2 086	2 648	2 560
3 411	2 757	3 388	3 217	3 473	−10 000	1 953	2 410	2 483	2 138
562	3 453	2 370	2 593	4 136	2 670	3 814	3 582	3 017	2 851
3 315	1 855	2 366	2 690	2 784	1 613	3 773	3 436	2 251	2 441
3 367	3 493	1 708	388	3 533	2 249	2 123	2 901	4 455	1 996
−2 646	1 008	2 904	1 674	2 803	882	3 359	3 058	2 330	2 918
2 396	2 828	2 403	2 784	3 640	5 070	3 445	1 911	3 155	1 544
2 981	−6 359	−6 433	721	3 162	3 673	2 830	3 226	1 307	2 219
2 077	−6 671	−6 382	2 227	2 343	2 736	2 475	2 006	−6 267	24 112
−2 083	2 722	1 650	3 192	−6 393	2 335	701	−2 795	3 356	935
2 595	1 807	310	3 410	3 101	2 637	1 662	1 434	−10 000	193
−2 590	2 153	1 500	877	2 809	1 380	1 056	620	3 404	2 082
2 857	2 928	−10 000	3 146	2 610	2 589	3 585	3 306	2 775	3 641
3 737	2 812	2 573	2 359	3 266	2 807	3 385	3 985	2 900	3 023
1 818	3 586	1 665	3 981	2 333	−10 000	1 736	4 043	3 735	1 554
3 066	3 011	2 422	1 006	2 284	2 386	−2 110	3 093	4 432	1 170
2 199	2 907	3 117	2 093	2 378	2 582	3 036	3 010	3 815	2 734
−6 324	2 565	−2 438	2 452	2 870	3 073	2 768	3 019	2 273	2 485
2 854	3 484	−6 422	−6 365	2 491	2 706	3 764	2 661	3 567	3 160

　　从表 5－9 看，亏损的分布律不强，而表 5－10 表明，各日的盈利情况呈现了快速向中间（2 500～3 000 美元）集中且左右大致对称的趋势．将这组数据制成直方图，更能展示这种趋势，如图 5－1 所示．

表 5－9　亏损额的频数分布

收益/美元	日数
（−10 000～−8 000）	4
（−8 000～−6 000）	9
（−6 000～−4 000）	0
（−4 000～−2 000）	6
（−2 000～0）	0
合计	19

表 5－10　盈利额的频数分布

收益/美元	日数
0～500	4
500～1 000	6
1 000～1 500	8
1 500～2 000	20
2 000～2 500	37
2 500～3 000	40
3 000～3 500	41
3 5000～4 000	18
4 000～4 500	5
4 500～5 000	2
合计	181

② 亏损日数为 19 天，亏损概率约为 9.5%.

③ 如果把 200 日的收益合起来看，会呈现典型的左偏分布态势. 以零（不亏不赚）为界，曲线下大约 9% 的面积由零向左延伸至−10 000 美元，另外 90.5% 的面积从理论上说由零向右无限延伸，但极不可能超过至 5 000 美元.

④ 因为整个的收益分布不服从正态分布，我们无法直接计算卖到洛科泊特港的期望收益低于卖到格劳斯特港 1 375 美元收益的概率. 现在只知道低于 0 的概率是 0.095，那么不低于 0 的概率就是

$$P(X \geqslant 0) = 0.905$$

若再把盈利看成一个整体，这其中低于 1 375 美元的概率又是多少呢？利用统计推断，我们可以推断出盈利服从期望值为 2 600 美元，标准差为 950 美元的正态分布. 计算出在这个正态分布下，低于 1 375 美元的概率是

$$P(X < 1375 \mid X \geqslant 0) = 0.099$$

而在整个盈利中出现盈利在 1 375 美元以内的概率是

$$P(0 \leqslant X \leqslant 1375) = 0.099 \times 0.905 = 0.089\ 595$$

收益在 1 375 美元以内的概率是

$$P(0 \leqslant X \leqslant 1\ 375) + P(X < 0) = 0.089\ 595 + 0.095 = 0.184\ 59 \approx 0.18$$

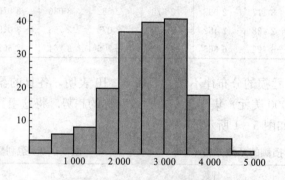

图 5 - 1　非负收益直方图

（5）决策

以上用随机模拟方式模拟生成洛科泊特港对鳕鱼的需求、收购价格和康利公司捕鱼、售鱼的收益数据，并对盈亏情况进行了讨论. 下面将之与到格劳斯特港卖鱼的收益进行对比，最终为康利公司究竟到哪处卖鱼提供咨询.

① 表 5 - 8 所列 200 天的模拟收益的平均数是 2 630.63 美元，可以视其为在洛科泊特港卖鱼的期望收益，因此到洛科泊特港与格劳斯特港卖鱼的期望收益之差是

$$2\ 630.60 - 1\ 375 = 1\ 255.63（美元）$$

② 卖到洛科泊特港的期望收益比卖到格劳斯特港的期望收益高出 91.31%.

③ 卖到洛科泊特港发生损失的概率是 9%.

④ 卖到洛科泊特港的期望收益低于卖到格劳斯特港 1 375 美元收益的概率是 0.18.

模拟的结论是：

对康利公司售鱼获利而言，洛科泊特港与格劳斯特港的机会大约是 4：1. 如果克灵特·康利具有一定的冒险精神，他应该选择洛科泊特港而不是格劳斯特港作为其售鱼的码头，以追求较高的期望收益. 同时也应该看到，去洛科泊特港售鱼的风险不小.

5.4　病人候诊问题

问题的提出

某私人诊所只有一位医生，已知来看病的病人和该医生的诊病时间都是随机的，若病人的到达服从泊松分布且每小时有 4 位病人到来，看病时间服从负指数分布，平均每个病人需要 12 分钟. 试分析该诊所的工作状况（即求该诊所内排队候诊病人的期望，病人看一次病平均所需的时间、医生空闲的概率等）.

模型的准备

本题是典型的排队论问题，也是一个典型的单通道服务排队系统. 排队论也称随机服务系统理论，它涉及的排队现象非常广泛，如病人候诊、顾客到商店购物、轮船入港、机器等待修理等. 排队论的目的是研究排队系统的运行效率，估计服务质量，并在顾客和服务机构的规模之间进行协调，以决定系统的结构是否合理，权衡决策，使其达到合理的平衡状态. 在排队论中，判断系统运行优劣的基本数量指标通常有以下几种.

(1) 排队系统的队长. 即指排队系统中的顾客数，它的期望值记为 L. 相应的排队系统中等待服务的顾客数，其期望值记为 L_q. 显然，L 或 L_q 越大，说明服务效率越低.

(2) 等待时间. 即指一顾客在排队系统中等待服务的时间，其期望值记为 W_q. 相应的，逗留时间是指一个顾客在排队系统中停留的时间，即从进入服务系统到服务完毕的整个时间，其期望值记为 W.

(3) 忙期. 指从顾客到达空闲服务机构起到服务机构再次为空闲止这段时间长度，即服务机构连续工作的时间长度.

此外，还有服务设备利用率、顾客损失率等一些指标.

排队论中的排队系统由下列三部分组成.

- 输入过程. 即顾客来到服务台的概率分布. 在输入过程中要弄清顾客按怎样的规律到达.

- 排队规则. 即顾客排队和等待的规则，排队规则一般有即时制和等待制两种. 所谓即时制就是当服务台被占用时顾客便随即离去；等待制就是当服务台被占用时顾客排队等待服务. 等待制服务的次序规则有先到先服务、随机服务、有优先权的先服务等.

● 服务机构, 其主要特征为服务台的数目、服务时间的分布. 服务机构可以是没有服务员的, 也可以是一个或多个服务员; 可以对单独顾客进行服务, 也可以对成批顾客进行服务. 和输入过程一样, 多数的服务时间都是随机的, 但通常假定服务时间的分布是平稳的.

要解决这里的病人候诊问题, 只要分析排队论中最简单的单服务台排队问题即可. 所谓单服务台是指服务机构由一个服务员组成, 并对顾客进行单独的服务. 下面通过对这类问题的分析和讨论来解决病人候诊问题.

模型假设

根据实际问题进行如下假设.

① 顾客源无限, 顾客单个到来且相互独立, 顾客流平稳, 不考虑出现高峰期和空闲期的可能性.

② 排队方式为单一队列的等待制, 先到先服务, 且队长没有限制.

③ 顾客流服从参数为 λ 的泊松分布, 其中 λ 是单位时间到达顾客的平均数.

④ 各顾客的服务时间服从参数为 μ 的负指数分布, 其中 μ 表示单位时间内能服务完的顾客的平均数.

⑤ 顾客到达的时间间隔和服务时间是相互独立的.

模型的分析与建立

为了确定系统的状态, 用 $p_n(t)$ 表示在 t 时刻排队系统中有 n 个顾客的概率. 由假设知, 当 Δt 充分小时, 在 $[t, t+\Delta t]$ 时间间隔内有一个顾客到达的概率为 $\lambda \Delta t$, 有一个顾客离开的概率为 $\mu \Delta t$, 多于一个顾客到达或离开的概率为 $o(\Delta t)$ (可忽略).

在 $t, t+\Delta t$ 时刻, 系统有 n 个顾客的状态可由下列 4 个互不相容的事件组成.

(1) t 时刻有 n 个顾客, 在 $[t, t+\Delta t]$ 内没有顾客到来, 也没有顾客离开, 其概率为 $(1-\lambda \Delta t)(1-\mu \Delta t)p_n(t)$;

(2) t 时刻有 n 个顾客, 在 $[t, t+\Delta t]$ 内有一个顾客到来, 同时也有一个顾客离开, 其概率为 $\lambda \Delta t \mu \Delta t p_n(t)$;

(3) t 时刻有 $n-1$ 个顾客, 在 $[t, t+\Delta t]$ 内有一个顾客到来, 没有顾客离开, 其概率为 $\lambda \Delta t(1-\mu \Delta t)p_n(t)$;

(4) t 时刻有 $n+1$ 个顾客, 在 $[t, t+\Delta t]$ 内没有顾客到来, 有一个顾客离开, 其概率为 $(1-\lambda \Delta t)\mu \Delta t p_n(t)$.

因此在 $t+\Delta t$ 时刻, 系统中有 n 个顾客的概率为 $p_n(t+\Delta t)$, 且有

$$p_n(t+\Delta t)=p_n(t)(1-\lambda \Delta t-\mu \Delta t)+p_{n+1}(t)\mu \Delta t+p_{n-1}(t)\lambda \Delta t+o(\Delta t)$$

$$\frac{p_n(t+\Delta t)-p_n(t)}{\Delta t}=\lambda p_{n-1}(t)+\mu p_{n+1}(t)-(\lambda+\mu)\cdot p_n(t)+\frac{o(\Delta t)}{\Delta t}$$

令 $\Delta t \to 0$，得

$$\frac{\mathrm{d}p_n(t)}{\mathrm{d}t}=\lambda p_{n-1}(t)+\mu p_{n+1}(t)-(\lambda+\mu)p_n(t) \quad (n=1,2,\cdots)$$

考虑特殊情形，即当 $n=0$ 时，在 $t+\Delta t$ 时刻时系统内没有顾客的状态，同理它由以下 3 个互不相容的事件组成.

① 时刻 t 系统中没有顾客，在 $[t,t+\Delta t]$ 内没有顾客来，概率为 $(1-\lambda\Delta t)p_0(t)$；

② 时刻 t 系统中没有顾客，在 $[t,t+\Delta t]$ 内有一个顾客到达，接受完服务后又离开，其概率为 $\lambda\Delta t\mu\Delta t p_0(t)$；

③ 时刻 t 系统内有一个顾客，在 $[t,t+\Delta t]$ 内该顾客离开，没有顾客来，其概率为 $(1-\lambda\Delta t)\mu\Delta t p_1(t)$.

从而有

$$\frac{\mathrm{d}p_0(t)}{\mathrm{d}t}=-\lambda p_0(t)+\mu p_1(t)$$

因此得到系统状态应服从的模型为

$$\begin{cases}\dfrac{\mathrm{d}p_0(t)}{\mathrm{d}t}=-\lambda p_0(t)+\mu p_1(t)\\[2mm] \dfrac{\mathrm{d}p_n(t)}{\mathrm{d}t}=\lambda p_{n-1}(t)+\mu p_{n+1}(t)-(\lambda+\mu)p_n(t) \quad (n=1,2,\cdots)\end{cases}$$

模型求解

为评估系统的服务质量，判断其运行特征，需要根据上述模型求解该系统的如下运行指标：系统中平均顾客数 L；系统中平均正在排队的顾客数 L_q；顾客在系统中平均逗留时间 W；顾客平均排队等待的时间 W_q；系统内服务台空闲的概率，即顾客来后无需等待的概率 p_0.

所求得的模型是由无限个方程组成的微分方程组，求解过程相当复杂. 在实际应用中，只需要知道系统在运行了很长时间后的稳态解，即假设当 t 充分大时，系统的概率分布不再随时间变化，达到统计平衡.

在稳态时，$p_n(t)$ 与 t 无关，即 $\dfrac{\mathrm{d}p_n(t)}{\mathrm{d}t}=0$. 用 p_n 来表示 $p_n(t)$，从而可得差分方程

$$\begin{cases}-\lambda p_0+\mu p_1=0\\ \lambda p_{n-1}+\mu p_{n+1}-(\lambda+\mu)p_n=0 \quad (n\geqslant 1)\end{cases} \tag{5-2}$$

令 $\rho=\dfrac{\lambda}{\mu}$，它表示平均每单位时间内系统可以为顾客服务的时间比例，它是刻画服

务效率和服务机构利用程度的重要标志，称其为服务强度．问题求解将在 $\rho < 1$ 的条件下进行，否则系统内排队的长度将无穷增大，永远不能达到稳定状态．

由差分方程（5-7），得

$$p_n = \rho^n p_0 \quad (n=1, 2, \cdots)$$

又由概率的性质 $\sum\limits_{n=0}^{\infty} p_n = 1$ 和 $\rho < 1$，得

$$p_0 = \left(\sum_{n=0}^{\infty} \rho^n \right)^{-1} = \left(\frac{1}{1-\rho} \right)^{-1} = 1-\rho$$

从而

$$p_n = \rho^n (1-\rho) \quad (n=0, 1, 2, \cdots)$$

于是可得系统中平均顾客数 L 为

$$L = \sum_{n=0}^{\infty} n p_n = \sum_{n=1}^{\infty} n(1-\rho)\rho^n = \frac{\rho}{1-\rho} = \frac{\lambda}{\mu-\lambda}$$

排队等待服务的顾客平均数 L_q 为

$$L_q = \sum_{n=1}^{\infty} (n-1) p_n = \sum_{n=1}^{\infty} (n-1)\rho^n (1-\rho) = \frac{\rho^2}{1-\rho} = \frac{\lambda^2}{\mu(\mu-\lambda)}$$

在系统中顾客平均排队等待的时间 W_q 为

$$W_q = \sum_{n=1}^{\infty} \frac{n}{\mu} p_n = \frac{\lambda}{\mu(\mu-\lambda)}$$

顾客在系统中平均逗留时间为

$$W = W_q + \frac{1}{\mu} = \frac{1}{\mu-\lambda}$$

对病人候诊问题，候诊的病人即为"顾客"，医生即为提供服务的人，称为"服务员"．候诊的病人和医生组成一个单服务台的排队系统．由题意知 $\lambda = 4$，$\mu = 5$，$\rho = \dfrac{4}{5}$．从而该诊所内平均有病人数为

$$L = \frac{\rho}{1-\rho} = 4(人)$$

该诊所内排队候诊病人的平均数为

$$L_q = \frac{\rho^2}{1-\rho} = \frac{16}{5} = 3.2(人)$$

排队等候看病的平均时间为

$$W_q = \frac{\lambda}{\mu(\mu-\lambda)} = \frac{4}{5} = 0.8(小时)$$

看一次病平均所需的时间为

$$W = W_q + \frac{1}{\mu} = 1(小时)$$

诊所医生空闲的概率，即诊所中没有病人的概率为

$$p_0 = \frac{1}{5}$$

模型推广

病人候诊这类问题所涉及的是建立一类数学模型，借以对随机发生的需求提供服务的系统预测其行为. 在上述的建模中，考虑的是顾客源为无限的情形，在实际情况下，常考虑系统容量有限的模型（简称为模型 ）. 对于这类模型，可以在模型假设中将原模型假设①中的"认为顾客源无限"改为"认为排队系统的容量为 N，即排队等待的顾客最多为 $N-1$，在某时刻一顾客到达时，若系统中已有 N 个顾客，那么这个顾客就被拒绝进入系统"，其他假设一样.

同样研究系统中有 n 个顾客的概率 $p_n(t)$，类似可得

$$\begin{cases} p_0'(t) = -\lambda p_0(t) + \mu p_1(t) \\ p_n'(t) = \lambda p_{n-1}(t) + \mu p_{n+1}(t) - (\lambda + \mu) p_n(t) \quad (n=1, 2, \cdots, N-1) \end{cases}$$

当 $n=N$ 时，由同样的方法得

$$p_N'(t) = \lambda p_{N-1}(t) - \mu p_N(t)$$

在稳态情况下，令 $\rho = \dfrac{\lambda}{\mu}$，得

$$\begin{cases} p_1 = \rho p_0 \\ p_{n+1} + \rho p_{n-1} = (1+\rho) p_n \quad (n=1, 2, \cdots, N-1) \\ p_N = \rho p_{N-1} \end{cases}$$

在条件 $\displaystyle\sum_{n=0}^{N} p_n = 1$ 下，解得

$$\begin{cases} p_0 = p_1 = \cdots = p_N = \dfrac{1}{N+1}, & \rho = 1 \\ p_n = \dfrac{1-\rho}{1-\rho^{N+1}} \rho^n, & n \leqslant N, \ \rho \neq 1 \end{cases}$$

这里不用假设 $\rho < 1$（因为已经限制了系统的容量），从而得到各种指标为

$$L = \sum_{n=0}^{N} n p_n = \sum_{n=0}^{N} \frac{n}{N+1} \quad (\rho = 1)$$

$$L = \sum_{n=0}^{N} n p_n = \sum_{n=0}^{N} \frac{n(1-\rho)\rho^n}{1-\rho^{N+1}} = \frac{\rho}{1-\rho} - \frac{(N+1)\rho^{N+1}}{1-\rho^{N+1}} \quad (\rho \neq 1)$$

$$L_q = \sum_{n=1}^{N} (n-1) p_n = L - (1-p_0) = \begin{cases} \dfrac{N}{2} - \dfrac{N}{N+1}, & \rho = 1 \\ \dfrac{\rho}{1-\rho} - \dfrac{N\rho^{N+1} - \rho}{1-\rho^{N+1}}, & \rho \neq 1 \end{cases}$$

$$W = \frac{L}{\lambda_{\text{效}}}$$

$$W_q = W - \frac{1}{\mu}$$

应该指出，$\lambda_{\text{效}}$ 是指有效到达率，它与平均到达率 λ 不同. 这里对 W，W_q 的导出过程中用 $\lambda_{\text{效}}$ 而不采用 λ，主要是由于当系统已满时，顾客的实际到达率为零，又因为正在被服务的顾客的平均数为 $\sum\limits_{n=0}^{1} n p_n = 0 \cdot p_0 + 1 \cdot (1 - p_0) = 1 - p_0$，且概率 $1 - p_0 = \dfrac{\lambda_{\text{效}}}{\mu}$，从而 $\lambda_{\text{效}} = \mu(1 - p_0)$.

把病人候诊问题修改为"某私人诊所只有一位医生，诊所内有 6 个椅子，当 6 个椅子都坐满时，后来的病人不进诊所就离开，病人平均到达率为 4 人/小时，医生每小时可诊 5 个病人，试分析该服务系统."修改后的问题就可以用系统容量有限的模型来求解.

此时，由题意知 $N = 7$，$\lambda = 4$，$\mu = 5$，$\rho = \dfrac{4}{5}$. 从而诊所医生空闲的概率为

$$p_0 = \frac{1 - \rho}{1 - \rho^{N+1}} = \frac{1 - \dfrac{4}{5}}{1 - \left(\dfrac{4}{5}\right)^8} = 0.24$$

平均需要等待的顾客数量为

$$L = \frac{\dfrac{4}{5}}{1 - \dfrac{4}{5}} - \frac{8 \times \left(\dfrac{4}{5}\right)^8}{1 - \left(\dfrac{4}{5}\right)^8} = 4 - 1.61 = 2.39(\text{人})$$

$$L_q = L - (1 - p_0) = 2.39 - (1 - 0.24) = 1.63(\text{人})$$

有效到达率为

$$\lambda_{\text{效}} = \mu(1 - p_0) = 5(1 - 0.24) = 3.8(\text{人/小时})$$

病人在诊所中平均逗留时间为

$$W = \frac{L}{\lambda_{\text{效}}} = \frac{2.39}{3.8} \approx 0.63(\text{小时})$$

一些注解

1）关于排队系统

一般地，用 $G_1/G_2/S$ 代表一个排队系统，其中 G_1 代表到达顾客数服从 G_1 分布；G_2 代表对每一个顾客的服务时间服从 G_2 分布；S 代表该系统内有 S 个服务人员. 而该单道等待制排队系统称为 $M/M/1$ 系统. 其中，"M"代表马尔可夫过程（泊松过程，

负指数分布），"1"代表 1 个服务员.

2）假设的依据

模型的假设③"假设顾客流满足参数为 λ 的泊松分布，其中 λ 是单位时间到达顾客的平均数"和假设⑤"顾客到达的时间间隔和服务时间是相互独立的"是根据随机过程的一个结论"顾客相继到达的时间间隔独立且为负指数分布的充要条件是输入过程服从泊松分布"给出的.

3）顾客流和服务时间的分布

虽然顾客流不一定只能是泊松过程，而服务时间也不一定只服从负指数分布，但一般情况下对顾客流的讨论都认为是泊松分布，而服务时间可认为是正态分布及 Γ 分布，只是后者使得分析更为复杂.

例如，假定：①顾客在 $[0, t]$ 内按泊松分布规律到达服务点；②一个服务员；③服务时间为 Γ 分布的随机变量，其参数为 k，μ，即服务时间的概率密度为

$$f(t) = \mu e^{-\mu t} \cdot \frac{(\mu t)^{k-1}}{(k-1)!} \quad (t \geqslant 0; k, \mu \text{ 为常数})$$

当讨论这个题目时，可以将以 (k, μ) 为参数的 Γ 分布的随机变量看做 k 个独立同负指数分布的随机变量之和，故可把本问题看成"顾客成批到达，每批 k 个顾客；$[0, t]$ 内到达的批数服从泊松分布，其参数为 λ；一个服务员，服务时间为负指数分布的随机变量，平均服务时间为 $\frac{1}{\mu}$"的这样一个排队服务问题.

4）常系数差分方程及求解方法

方程

$$y_{n+k} + a_{k-1} y_{n+k-1} + \cdots + a_1 y_{n+1} + a_0 y_n = 0 \tag{5-3}$$

称为 k 阶齐次线性差分方程. 其中，a_0，a_1，$\cdots$，a_{k-1} 是常数，$a_0 \neq 0$.

差分方程（5-3）的解法为：用 $y_n = r^n$，$r \neq 0$ 代入方程（5-3），并消去 r^n，得特征方程为

$$r^k + a_{k-1} r^{k-1} + \cdots + a_1 r + a_0 = 0 \tag{5-4}$$

设方程（5-4）有 k 个不同的根 r_1，r_2，$\cdots$，r_k，则常系数差分方程（5-3）的一般解可以表示为

$$y_n = c_1 r_1^n + c_2 r_2^n + \cdots + c_k r_k^n$$

其中，c_1，c_2，$\cdots$，c_k 是任意常数.

🖥 习题与思考

1. 人类眼睛的颜色也是通过常染色体遗传控制的. 基因型是 AA 或 Aa 的人，眼睛为棕

色，基因型是 aa 的人，眼睛为蓝色. 这里因为 AA 和 Aa 都表示了同一外部特征，故说基因 A 支配基因 a，或基因 a 对于 A 来说是隐性的. 若观察眼睛为棕色的人与眼睛为棕色或眼睛为蓝色的人通婚，其后代的眼睛颜色会如何分布？

2. 若在常染色体遗传问题中，不选用基因 AA 型的金鱼草植物与每一种金鱼草植物结合，而是将具有相同基因型金鱼草植物相结合，那么其后代具有三种基因型的概率如何分布？有什么样的基因分布规律？

3. 随机模拟问题的案例中是建立在一次模拟 200 天数据的基础上论述的. 如果加大样本量，或者模拟多次求其平均，有关结果会有什么变化？

4. （假期工作决策问题）比尔是麻省理工学院的学生，他打算暑假出去打工以增加实践经验和挣钱交下学期的费用. 前几天，他在飞机上遇到一个大公司的老板琼斯，并与其交谈咨询是否能在来年暑期雇用他. 对方说可以考虑雇用他，但讨论具体雇用事项要到 11 月中旬以后；此外，他的老师约翰也告诉他暑假期间有一份差事可以给他，报酬是 12 000 美元/12 周，但该工作只能给他保留到 10 月底，超过期限该工作将给别人. 另外，学校在每年的 1 月和 2 月还有招募工作的机会，现在比尔要作出决定暑假去哪里打工好的问题.

假设这 3 份工作都可以给比尔提供工作经验，因此，比尔在选择其中哪个工作时最关心是工作报酬. 为此，比尔对以往学校招募有关工作报酬进行了调查. 调查结果得出以往学校招募报酬分布为

整个暑期（12 周）的报酬/美元	2 160	1 680	12 000	6 000	0
学生获得该工作的百分比	5%	25%	40%	25%	5%

他又询问了一些在琼斯老板公司做过暑期工作的同学，得知该公司以往的暑期工作约为 14 000 美元/12 周. 此外，通过与琼斯老板的交谈，他发现琼斯老板比较欣赏自己，因此雇用自己的可能性应该超过 50%. 请用数学建模的方式帮助比尔做出一个暑期工作选择.

第6章　微分方程模型

在自然科学及工程、经济、医学、体育、生物、社会等学科的许多系统中，有时很难找到该系统有关变量之间的函数表达式，但却容易建立这些变量的微小增量或变化率之间的关系式，这个关系式就是微分方程模型. 前面的章节可以看到在很多问题的数学建模中或多或少都涉及微分方程的概念和理论，这不足为怪，因为微分方程本身就是处理带有涉及变化率或增量特征的问题. 为了让读者更好地掌握用微分方程方法建立数学模型的技术，本章将介绍微分方程建模的方法和几个有特点的案例，以强化读者对微分方程建模技术的认识.

6.1　微分方程模型的建模步骤

下面以一个例子来说明建立微分方程模型的基本步骤.

【例 6-1】 某人的食量是 10 467 焦/天，其中 5 038 焦/天用于基本的新陈代谢（即自动消耗）. 在健身训练中，他每天大约每千克体重消耗 69 焦的热量. 假设以脂肪形式储藏的热量 100％有效，且 1 千克脂肪含热量 41 868 焦. 试研究此人体重随时间变化的规律.

模型分析

在问题中并未出现"变化率"、"导数"这样的关键词，但要寻找的是体重（记为 W）关于时间 t 的函数. 如果把体重 W 看做是时间 t 的连续可微函数，就能找到一个含有 $\dfrac{\mathrm{d}W}{\mathrm{d}t}$ 的微分方程.

模型假设

① 以 $W(t)$ 表示 t 时刻某人的体重，单位为千克，并设一天开始时此人的体重为 W_0；

② 体重的变化是一个渐变的过程，因此可认为 $W(t)$ 关于 t 是连续且充分光滑的；

③ 体重的变化等于输入与输出之差，其中输入是指扣除了基本新陈代谢之后的净食量吸收，输出就是进行健身训练时的消耗.

模型建立

问题中所涉及的时间仅仅是"每天",由此,对于"每天"

$$体重的变化 = \Delta W = 输入 - 输出$$

由于考虑的是体重随时间的变化情况,因此可得

$$体重的变化/天 = \frac{\Delta W}{\Delta t} = 输入/天 - 输出/天$$

代入具体的数值,得

$$输入/天 = 10\ 467 - 5\ 038 = 5\ 429\ (焦/天)$$
$$输出/天 = 69 \times W = 69W\ (焦/天)$$
$$输入/天 - 输出/天 = 5\ 429 - 69W\ (焦/天)$$

注意到 $\frac{\Delta W}{\Delta t}$ 的单位是"千克/天",而输入/天—输出/天的单位是"焦/天",考虑单位的匹配,利用单位转换公式"1 千克=41 868 焦",有增量关系

$$\frac{\Delta W}{\Delta t} = \frac{5\ 429 - 69W}{41\ 868}\ (焦/天)$$

取极限并加入初始条件,得微分方程模型

$$\begin{cases} \dfrac{\mathrm{d}W}{\mathrm{d}t} = \dfrac{5\ 429 - 69W}{41\ 868} \approx \dfrac{1\ 296 - 16W}{10\ 000} \\ W|_{t=0} = W_0 \end{cases}$$

模型求解

用变量分离法求解可以得出模型解

$$W = 81 - \left(\frac{1\ 296 - 16W_0}{16}\right) \mathrm{e}^{-\frac{16t}{10\ 000}}$$

它可以描述此人的体重随时间变化的规律.

模型讨论

现在我们再来考虑:此人的体重会达到平衡吗?

显然由 W 的表达式,当 $t \to +\infty$ 时,体重有稳定值 $W \to 81$. 我们也可以直接由模型方程来回答这个问题:

在平衡状态下,W 是不发生变化的,所以 $\frac{\mathrm{d}W}{\mathrm{d}t} = 0$. 这就非常直接地给出了 $W_{平衡} = 81$. 所以,如果需要知道的仅仅是这个平衡值,就不必去求解微分方程了! 至此,问题已基本上得以解决.

一般地,建立微分方程模型,其方法可归纳如下.

（1）根据规律列出方程. 利用数学、力学、物理、化学等学科中的定理或许多经过实践或实验检验的规律和定律，如牛顿运动定律、物质放射性规律、曲线的切线性质等建立问题的微分方程模型.

（2）微元分析法. 寻求一些微元之间的关系式，在建立这些关系式时也要用到已知的规律与定理，与第一种方法的不同之处是对某些微元直接应用规律，而不是直接对函数及其导数应用规律，如例 6 - 1；

（3）模拟近似法. 在生物、经济等学科的实际问题中，许多现象的规律性不是很清楚，即使有所了解也是极其复杂的，常常需要用模拟近似的方法来建立微分方程模型. 建模是在不同的假设下模拟实际的现象，这个过程是近似的，然后用模拟近似法建立的微分方程从数学上去求解或分析解的性质，再去同实际情况对比，看这个微分方程模型能否刻画、模拟、近似这些实际现象.

6.2　作 战 模 型

问题的提出

影响一个军队战斗力的因素是多方面的，如士兵人数、单个士兵的作战素质，以及部队的军事装备，而具体到一次战争的胜负，部队采取的作战方式同样至关重要，此时作战空间也成为讨论一个作战部队整体战斗力的不可忽略的因素. 本节介绍几个作战模型，并导出评估一个部队综合战斗力的一些方法，用以预测一场战争的大致结果.

模型假设

① 设 $x(t)$、$y(t)$ 分别表示甲乙交战双方在时刻 t 的人数，其中 t 是从战斗开始时以天为单位计算的时间. $x(0)=x_0$、$y(0)=y_0$ 分别表示甲乙双方在开战时的初始人数，显然 x_0，$y_0>0$；

② 设 $x(t)$、$y(t)$ 是连续变化的，并且充分光滑；

③ 每一方的战斗减员率取决于双方的兵力，不妨以 $f(x，y)$、$g(x，y)$ 分别表示甲乙双方的战斗减员率；

④ 每一方的非战斗减员率（由疾病、逃跑及其他非作战事故因素所导致的一个部队减员）与本方的兵力成正比，比例系数 α，$\beta>0$ 分别对应甲乙双方；

⑤ 每一方的增援率取决于一个已投入战争部队以外的因素，甲乙双方的增援率函数分别以 $u(t)$，$v(t)$ 表示.

模型建立

根据假设，由导数的含义，可以得到一般的战争模型

$$\begin{cases} \dot{x}(t) = -f(x, y) - \alpha x + u(t) \\ \dot{y}(t) = -g(x, y) - \beta y + v(t) \\ x(0) = x_0, \quad y(0) = y_0 \end{cases}$$

以下针对不同的战争类型来详细讨论战斗减员率 $f(x, y)$，$g(x, y)$ 的具体表示形式，并分析影响战争结局的因素.

6.2.1 模型Ⅰ——正规作战模型

模型假设

① 不考虑增援，并忽略非战斗减员；

② 甲、乙双方均以正规部队作战，每一方士兵的活动均公开，并处于对方士兵的监视与杀伤范围之内，一旦一方的某个士兵被杀伤，对方的火力立即转移到其他士兵身上；

③ 甲、乙双方的战斗减员率仅与对方的兵力有关，假设成正比例关系；

④ 以 b，a 分别表示甲、乙双方单个士兵在单位时间的杀伤力，称为战斗有效系数.

模型建立

以 r_x，r_y 分别表示甲、乙双方单个士兵的射击率，它们通常主要取决于部队的武器装备；以 p_x，p_y 分别表示甲、乙双方士兵一次射击的（平均）命中率，它们主要取决于士兵的个人素质，则有

$$a = r_y p_y, \quad b = r_x p_x$$

根据模型假设①，结合一般的战争模型，可得正规作战数学模型的形式

$$\begin{cases} \dot{x}(t) = -f(x, y) \\ \dot{y}(t) = -g(x, y) \\ x(0) = x_0, \quad y(0) = y_0 \end{cases}$$

又由假设②，得甲、乙双方的战斗减员率分别为

$$f(x, y) = ay, \quad g(x, y) = bx$$

于是得正规作战的数学模型

$$\begin{cases} \dot{x} = -ay \\ \dot{y} = -bx \\ x(0) = x_0, \quad y(0) = y_0 \end{cases}$$

模型求解

本模型是微分方程组，它不太容易求解. 因为本问题关心的是战争结局，所以借助

第 3 章的微分方程图解法求解即可. 注意到相平面是指把时间 t 作为参数，以 x,y 为坐标的平面，而轨线是指相平面中由方程组的解所描述出的曲线. 借此可以在相平面上通过分析轨线的变化讨论战争的结局.

现在来求解轨线方程. 将模型方程的第一个表达式除以第二个表达式，得到

$$\frac{\mathrm{d}x}{\mathrm{d}y}=\frac{-ay}{-bx}$$

即

$$bx\mathrm{d}x=ay\mathrm{d}y$$

进而得该模型的解应满足

$$bx^2-ay^2=K$$

其中 $K=bx_0^2-ay_0^2$.

利用 K 的不同取值，可以在相平面中画出轨线如图 6-1 所示.

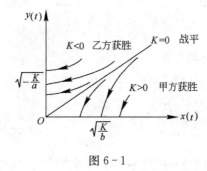

图 6-1

战争结局分析

模型解确定的图形是一条双曲线. 箭头表示随着时间 t 的增加，$x(t)$ 和 $y(t)$ 的变化趋势. 评价双方的胜负，总认定兵力先降为"零"（全部投降或被歼灭）的一方为败. 因此，如果 $K<0$，则乙的兵力减少到 $\sqrt{-\dfrac{K}{a}}$ 时甲方兵力降为"零"，从而乙方获胜；同理可知，$K>0$ 时，甲方获胜；而当 $K=0$ 时，双方战平.

不难发现，甲方获胜的充要条件为

$$bx_0^2-ay_0^2>0$$

即

$$bx_0^2>ay_0^2$$

代入 a,b 的表达式，进一步可得甲方获胜的充要条件为

$$r_xp_xx_0^2>r_yp_yy_0^2$$

从这个充要条件中，可以找到一个用于正规作战部队的综合战斗力的评价函数：

$$f(r_z,\ p_z,\ z)=r_z p_z z^2$$

式中 z 表示参战方的初始人数，可以取甲方或乙方. 综合战斗力的评价函数暗示参战方的综合战斗力与参战方士兵的射击率（武器装备的性能）、士兵一次射击的（平均）命中率（士兵的个人素质）、士兵数的平方均服从正比例关系. 我们看到提高参战方的人数可以快速提高战斗力，如若把人数增加一倍，会带来部队综合战斗力四倍的提升.

模型应用

正规作战模型在军事上得到了广泛的应用，主要是作战双方的战斗条件比较相当，方式相似. J. H. Engel 就曾经用正规作战模型分析了著名的硫磺岛战役，其结果与实际数据吻合得很好.

6.2.2　模型Ⅱ——游击作战模型

模型假设

① 不考虑增援，忽略非战斗减员；

② 甲、乙双方均以游击作战方式，每一方士兵的活动均具有隐蔽性，对方的射击行为局限在某个范围内且是盲目的.

模型建立

由假设②知甲，乙双方的战斗减员率不仅与对方的兵力有关（设为是正比关系），而且与自己一方的士兵数有关（因为其活动空间的限制，士兵数越多，其分布密度会越大，这样对方投来的一枚炮弹的平均杀伤力也会服从正比例关系）.

若以 S_x，S_y 分别表示甲、乙双方的有效活动区域的面积，以 s_x，s_y 分别表示甲、乙双方一枚炮弹的有效杀伤力范围的面积，以 r_x，r_y 分别表示甲、乙双方单个士兵的射击率. s_x，s_y，r_x，r_y 主要取决于部队武器装备的性能和储备；r_x，r_y 取决于士兵的个人素质. 所以甲方的战斗有效系数为 $d=\dfrac{r_x s_x}{S_y}$，乙方的战斗有效系数为 $c=\dfrac{r_y s_y}{S_x}$.

与正规作战模型相同，根据模型假设（1）可得游击作战模型的形式为

$$\begin{cases} \dot{x}(t)=-f(x,\ y) \\ \dot{y}(t)=-g(x,\ y) \\ x(0)=x_0,\quad y(0)=y_0 \end{cases}$$

由假设②，得甲、乙双方的战斗减员率分别为

$$f(x,\ y)=cxy,\quad g(x,\ y)=dxy$$

结合上述两式，并代入 c，d 的值，可得游击作战的数学模型为

$$\begin{cases} \dot{x}=-\dfrac{r_y s_y x}{S_x} \cdot y \\[2mm] \dot{y}=-\dfrac{r_x s_x y}{S_y} \cdot x \\[2mm] x(0)=x_0, \quad y(0)=y_0 \end{cases}$$

模型求解

类似正规作战模型的处理方法，从模型方程可得

$$r_x s_x S_x \mathrm{d}x = r_y s_y S_y \mathrm{d}y$$

进而可得该模型的解应满足

$$r_x s_x S_x x - r_y s_y S_y y = L$$

其中

$$L = r_x s_x S_x x_0 - r_y s_y S_y y_0$$

利用 L 的不同取值，可以在相平面中画出轨线如图 6-2 所示。

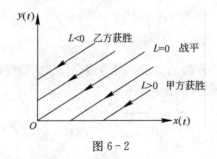

图 6-2

战争结局分析

模型解所确定的图形是直线．与分析正规作战模型一样，可知当 $L<0$ 时，乙方获胜；当 $L>0$ 时，甲方获胜；当 $L=0$ 时，双方战平．

不难发现，甲方获胜的充要条件为

$$r_x s_x S_x x_0 - r_y s_y S_y y_0 > 0$$

即

$$r_x s_x S_x x_0 > r_y s_y S_y y_0$$

从这个充要条件中，可以找到一个用于游击作战部队的综合战斗力的评价函数：

$$f(r_z,\ s_z,\ S_z,\ z) = r_z s_z S_z z$$

式中 z 表示参战方的初始人数，可以取甲方或乙方．

该综合战斗力的评价函数暗示参战方的综合战斗力与参战方士兵的射击率（武器装备的性能）、炮弹的有效杀伤范围的面积、部队的有效活动区域的面积、士兵数四者均

服从正比例关系，这样在四个要素中有一个提升到原有水平的两倍时，会带来部队综合战斗力成倍的提升。游击作战模型没有像在正规作战模型中所表现出的差别. 游击作战模型也称为线性律模型.

6.2.3　模型Ⅲ——混合作战模型

模型假设

① 不考虑增援，忽略非战斗减员；

② 甲方以游击作战方式，乙方以正规作战方式。

模型建立

以 b，c 分别表示甲、乙双方的战斗有效系数，以 r_x，r_y 分别表示甲、乙双方单个士兵的射击率，以 p_x，p_y 分别表示甲、乙双方士兵一次射击的（平均）命中率，以 S_x 表示甲方的有效活动区域的面积，以 s_y 表示乙方一枚炮弹的有效杀伤力范围的面积，则有

$$b = r_x p_x, \quad c = \frac{r_y s_y}{S_x}$$

根据对正规作战和游击作战的分析，可得混合作战的数学模型为

$$\begin{cases} \dot{x} = -cxy \\ \dot{y} = -bx \\ x(0) = x_0, \quad y(0) = y_0 \end{cases}$$

模型求解

从模型方程得该模型的解应满足

$$2bx - cy^2 = M$$

其中，$M = 2bx_0 - cy_0^2$.

利用 M 的不同取值，可得在相平面中画出的轨线如图 6-3 所示。

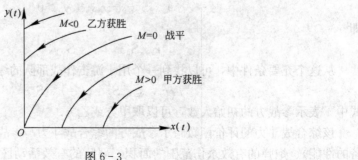

图 6-3

战争结局分析

模型解所确定的图形是一条抛物线. 由图可知, 当 $M<0$ 时, 乙方获胜; 当 $M>0$ 时, 甲方获胜; 当 $M=0$ 时, 双方战平. 而且乙方获胜的充要条件为

$$2r_x p_x S_x x_0 - r_y s_y y_0^2 < 0$$

即

$$2r_x p_x S_x x_0 < r_y s_y y_0^2$$

模型应用

假定以正规作战的乙方火力较强, 以游击作战的甲方火力较弱、活动范围较大, 利用上式估计乙方为了获胜需投入多大的初始兵力. 不妨设 $x_0=100$, $p_x=0.1$, $r_x=\dfrac{r_y}{2}$, 活动区域 $S_x=0.1\times10^6$ 平方米, 乙方每次射击的有效面积 $S_y=1$ 平方米, 则可得乙方获胜的条件为

$$\left(\frac{y_0}{x_0}\right)^2 > \frac{2\times0.1\times0.1\times10^6}{2\times1\times100} = 100$$

解得 $\dfrac{y_0}{x_0}>10$, 即乙方必须投入 10 倍于甲方的兵力才能获胜.

点评　在战争模型里, 运用了微分方程建模的思想. 因为一个战争总是要持续一段时间, 随着战争态势的发展, 交战双方的兵力随时间不断变化. 这类模型反映了描述对象随时间的变化, 通过将变量对时间求导来反映其变化规律, 预测其未来的形态. 如在战争模型中, 首先要描述的就是单位时间双方兵力的变化, 然后通过分析这一变化与哪些因素有关, 以及它们之间的具体关系, 并列出微分方程, 最后通过对方程组化简得出双方的关系. 这也是微分方程建模的步骤.

6.3　传染病模型

医学科学的发展已经能够有效地预防和控制许多传染病, 但是仍然有一些传染病暴发或流行, 危害人们的健康和生命. 在发展中国家, 传染病的流行仍十分严重, 即使在发达国家, 一些常见的传染病也未绝迹, 而新的传染病还会出现, 如艾滋病 (AIDS) 等. 有些传染病传染很快, 导致了很高的致残率, 危害极大. 因此, 对传染病在人群中传染过程的定量研究具有重要的现实意义.

传染病流行过程的研究与其他学科有所不同, 不能通过在人群中实验的方式获得科学数据, 所以有关传染病的数据、资料只能从已有的传染病流行的报告中获取. 这些数据往往不够全面, 难以根据这些数据来准确地确定某些参数, 只能大概估计其范围. 基

于上述原因，利用数学建模与计算机仿真便成为研究传染病流行过程的有效途径之一.

问题提出

20 世纪初，瘟疫经常在世界的一些地区流行，被传染的人数与哪些因素有关？如何预报传染病高潮的到来？为什么同一地区一种传染病每次流行时，被传染的人数大致不变？

建模分析

社会、经济、文化、风俗习惯等因素都会影响传染病的传播，而最直接的因素是：传染者的数量及其在人群中的分布、被传染者的数量、传播形式、传播能力、免疫能力等.在建立模型时不可能考虑所有因素，只能抓住关键的因素，采用合理的假设，进行简化.

一般把传染病流行范围内的人群分成三类：

S 类，易感者（Susceptible），指未得病者，但缺乏免疫能力，与感病者接触后容易受到感染；

I 类，感病者（Infective），指染上传染病的人，它可以传播给 S 类成员；

R 类，移出者（Removal），指被隔离或因病愈而具有免疫力的人.

建立模型

1）SI 模型 I

SI 模型是指易感者被传染后变为感病者且经久不愈，不考虑移出者，人员流动图为

$$S \rightarrow I$$

假设

① 每个病人在单位时间内传染的人数为常数 k_0；

② 一人得病后，经久不愈，且人在传染期内不会死亡.

记时刻 t 的得病人数为 $i(t)$，开始时有 i_0 个传染病人，则在 Δt 时间内增加的病人数为

$$i(t+\Delta t) - i(t) = k_0 i(t) \Delta t$$

于是得

$$\begin{cases} \dfrac{\mathrm{d}i(t)}{\mathrm{d}t} = k_0 i(t) \\ i(0) = i_0 \end{cases}$$

解得

$$i(t) = i_0 \mathrm{e}^{k_0 t}$$

模型分析与解释

这个结果与传染病初期比较吻合，但它表明病人人数将按指数规律无限增加，显然

与实际不符. 事实上, 一个地区的总人数大致可视为常数 (不考虑传染病传播时期出生和迁移的人数), 在传染病传播期间, 一个病人单位时间内能传染的人数 k_0 则是变化的. 在初期 k_0 较大, 随着病人的增多, 健康者减少, 被传染机会也将减少, 于是 k_0 就会变小.

2) SI 模型 Ⅱ

记时刻 t 的健康者人数为 $s(t)$, 假设

① 总人数为常数 n, 且 $i(t) + s(t) = n$;

② 单位时间内一个病人能传染的人数与当时健康者人数成正比, 比例系数为 k (传染强度);

③ 一人得病后, 经久不愈, 且人在传染期内不会死亡.

根据假设可得微分方程为

$$\begin{cases} \dfrac{\mathrm{d}i(t)}{\mathrm{d}t} = ks(t)i(t) \\ i(0) = i_0 \end{cases}$$

即

$$\begin{cases} \dfrac{\mathrm{d}i(t)}{\mathrm{d}t} = k[n - i(t)]i(t) \\ i(0) = i_0 \end{cases}$$

解得

$$i(t) = \frac{n}{1 + \left(\dfrac{n}{i_0} - 1\right)\mathrm{e}^{-knt}}$$

模型分析

易得 $\dfrac{\mathrm{d}i(t)}{\mathrm{d}t}$ 的极大值点为 $t_1 = \dfrac{\ln\left(\dfrac{n}{i_0} - 1\right)}{kn}$, 该值表示传染病的高峰时刻. 当传染强度 k 增加时, t_1 将变小, 即传染高峰来得快, 这与实际情况吻合. 但当 $t \to \infty$ 时, $i(t) \to n$, 这意味着最终人人都将被传染, 显然与实际不符.

3) 带宣传效应的 SI 模型 Ⅲ

假设

① 单位时间内正常人被传染的比率为常数 r;

② 一人得病后, 经久不愈, 且人在传染期内不会死亡.

由导数含义和假设, 有:

$$\begin{cases} \dfrac{\mathrm{d}i(t)}{\mathrm{d}t} = r[n - i(t)] \\ i(0) = i_0 \end{cases}$$

解得 $i(t)=n\left[1-\left(1-\dfrac{i_0}{n}\right)\mathrm{e}^{-rt}\right]$ 此解说明最终每个人都要传染上疾病.

　　假设宣传运动的开展将使得传染上疾病的人数减少, 减少的速度与总人数成正比, 这个比例常数取决于宣传强度. 若从 $t=t_0(t_0>0)$ 开始, 开展一场持续的宣传运动, 宣传强度为 a, 则所得的数学模型为

$$\begin{cases}\dfrac{\mathrm{d}i(t)}{\mathrm{d}t}=r(n-i)-anH(t-t_0)\\ i(0)=i_0\end{cases}$$

其中

$$H(t-t_0)=\begin{cases}1,&t\geqslant t_0\\ 0,&t<t_0\end{cases}$$

为 Heaviside 函数.

解得

$$i(t)=n\left[1-\left(1-\dfrac{i_0}{n}\right)\mathrm{e}^{-rt}\right]-\dfrac{an}{r}\cdot H(t-t_0)\left[1-\mathrm{e}^{-r(t-t_0)}\right]$$

且

$$\lim_{t\to+\infty}i(t)=n\left(1-\dfrac{a}{r}\right)<n$$

这表明持续的宣传是起作用的, 最终会使发病率减少.

　　如果宣传运动是短暂进行的 (这在日常生活中是常见的), 如仅仅是听一个报告或街头散发传单等, 即在 $t=t_1$, t_2, $\cdots$, t_m 等 m 个时刻进行 m 次宣传, 宣传强度分别为 a_1, a_2, $\cdots$, a_m, 则模型变为

$$\begin{cases}\dfrac{\mathrm{d}i(t)}{\mathrm{d}t}=r(n-i)-n\displaystyle\sum_{j=1}^{m}\delta(t-t_j)\\ i(0)=i_0\end{cases}$$

解得

$$i(t)=i_0\mathrm{e}^{-rt}+n(1-\mathrm{e}^{-rt})-n\sum_{j=1}^{m}a_jH(t-t_j)\mathrm{e}^{-r(t-t_j)}$$

且

$$\lim_{t\to+\infty}i(t)=n$$

这表明短暂的宣传是不起作用的, 最终还是所有的人都染上了疾病.

　　4) SIS 模型

　　SIS 模型是指易感者被传染后变为感病者, 感病者可以被治愈, 但不会产生免疫力, 所以仍为易感者. 人员流动图为

$$S\to I\to S$$

有些传染病如伤风、痢疾等愈后的免疫力很低，可以假定无免疫性. 于是痊愈的病人仍然可以再次感染疾病，也就是说痊愈的感染者将再次进入易感者的人群.

假设

① 总人数为常数 n，且 $i(t)+s(t)=n$；

② 单位时间内一个病人能传染的人数与当时健康者人数成正比，比例系数为 k（传染强度）；

③ 感病者以固定的比率 h 痊愈，而重新成为易感者.

根据假设可得模型为

$$\begin{cases} \dfrac{\mathrm{d}i(t)}{\mathrm{d}t}=ki(t)s(t)-hi(t) \\ i(0)=i_0 \end{cases}$$

解得

$$i(t)=\cfrac{1}{\dfrac{k}{nk-h}+\left(\dfrac{1}{i_0}-\dfrac{k}{nk-h}\right)\mathrm{e}^{(h-nk)t}} \quad \left[h\neq nk \text{ 或 } i(t)=\cfrac{i_0}{kt+\dfrac{1}{i_0}},\ h=nk \right]$$

模型分析

当 $\dfrac{nk}{h}>1$ 时，$\lim\limits_{t\to\infty}i(t)=\dfrac{nk-h}{k}$；当 $\dfrac{nk}{h}\leqslant 1$ 时，$\lim\limits_{t\to\infty}i(t)=0$. 这里出现了传染病学中非常重要的阈值概念，或者说"门槛"（threshold）现象，即 $\dfrac{nk}{h}=1$ 是一个门槛，这与实际相符合，即人口越多，传染率越高，从得病到治愈时间越长，传染病越容易流行.

5）SIR 模型

SIR 模型是指易感者被传染后变为感病者，感病者可以被治愈，并会产生免疫力，变为移出者. 人员流动图为

$$\text{S}\to\text{I}\to\text{R}$$

大多数传染病如天花、流感、肝炎、麻疹等治愈后均有很强的免疫力，所以病愈的人既非易感者，也非感病者，因此他们将被移出传染系统.

假设

① 总人数为常数 n，且 $i(t)+s(t)+r(t)=n$；

② 单位时间内一个病人能传染的人数与当时健康者人数成正比，比例系数为 k（传染强度）；

③ 单位时间内病愈免疫的人数与当时的病人人数成正比，比例系数为 l，称为恢复系数.

于是根据假设可得方程组为

$$\begin{cases} \dfrac{\mathrm{d}i(t)}{\mathrm{d}t}=ks(t)i(t)-li(t) \\ \dfrac{\mathrm{d}s(t)}{\mathrm{d}t}=-ks(t)i(t) \end{cases}$$

取初值为

$$\begin{cases} i(0)=i_0>0 \\ s(0)=s_0>0 \\ r(0)=r_0=0 \end{cases}$$

把前面 2 个方程相除有

$$\frac{\mathrm{d}i(t)}{\mathrm{d}s(t)}=\frac{\rho}{s(t)}-1,\quad \rho=\frac{l}{k}$$

解之得

$$i(t)=\rho\ln\frac{s(t)}{s_0}-s(t)+n$$

模型分析

易得 $\lim\limits_{t\to\infty} i(t)=0$. 而当 $s_0\leqslant\rho$ 时，$i(t)$ 单调下降趋于零；当 $s_0>\rho$ 时，$i(t)$ 先单调上升到最高峰，然后再单调下降趋于零. 所以这里仍然出现了"门槛"现象，即 ρ 是一个门槛. 从 ρ 的意义可知，应该降低传染率，提高恢复率，即提高卫生医疗水平.

令 $t\to\infty$，得 $\rho\ln\dfrac{s_\infty}{s_0}-s_\infty+n=0$ $(s(\infty)=s_\infty)$，假定 $s_0\approx n$，得 $s_0-s_\infty\approx 2\dfrac{s_0(s_0-\rho)}{\rho}$. 所以若记 $s_0=\rho+\delta$ $(\delta\ll\rho)$，则 $s_0-s_\infty\approx 2\delta$，这也就解释了本文开头的问题，即同一地区一种传染病每次流行时，被传染的人数大致不变.

6.4　药物试验模型

问题的提出

药物进入机体后，在随血液运输到各个器官和组织的过程中，不断地被吸收、分布、代谢，最终排除体外. 药物在血液中的浓度，即单位体积血液（毫升）中药物含量（微克或毫克），称为血药浓度，随时间和空间（机体的各部位）而变化. 血药浓度的大小直接影响到药物的疗效，浓度太低不能达到预期的效果，浓度太高又可能导致药物中毒，副作用太强或造成浪费. 因此研究药物在体内吸收、分布和排除的动态过程，以及这些过程与药理反应间的定量关系（即数学模型），对于新药研究、剂量确定、给药方案设计等药理学和临床医学的发展都有重要的指导意义和使用价值. 请建立药物在体内的分布与排除问题的数学模型.

问题分析

房室是指机体的一部分，药物在一个房室内呈均匀分布，即血药浓度是常数，而在不同房室之间则按照一定规律进行药物的转移，一个机体分为几个房室，要看不同药物的吸收、分布、排除过程的具体情况，以及研究对象所要求的精度而定．现在只讨论二室模型，即将机体分为血药较丰富的中心室（包括心、肺、肾等器官）和血液较贫乏的周边室（四肢、肌肉组织等）．药物的动态过程在每个房室内是一致的，转移只在两个房室之间及某个房室与体外之间进行．二室模型的建立和求解方法可以推广到多室模型．

模型假设

① 机体分为中心室（1 室）和周边室（2 室），两个室的容积（即血药体积或药物分布容积）在过程中保持不变；

② 药物从一室向另一室的转移速率及向体外的排除速率，与该室的血药浓度成正比；

③ 只有中心室与体外有药物交换，即药物从体外进入中心室，最后又从中心室排除体外．与转移和排除的数量相比，药物的吸收可以忽略．

模型建立

在二室模型中引入如下变量

$c_i(t)$，$x_i(t)$ 和 V_i 分别表示第 i 室（$i=1,2$）的血药浓度，药量和容积；

k_{ij} 表示第 i 室向第 j 室药物转移速率系数；

k_{13} 是药物从 1 室向体外排除的速率系数；

$f_0(t)$ 是给药速率，由给药方式和剂量确定

为方便问题的表述和研究，画出二室模型示意图，如图 6-4 所示．

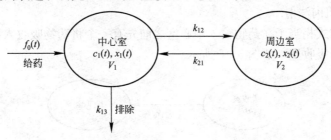

图 6-4　常用的一种二室模型

注意到 $x_1(t)$ 的变化率由 1 室向 2 室的转移$-k_{12}x_1(t)$、1 室向体外的排除$-k_{13}x_1(t)$、2 室向 1 室的转移 $k_{21}x_2(t)$ 及给药 $f_0(t)$ 组成；$x_2(t)$ 的变化率由 1 室向 2 室的转移

$k_{12}x_1(t)$ 及 2 室向 1 室的转移$-k_{21}x_2(t)$ 组成. 利用函数导数的特点和含义, 根据假设条件和上图, 可以写出两个房室中药量 $x_i(t)$, $i=1$, 2 满足的微分方程为

$$\begin{cases} \dfrac{\mathrm{d}x_1}{\mathrm{d}t} = -k_{12}x_1 - k_{13}x_1 + k_{21}x_2 + f_0(t) \\ \dfrac{\mathrm{d}x_2}{\mathrm{d}t} = k_{12}x_1 - k_{21}x_2 \end{cases} \tag{6-1}$$

$x_i(t)$, $i=1$, 2 与血药浓度 $c_i(t)$, $i=1$, 2, 房室容积 $V_i(t)$, $i=1$, 2 之间显然有关系式

$$x_i(t) = V_i(t)c_i(t), \quad i=1, 2$$

代入（6-1）式可得数学模型

$$\begin{cases} \dfrac{\mathrm{d}c_1}{\mathrm{d}t} = -(k_{12}+k_{13})c_1 + \dfrac{V_2}{V_1}k_{21}c_2 + \dfrac{1}{V_1}f_0(t) \\ \dfrac{\mathrm{d}c_2}{\mathrm{d}t} = \dfrac{V_1 k_{12}}{V_2}c_1 - k_{21}c_2 \end{cases} \tag{6-2}$$

至此, 我们将问题变为了数学问题.

上式中只要给定给药方式函数 $f_0(t)$ 的具体形式就可以进行微分方程组的求解.

给药方式函数 $f_0(t)$ 的数学描述与对应的给药方式有如下三种.

① 快速静脉注射.

这种注射为在 $t=0$ 的瞬时将剂量 D_0 的药物输入中心室, 血药浓度立即上升为 D_0/V_1, 它可以用数学表示为

$$f_0(t) = 0, \quad c_1(0) = \dfrac{D_0}{V_1}, \quad c_2(0) = 0$$

② 恒速静脉滴注.

当静脉滴注的速率为常数 k_0 时, 可以用数学表述为

$$f_0(t) = k_0, \quad c_1(0) = 0, \quad c_2(0) = 0$$

③ 口服或肌肉注射.

这种给药方式相当于在药物输入中心室之前先有一个将药物吸收入血药的过程, 可以简化为有一个吸收室, 如图 6-5 所示.

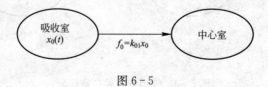

图 6-5

$x_0(t)$ 为吸收室的药量, 药物由吸收室进入中心室的转移速率系数为 k_{01}, 于是 $x_0(t)$ 满足

$$\begin{cases} \dfrac{\mathrm{d}x_0}{\mathrm{d}t} = -k_{01}x_0 \\ x_0(0) = D_0 \end{cases}$$

表示先瞬时吸入全部药量，然后药量在体内按比例减少（指数衰减），D_0 是给药量．而药物进入中心室的速率为 $f_0(t) = k_{01}x_0(t)$，求解有

$$f_0(t) = D_0 k_{01} \mathrm{e}^{-k_{01}t}$$

在这种情况下，有数学描述为

$$f_0(t) = D_0 k_{01} \mathrm{e}^{-k_{01}t}, \quad c_1(0) = 0, \quad c_2(0) = 0$$

通过如上例子可知：一些带有变量变化特征的实际问题，可以把其变为微分方程方法问题．处理的关键点是借用导数的特性直接写出对应的微分方程模型，此时借助图形方式画出各变量之间的结构图能更方便帮助写出数学模型．

此外，对不好进一步求解的问题，可以通过选取特殊函数的方法来讨论解的问题．

习题与思考

1. 正规作战模型是什么？写出正规作战模型建模的全部过程（包括讨论分析等）．

2. 考虑一个既不同于指数增长模型，又不同于阻滞增长模型的情形：人口数 $P(t)$，地球的极限承载人口数为 P^*．在时刻 t，人口增长的速率与 $P^* - P(t)$ 成正比．试建立模型并求解．

3. 20 世纪 20 年代中期，意大利生物学家棣安考纳（D'ancona）在研究相互制约的各种鱼类数目变化时，在丰富的资料中发现了第一次世界大战前后地中海一带港口中捕获的掠肉鱼（如鲨鱼）的比例有所上升，而食用鱼的比例有所下降．意大利阜姆港所收购的掠肉鱼比例的具体数据如表 6-1 所示．

表 6-1　具体数据

年代	1914	1915	1916	1917	1918
比例/%	11.9	21.4	22.1	21.2	36.4
年代	1919	1920	1921	1922	1923
比例/%	27.3	16.0	15.9	14.8	10.7

掠肉鱼的比例在战争期间如此大幅度的增加使棣安考纳困惑不解，怎样解释这个现象呢？起初，棣安考纳认为掠肉鱼的比例增加是由战争期间对掠肉鱼的捕获量降低造成的．但在战争期间对其他食用鱼捕获量也降低了，为什么掠肉鱼的比例却增加了这么多？为什么捕获量的降低对掠肉鱼特别有利呢？棣安考纳得不到满意的解释，请用数学建模的方法解释此问题．

4. 一个著名的"弱肉强食"模型——Volterra 模型：

$$\begin{cases} \dot{x}_1 = x_1(-r_1 + \lambda_1 x_2) \\ \dot{x}_2 = x_2(r_2 - \lambda_2 x_1) \end{cases}$$

这里，r_i、$\lambda_i > 0 (i=1, 2)$ 为模型参数. 试给出各个参数的意义及模型适用的对象，进而讨论该模型的平衡点及其稳定性.

5. 你学习了本章的药物在体内的分布与排除问题案例后，对其中的转化为数学问题处理有何新认识？其中的哪些做法是你没有想到的？如果让你来解决此问题，你会怎样做？

6. 森林失火了！消防站接到报警后派多少消防队员前去救火呢？派的队员越多，森林的损失越小，但是救援的开支会越大，所以需要综合考虑森林损失费和救援费与消防队员人数之间的关系，以总费用最小决定派出的队员人数. 请把此问题变为数学.

7. 在传染病模型中

(1) 如果考虑上出生和死亡，你应该怎样去建模呢？

(2) 如果考虑上外界因素环境的周期性变化，你应该怎样去建模呢？

(3) 如果考虑上潜伏期，你应该怎样去建模呢？

(4) 如果考虑上人的年龄结构，你应该怎样去建模呢？

(5) 如果考虑上传染接触的随机性，你应该怎样去建模呢？

第7章　数值方法模型

数值方法又称计算方法或数值分析，它是科学计算的基础，在国外它被认为是 21 世纪的技术科学中最有用的两个数学研究领域的一个．数值方法主要研究一些数学问题的算法构造和计算机求解．数值方法中的算法构造、离散化技术也是数学建模的重要内容．本章主要介绍数学建模中使用较多的数值逼近和数值积分内容及一些实际建模案例．

7.1　定积分计算问题

若建模求解过程中遇到一个不能用定积分基本公式计算或当被积函数的表达式过于复杂的定积分，怎样计算这样的定积分？数值分析书中采用离散化的技术给出了很好算法并有效地解决了定积分计算问题．数值分析书中复化梯形公式和复化 Simpson 公式是常用的定积分计算公式，它们可以把定积分的值计算到任意给定的精度．

7.1.1　复化梯形公式的构造原理

取等距节点 $x_i = a + ih$，$h = \dfrac{b-a}{n}$ $(i = 0, 1, 2, \cdots, n)$ 将积分区间 $[a, b]$ n 等分，在每个小区间 $[x_k, x_{k+1}]$ $(k = 0, 1, \cdots, n-1)$ 上用梯形公式

$$\int_{x_k}^{x_{k+1}} f(x)\mathrm{d}x \approx \frac{x_{k+1} - x_k}{2}\left(f(x_k) + f(x_{k+1})\right)$$

作近似计算，就有

$$\int_a^b f(x)\mathrm{d}x = \sum_{k=0}^{n-1} \int_{x_k}^{x_{k+1}} f(x)\mathrm{d}x \approx \sum_{k=0}^{n-1} \frac{h}{2}\left[f(x_k) + f(x_{k+1})\right]$$

$$= \frac{h}{2}\left[f(a) + f(b) + 2\sum_{k=1}^{n-1} f(x_k)\right]$$

得**复化梯形公式**

$$\int_a^b f(x)\mathrm{d}x \approx \frac{b-a}{2n}\left[f(a) + f(b) + 2\sum_{k=1}^{n-1} f(x_k)\right]$$

记

$$T_n = \frac{b-a}{2n}\left[f(a) + f(b) + 2\sum_{k=1}^{n-1} f(x_k)\right]$$

可以证明，复化梯形公式的误差为

$$R(f, T_n) = \int_a^b f(x)\mathrm{d}x - T_n = -\frac{b-a}{12}h^2 f''(\eta), \quad \eta \in [a, b]$$

要想得到给定精度 ε 的计算结果，令 $|R(f, T_n)| \leqslant \frac{b-a}{12}h^2 M_2 \leqslant \varepsilon$，$|f''(x)| \leqslant M_2$ 可取

$$h \leqslant \sqrt{\frac{12\varepsilon}{(b-a)M_2}}$$

复化梯形公式把定积分这个连续的量转化为被积函数在一些离散点的函数值的计算问题，就是一种离散化技术.

利用类似的方法可以得到**复化 Simpson 公式**

$$\int_a^b f(x)\mathrm{d}x \approx \frac{b-a}{6n}\Big[f(a) + f(b) + 4\sum_{k=0}^{n-1} f(x_{k+\frac{1}{2}}) + 2\sum_{k=1}^{n-1} f(x_k)\Big]$$

7.1.2　男大学生的身高问题

问题的提出

有关统计资料表明，我国大学生男性群体的平均身高约为 170 cm，且该群体中约有 99.7% 的人身高在 150 cm 至 190 cm 之间. 如果将 $[150\ \mathrm{cm}, 190\ \mathrm{cm}]$ 等分成 20 个高度区间，试问该群体身高在每一高度区间的分布情况怎样？特别地，身高中等（165 cm 至 175 cm 之间）的人占该群体的百分比会超过 60% 吗？

问题分析与建立模型

因为一个人的身高涉及很多因素，通常它是一个服从正态分布 $N(\mu, \sigma)$ 的随机变量. 正态分布的概率密度函数 $\varphi(x)$ 为

$$\varphi(x) = \frac{1}{\sqrt{2\pi}\sigma}\mathrm{e}^{-\frac{(x-\mu)^2}{2\sigma^2}}$$

于是密度函数 $\varphi(x)$ 在区间 $[a, b]$ 上的定积分

$$\int_a^b \varphi(x)\mathrm{d}x = \int_a^b \frac{1}{\sqrt{2\pi}\sigma}\mathrm{e}^{-\frac{(x-\mu)^2}{2\sigma^2}}\mathrm{d}x$$

的值正好代表大学生身高在区间 $[a\ \mathrm{cm}, b\ \mathrm{cm}]$ 的分布.

在密度函数 $\varphi(x)$ 中的两个参数 μ、σ 分别为正态分布的均值与标准差. 由于我国大学生男性群体的平均身高约为 170 cm，故可选取正态分布的均值 $\mu = 170$ cm，而由"该群体中约有99.7%的人身高在 150 cm 至 190 cm 之间"和正态分布 $N(\mu, \sigma)$ 的"3σ规则"，有

$$\mu - 3\sigma = 150(\mathrm{cm})$$

$$\mu + 3\sigma = 190(\text{cm})$$

于是可以得到 $\sigma = \dfrac{20}{3}$，故其密度函数 $\varphi(x)$ 为

$$\varphi(x) = \frac{3}{20\sqrt{2\pi}} e^{-\frac{9(x-170)^2}{800}}$$

将 $[150\ \text{cm}, 190\ \text{cm}]$ 等分成 20 个高度区间后，得到高度区间为

$$[150, 152], \quad [152, 154], \quad \cdots, \quad [188, 190]$$

对应的分布为

$$\int_k^{k+2} \frac{3}{20\sqrt{2\pi}} e^{-\frac{9(x-170)^2}{800}} \mathrm{d}x \quad (k = 150,152,154,\cdots,188) \qquad (7-1)$$

身高在 165 cm 至 175 cm 之间的人占该群体的百分比为

$$\int_{165}^{175} \frac{3}{20\sqrt{2\pi}} e^{-\frac{9(x-170)^2}{800}} \mathrm{d}x \qquad (7-2)$$

式（7-1）和式（7-2）的定积分是不能用定积分基本公式方法求出的，但用计算方法中的数值积分可以算出.

模型求解

选用数值积分中的复合梯形公式求积方法编程，可以计算出误差小于 10^{-4} 的式（7-4）的定积分值，从而可得出相应分布，如表 7-1 所示.

表 7-1　身高的相应分布

$[150\ \text{cm}, 152\ \text{cm}]$ 的分布为 0.002 1	$[170\ \text{cm}, 172\ \text{cm}]$ 的分布为 0.117 9
$[152\ \text{cm}, 154\ \text{cm}]$ 的分布为 0.004 7	$[172\ \text{cm}, 174\ \text{cm}]$ 的分布为 0.107 8
$[154\ \text{cm}, 156\ \text{cm}]$ 的分布为 0.009 7	$[174\ \text{cm}, 176\ \text{cm}]$ 的分布为 0.090 2
$[156\ \text{cm}, 158\ \text{cm}]$ 的分布为 0.018 1	$[176\ \text{cm}, 178\ \text{cm}]$ 的分布为 0.069 0
$[158\ \text{cm}, 160\ \text{cm}]$ 的分布为 0.030 9	$[178\ \text{cm}, 180\ \text{cm}]$ 的分布为 0.048 3
$[160\ \text{cm}, 162\ \text{cm}]$ 的分布为 0.048 3	$[180\ \text{cm}, 182\ \text{cm}]$ 的分布为 0.030 9
$[162\ \text{cm}, 164\ \text{cm}]$ 的分布为 0.069 0	$[182\ \text{cm}, 184\ \text{cm}]$ 的分布为 0.018 1
$[164\ \text{cm}, 166\ \text{cm}]$ 的分布为 0.090 2	$[184\ \text{cm}, 186\ \text{cm}]$ 的分布为 0.009 7
$[166\ \text{cm}, 168\ \text{cm}]$ 的分布为 0.107 8	$[186\ \text{cm}, 188\ \text{cm}]$ 的分布为 0.004 7
$[168\ \text{cm}, 170\ \text{cm}]$ 的分布为 0.117 9	$[188\ \text{cm}, 190\ \text{cm}]$ 的分布为 0.002 1

对式（7-2），有

$$\int_{165}^{175} \frac{3}{20\sqrt{2\pi}} e^{-\frac{9(x-170)^2}{800}} \mathrm{d}x \approx 0.546\ 724\ 617\ 3$$

该结果说明身高中等（165 cm 至 175 cm）的大学生约占 54.67%，不足 60%.

7.1.3　计算机断层扫描问题

计算机断层扫描（Computerized Tomography，CT）与遗传工程、新粒子发现和宇宙技术一起被称为二十世纪七十年代国际四大科技成果. 它是近几十年来蓬勃发展起来的一门边缘性学科，有着广泛的应用价值. CT 是一种无损检测先进技术，它由检测数据可以获得检测对象内部的特征.

（1）CT 原理

CT 原理可以简述为由投影数据去建立检测对象内部的未知图像，它的具体描述为：在不损伤检测对象内部结构的条件下，用某种射线源照射检测对象，同时用检测设备获得检测数据（称为投影数据）；然后用这些检测数据构造数学模型并借助成像技术和计算机生成（重现）检测对象内部特征（二维图像）；再从这一系列二维图像，一层一层地构成三维图像，重现检测对象内部特征.

例如，医学 X-CT 装置是由 X 射线源、检测器、计算机、图像显示器等几个主要部分组成. 由图 7-1 可见，X 射线源与检测器同步地围绕人体作旋转运动，同时在每次旋转之间，作大量的平移. 由 X 射线源发出的均匀的 X 射线束穿过人体后，由于人体的不同组织对 X 射线的吸收系数（此吸收系数分布函数，就是 CT 所要重建的图像）不同，因而检测器在接收到的不同强度的 X 射线的"投影数据"中，含有反映人体组织的信息. 将从检测器得到的资料数据，借助对应的数学模型编制的计算机程序进行一定程序的处理，最后可以在显示器上看到人体所探测部位的横断面图像（即光的吸收系数分布函数）的重建.

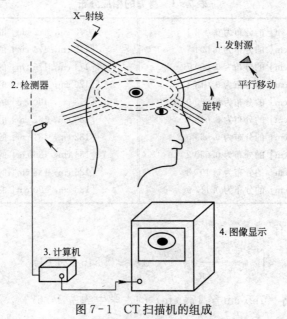

图 7-1　CT 扫描机的组成

（2）CT 数学理论基础

Radon 变换及其逆变换就是 CT 的数学理论基础.

定义 7 - 1　平面线积分集合

$$\mathscr{f}(p, \xi) = \left\{ \int_L f(x, y) \mathrm{d}s \mid L \in P \right\}$$

称为函数 $f(x, y)$ 的 Radon 变换，这里 $\boldsymbol{X} = (x, y)$，$\boldsymbol{\xi} = (\cos \varphi, \sin \varphi)$，$P$ 为所有平面直线全体（图 7 - 2）.

可以证明 $\mathscr{f}(p, \xi)$ 和 $f(x, y)$ 有关系（称为 **Radon 逆变换**）

$$f(x, y) = -\frac{1}{2\pi^2} \int_0^\pi \mathrm{d}\varphi \int_{-\infty}^{+\infty} \left(\frac{1}{p - \boldsymbol{\xi} \cdot \boldsymbol{X}} \right) \frac{\partial \mathscr{f}(p, \xi)}{\partial p} \mathrm{d}p \qquad (7 - 3)$$

为表述形象和方便，称 Radon 变换中的被积函数 $f(x, y)$ 为 **"图像"**；称 $\mathscr{f}(p, \xi)$ 为 $f(x, y)$ 的 **"投影"**；称图像 $f(x, y)$ 在点 (x, y) 的值称为在点 (x, y) 的 **"密度"**.

要从投影数据获得原图像，就是由 $\mathscr{f}(p, \xi)$ 获得函数 $f(x, y)$. 虽然函数 $f(x, y)$ 有用积分表示的解析表达式 （7 - 3），但它很不方便用于 $f(x, y)$ 的计算和讨论. 因此寻找有效的求解 $f(x, y)$ 的算法或图像重建方法就变得很重要了.

（3）图像重建模型

求解 $f(x, y)$ 的图像重建的模型有很多种，这里介绍常用的代数重建模型，它是从投影的角度引入代数问题来构造的，本质上是定积分的离散化方法.

代数重建模型中把一个线积分看做一个投影. 假设第 i 个线积分为 y_i，$1 \leqslant i \leqslant I$，即

$$\int_{L_i} f(x, y) \mathrm{d}s = y_i$$

若用正方形网格对 xOy 平面的图像 $f(x, y)$ 进行分割获得 $J = n^2$ 个小正方块（该小方块常称为像素），如图 7 - 3 所示.

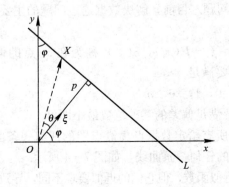
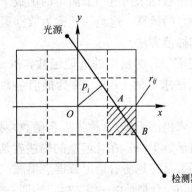

图 7 - 2　　　　　　　　　　　　　　　图 7 - 3

记 x_j 为 $f(x,y)$ 在第 j 个"像素"上的平均值，r_{ij} 为第 i 个射线 L_i 在第 j 个"像素"上的直线段 AB 的长度，可以得到 $\int_{L_i} f(x,y)\mathrm{d}s = y_i$ 的离散化计算公式

$$\sum_{j=1}^{J} x_j r_{ij} \approx y_i, \quad i=1,2,\cdots,I \qquad (7-4)$$

注意公式中的很多 r_{ij} 是为零的.

若把 n^2 个像素进行某种一维排列（如按行或按列的顺序），可以将式（7-4）改写为一般线性代数方程组形式

$$AX=Y \qquad (7-5)$$

其中 $Y=(y_1, y_2, \cdots, y_I)^{\mathrm{T}}$ 为（已知的）I 维测量向量，$X=(x_1, x_2, \cdots, x_J)^{\mathrm{T}}$ 为未知（需重建）J 维向量，$A=(r_{ij})_{I\times J}$ 为已知矩阵. 注意到 J 通常比 I 大，故矩阵 A 不一定是方阵，导致对应的线性方程组不能用一般的方法来解，实际上这样的方程组常用**"代数重建法"**（简称 ART）作数值计算求解.

一旦求出 X，就得到 $f(x,y)$ 在 n^2 个像素上的平均值，从而得到 xOy 平面的近似图像 $f(x,y)$，这样就达到图像重建的目的. 特别地，当网格很细密时，可以获得更好的重建效果.

7.2　数据逼近问题

在一些实际问题中，有时人们只知道未知函数 $y=f(x)$ 在有限个点 $x_0, x_1, \cdots, x_n$ 上的值 $f(x_0), f(x_1), \cdots, f(x_n)$，这相当于已知一个数表

x	x_0	x_1	$\cdots$	x_n
y	y_0	y_1	$\cdots$	y_n

然后由表中数据来构造一个简单的函数 $P(x)$ 作为未知函数 $f(x)$ 的近似函数，去参与有关 $f(x)$ 的运算，这类问题称为数据逼近问题. 目前，解决数据逼近问题的主要方法是拟合和插值方法.

若记 $P(x)$ 为所求的近似函数，$\delta(x_i)=y_i-P(x_i)$，$\delta(x_i)$ 称为在 x_i 点的**偏差**，则用插值法求出的 $P(x)$（称为插值函数）要满足

$$\delta(x_i)=0, \quad i=0, 1, \cdots, n$$

而拟合法求出的 $P(x)$（称为拟合函数）只要满足偏差的某种范数最小即可.

插值函数 $P(x)$ 在几何上的描述就是过所有给定数据点集散点图的任何一条曲线，而拟合函数是穿越所有给定数据点集散点图的任何一条曲线，如图 7-4 所示.

插值和拟合都是由一组数据点构造一个近似函数，但它们的近似要求不同，导致其对应的数学方法不同. 一个实际问题，到底该选用插值还是拟合，可根据实际情况确定.

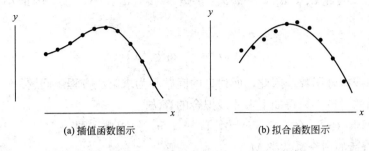

(a) 插值函数图示　　　　　　　　　　(b) 拟合函数图示

图 7-4

7.2.1　曲线拟合的构造原理

这里主要介绍线性最小二乘拟合方法，它是曲线拟合中最简单最常用的方法. 所谓线性是指所求的拟合函数是某些已知函数组 $M = \{\varphi_0(x),\ \varphi_1(x),\ \cdots,\ \varphi_m(x)\}$ 的线性组合. 若取 $\varphi_k(x) = x^k\ (k = 0,\ 1,\ \cdots,\ m)$，则函数组 M 的线性组合就是 m 次多项式.

设所求的拟合函数 $\varphi(x) = \sum\limits_{k=0}^{m} a_k \varphi_k(x)\ (a_k \in \mathbf{R})$，为确定系数 $a_0,\ a_1,\ \cdots,\ a_m$，考虑函数 $f(x)$ 与 $\varphi(x)$ 在节点 $x_0,\ x_1,\ \cdots,\ x_n$ 处差的平方加权和（是 $a_0,\ a_1,\ \cdots,\ a_m$ 的多元函数）：

$$S(a_0,\ a_1,\ \cdots,\ a_m) = \sum_{k=0}^{n} \omega_k (f(x_k) - \varphi(x_k))^2 = \sum_{k=0}^{n} \omega_k \left(f(x_k) - \sum_{i=0}^{m} a_i \varphi_i(x_k) \right)^2$$

$$(7-6)$$

式中 $\omega_k\ (k = 0,\ 1,\ \cdots,\ n)$ 是已知的数. 由极值必要条件有

$$\frac{\partial S}{\partial a_j} = 2 \sum_{k=0}^{n} \omega_k \left(f(x_k) - \sum_{i=0}^{m} a_i \varphi_i(x_k) \right) \varphi_j(x_k) = 0 \quad (j = 0,\ 1,\ \cdots,\ m)$$

化简得到关于系数 $a_0,\ a_1,\ \cdots,\ a_m$ 的线性方程组

$$\sum_{i=0}^{m} a_i \sum_{k=0}^{n} \omega_k \varphi_i(x_k) \varphi_j(x_k) = \sum_{k=0}^{n} \omega_k f(x_k) \varphi_j(x_k) \quad (j = 0,\ 1,\ \cdots,\ m) \quad (7-7)$$

引入符号 $(h,\ g) = \sum\limits_{k=0}^{n} \omega_k h(x_k) g(x_k)$，式 (7-7) 可写为（法方程组）

$$\begin{bmatrix} (\varphi_0,\ \varphi_0) & (\varphi_0,\ \varphi_1) & \cdots & (\varphi_0,\ \varphi_m) \\ (\varphi_1,\ \varphi_0) & (\varphi_1,\ \varphi_1) & \cdots & (\varphi_1,\ \varphi_m) \\ \vdots & \vdots & \vdots & \vdots \\ (\varphi_m,\ \varphi_0) & (\varphi_m,\ \varphi_1) & \cdots & (\varphi_m,\ \varphi_m) \end{bmatrix} \begin{bmatrix} a_0 \\ a_1 \\ \vdots \\ a_m \end{bmatrix} = \begin{bmatrix} (\varphi_0,\ f) \\ (\varphi_1,\ f) \\ \vdots \\ (\varphi_m,\ f) \end{bmatrix} \quad (7-8)$$

易证当 $\varphi_0(x),\ \varphi_1(x),\ \cdots,\ \varphi_m(x)$ 线性无关时，方程组 (7-8) 有唯一解 $a_0^*,\ a_1^*,\ \cdots,\ a_m^*$. 因为 $S(a_0,\ a_1,\ \cdots,\ a_m)$ 有唯一驻点，注意到 $S(a_0,\ a_1,\ \cdots,\ a_m)$ 的最

小值是存在的, 因此 a_0^*, a_1^*, $\cdots$, a_m^* 就是 $S(a_0, a_1, \cdots, a_m)$ 的最小值点, 从而函数

$$\varphi^*(x) = \sum_{k=0}^{m} a_k^* \varphi_k(x)$$

就是所要的曲线拟合函数. 因此, 所讨论的问题归为求解法方程组问题.

　　根据上面的讨论, 易得如下求曲线拟合的算法.

　　① 由数据点 $(x_k, f(x_k))$ $(k=0, 1, \cdots, n)$ 绘出散点图.

　　② 选择合适的拟合函数类 M.

　　③ 构造对应的法方程组, 并求解以得到具体的拟合函数.

　　由于曲线拟合是常用的计算技术, 有很多数学软件有曲线拟合命令, 读者要做的是通过散点图确定拟合函数的类型即可, 不必专门编程来做. 要注意的是拟合类型可以借助计算机来反复实验, 以获得好的拟合函数.

7.2.2　湖水温度变化问题

问题的提出

　　湖水在夏天会出现分层现象, 其特点为接近湖面的水温度较高, 越往下温度变低. 这种上热下冷的现象影响了水的对流和混合过程, 使得下层水域缺氧, 导致水生鱼类的死亡. 表 7-2 是某个湖的观测数据.

表 7-2　观测数据

深度/m	0	2.3	4.9	9.1	13.7	18.3	22.9	27.2
温度/℃	22.8	22.8	22.8	20.6	13.9	11.7	11.1	11.1

请问

(1) 湖水在 10 m 处的温度是多少?

(2) 湖水在什么深度温度变化最大?

问题的分析与假设

　　本问题只给出了有限的实验数据点, 可以想到用插值和拟合的方法来解决题目的要求. 假设湖水深度是温度的连续函数, 引入符号如下:

　　h: 湖水深度, 单位为 m;

　　T: 湖水温度, 单位为 ℃, 它是湖水深度的函数关系为 $T = T(h)$.

这里用多项式拟合的方法来求出湖水温度函数 $T(h)$, 然后利用求出的拟合函数就可以解决本问题了.

模型的建立

将所给数据作图，横轴代表湖水深度，纵轴代表湖水温度，画出散点图（图 7 - 5）.观察散点图的特点，并通过数学软件做曲线拟合的命令用选取不同的拟合函数类的方式进行实验，发现用 5 次多项式拟合比较好（图 7 - 6），求出拟合函数为

$$q(h) = 22.711 + 0.028h + 0.087h^2 - 0.024h^3 + 0.001h^4 - 0.000\ 02h^5$$

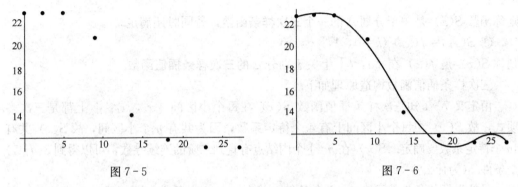

图 7 - 5 　　　　　　　　　　　　　　图 7 - 6

因为 $T(h) \approx q(h)$，由此得湖水在 10 m 处的温度约为 $T(10) \approx q(10) = 19.097\ 5\ ℃$.为求湖水在什么深度温度变化最大，要求出函数 $q(h)$ 的导函数 $q'(h)$ 的绝对值最大值点. 画出 $q'(h)$ 图形，如图 7 - 7 所示.

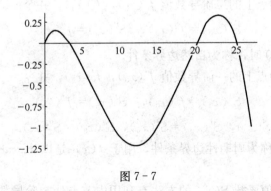

图 7 - 7

从图中看到 $q'(h)$ 在 10 附近可以取得绝对值最大值，求 $q'(h)$ 在 10 附近的极值，得出 $h = 11.931\ 2$ 是导函数的绝对值最大值点，于是可以知道湖水在深度为 11.931 2 m时温度变化最大.

7.2.3　三次样条插值

样条（Spline）是一种细长有弹性的软木条，常用来作为工程设计中的绘图工具，

绘图时用它来连接一些指定点以绘出一条光滑曲线. 由于样条本身特性，绘出的曲线在节点处很光滑，将它进行数学描述，就得到如下三次样条函数的定义.

定义 7-1 设函数 $S(x)$ 定义在区间 $[a, b]$ 上，对给定 $[a, b]$ 的一个分划

$$\Delta : a = x_0 < x_1 < \cdots < x_n = b$$

若 $S(x)$ 满足下列条件

① $S(x)$ 在 $[a, b]$ 上有二阶连续导数；

② $S(x)$ 在每个小区间 $[x_k, x_{k+1}]$ $(k = 0, 1, \cdots, n-1)$ 上都是一个三次多项式；

则称函数 $S(x)$ 是关于分划 Δ 的一个**三次样条函数**，若同时还满足

③ $S(x_k) = f(x_k)$ $(k = 0, 1, \cdots, n)$

则称 $S(x)$ 是 $f(x)$ 在 $[a, b]$ 上关于划分 Δ 的**三次样条插值函数**.

三次样条插值函数构造原理如下.

由定义 7-1 知三次样条插值函数 $S(x)$ 在每个小区间 $[x_k, x_{k+1}]$ 上都是三次多项式，故 $S(x)$ 在每个小区间上有 4 个待定系数，因为共有 n 个小区间，故 $S(x)$ 共有 $4n$ 个待定系数要确定. $S(x)$ 在 $n-1$ 个内结点有直到二阶的连续导数，可以得到 $3(n-1)$ 个条件.（为什么?）

另外由插值条件③可有 $n+1$ 个条件，共有 $4n-2$ 个条件. 要想唯一确定 $S(x)$ 还应另加两个条件. 三次样条函数插值常引入边界条件来作为所需的两个条件，常用的边界条件有如下三类.

① 给定在两个端点上的二阶导数值 $f''(x_0)$，$f''(x_n)$，并令

$$S''(x_0) = f''(x_0), \quad S''(x_n) = f''(x_n)$$

当 $f''(x_0) = f''(x_n) = 0$ 时，称为**自然边界条件**.

② 给定在两个端点上的一阶导数值 $f'(x_0)$，$f'(x_n)$，并令

$$S'(x_0) = f'(x_0), \quad S'(x_n) = f'(x_n)$$

③ 给定 $S(x_0) = S(x_n)$，$S'(x_0) = S'(x_n)$，$S''(x_0) = S''(x_n)$.

第③类边界条件称为周期性边界条件，用于 $f(x)$ 是以 $x_n - x_0$ 为周期的函数样条插值.

构造三次样条插值函数 $S(x)$ 的方法有利用内节点处二阶导数关系的 M 方法和利用内节点处一阶导数关系的 M 方法，下面仅就 **M 方法**给出推导过程.

设 $h_k = x_{k+1} - x_k$，$M_k = S''(x_k)$ $(k = 0, 1, \cdots, n)$，考虑在任一个小区间 $[x_k, x_{k+1}]$ 上 $S(x)$ 的表示形式. 由定义，$S(x)$ 是三次多项式，故 $S''(x)$ 在 $[x_k, x_{k+1}]$ 是一次多项式，可以表示为

$$S''(x) = M_k \frac{x_{k+1} - x}{h_k} + M_{k+1} \frac{x - x_k}{h_k}, \quad x \in [x_k, x_{k+1}]$$

对上式做两次积分，并利用 $S(x_k)=f(x_k)$，$S(x_{k+1})=f(x_{k+1})$，有

$$S(x)=M_k\frac{(x_{k+1}-x)^3}{6h_k}+M_{k+1}\frac{(x-x_k)^3}{6h_k}+\left(f(x_k)-\frac{M_kh_k^2}{6}\right)\frac{x_{k+1}-x}{h_k}+$$

$$\left(f(x_{k+1})-\frac{M_{k+1}h_k^2}{6}\right)\frac{x-x_k}{h_k}\quad x\in[x_k,\ x_{k+1}]\tag{7-9}$$

于是只要求出 $M_k(k=0,\ 1,\ \cdots,\ n)$ 也就求得了 $S(x)$.

为了求 $\{M_k\}$，利用在内节点处一阶导数连续的条件

$$S'(x_k+0)=S'(x_k-0)\quad(k=1,\ 2,\ \cdots,\ n-1)$$

记

$$f[x_k,\ x_{k+1}]=\frac{f(x_{k+1})-f(x_k)}{x_{k+1}-x_k},\quad f[x_{k-1},\ x_k,\ x_{k+1}]=\frac{f[x_{k+1},\ x_k]-f[x_k,\ x_{k-1}]}{x_{k+1}-x_{k-1}}$$

则由式（7-7）有

$$S'(x)=-M_k\frac{(x_{k+1}-x)^2}{2h_k}+M_{k+1}\frac{(x-x_k)^2}{2h_k}+f[x_k,\ x_{k+1}]-\frac{M_{k+1}-M_k}{6}h_k\tag{7-10}$$

$$x\in[x_k,\ x_{k+1}]\quad(k=0,\ 1,\ \cdots,\ n-1)$$

由式（7-10）有

$$S'(x_k+0)=-\frac{h_k}{2}M_k+f[x_k,\ x_{k+1}]-\frac{M_{k+1}-M_k}{6}h_k$$

$$S'(x_{k+1}-0)=\frac{h_k}{2}M_{k+1}+f[x_k,\ x_{k+1}]-\frac{M_{k+1}-M_k}{6}h_k$$

再由 $S'(x_k+0)=S'(x_k-0)$，得

$$\mu_kM_{k-1}+2M_k+\lambda_kM_{k+1}=d_k\quad(k=1,\ 2,\ \cdots,\ n-1)$$

式中

$$\mu_k=\frac{h_{k-1}}{h_{k-1}+h_k},\quad\lambda_k=1-\mu_k\tag{7-11}$$

$$d_k=6f[x_{k-1},\ x_k,\ x_{k+1}]$$

对第二类边界条件，可得另外两个方程为

$$2M_0+M_1=\frac{6}{h_0}(f[x_0,\ x_1]-f'(x_0))$$

$$M_{n-1}+2M_n=\frac{6}{h_{n-1}}(f'(x_n)-f[x_{n-1},\ x_n])$$

若令

$$\lambda_0 = 1, \quad d_0 = \frac{6}{h_0}(f[x_0, \ x_1] - f'(x_0))$$

$$\mu_n = 1, \quad d_n = \frac{6}{h_{n-1}}(f'(x_n) - f[x_{n-1}, \ x_n]) \tag{7-12}$$

则 $M_0, M_1, \cdots, M_n$ 的关系式可写为矩阵形式

$$\begin{bmatrix} 2 & \lambda_0 & & & & \\ \mu_1 & 2 & \lambda_1 & & & \\ & \ddots & \ddots & \ddots & & \\ & & \mu_{n-1} & 2 & \lambda_{n-1} \\ & & & \mu_n & 2 \end{bmatrix} \begin{bmatrix} M_0 \\ M_1 \\ \vdots \\ M_{n-1} \\ M_n \end{bmatrix} = \begin{bmatrix} d_0 \\ d_1 \\ \vdots \\ d_{n-1} \\ d_n \end{bmatrix} \tag{7-13}$$

　　方程组（7-13）称为 **M 关系式**. 对第一类边界条件和第三类边界条件也有类似的 M 关系式. 易验证它们都是严格对角占优的，因此都有唯一解. 这样可以得出求三次样条插值函数的算法：

　　① 计算出 μ_k, λ_k, d_k ($k=0, 1, \cdots, n$)；

　　② 对不同的边界条件选择相应的 M 关系式，并进行求解，得 $M_0, M_1, \cdots, M_n$ 的值；

　　③ 利用式（7-9）得到三次样条插值函数 $S(x)$.

　　由于三次样条插值也是常用的计算技术，有很多数学软件有该命令的软件包，读者看不必专门编程来做，但要注意选择合适的边界条件.

7.2.4　估计水塔的水流量

问题的提出

　　美国某州的各用水管理机构要求各社区提供以每小时多少加仑计的用水率及每天所用的总用水量，但许多社区并没有测量流入或流出当地水塔的水量的设备，而只能以每小时测量水塔中的水位代替，其精度在 0.5% 以内. 更为重要的是，无论什么时候，只要水塔中的水位下降到某一最低水位 L 时，水泵就启动向水塔重新充水直到某一最高水位 H，但也无法得到水泵供水量的测量数据，因此在水泵正在工作时，不容易建立水塔中水位与水泵工作时用水量之间的关系. 水泵每天向水塔充水一次或两次，每次大约两小时. 试估计在任何时候，甚至包括水泵正在工作的时间内从水塔流出的流量 $f(t)$，并估计一天的总用水量. 表 7-3 给出了某个小镇某一天的真实数据（本题为美国大学生数学建模竞赛题）.

表 7 - 3　某小镇某天的水塔水位

时间/秒	水位/0.01 英尺	时间/秒	水位/0.01 英尺	时间/秒	水位/0.01 英尺
0	3 175	35 932	水泵工作	68 535	2 842
3 316	3 110	39 332	水泵工作	71 854	2 767
6 635	3 054	39 435	3 550	75 021	2 697
10 619	2 994	43 318	3 445	79 154	水泵工作
13 937	2 947	46 636	3 350	82 649	水泵工作
17 921	2 892	49 953	3 260	85 968	3 475
21 240	2 850	53 936	3 167	89 953	3 397
25 223	2 797	57 254	3 087	93 270	3 340
28 543	2 752	60 574	3 012		
32 284	2 697	64 554	2 927		

表 7 - 2 给出了从第一次测量开始的以秒为单位的时刻,以及该时刻的高度单位为百分之一英尺的水塔中水位的测量值.例如,3 316 秒后,水塔中的水位达到 31.10 英尺.水塔是一个垂直圆形柱体,高为 40 英尺,直径为 57 英尺.通常当水塔的水位降到约 27.00 英尺时,水泵就向水塔重新充水;而当水塔的水位升到约 35.50 英尺时,水泵停止工作.

模型假设

为建模的需要,给出如下假设.

① 影响水的流量的唯一因素是公众对水的传统要求.因为表 7 - 3 给出的数据没有提及任何其他的影响因素,所以假定所给数据反映了有代表性的一天,而不包括任何特殊情况,如自然灾害、火灾、水塔溢水、水塔漏水等对水的特殊要求;

② 水塔中的水位不影响水流量的大小,气候条件、温度变化等也不影响水流量.因为物理学的 Torricelli 定律指出:水塔的最大水流量与水位高度的平方根成正比,由表中数据有 $\dfrac{\sqrt{35.50}}{\sqrt{27.00}} \approx 1$,说明最高水位和最低水位的两个流量几乎相等;

③ 水泵工作起止时间由它的水位决定,每次充水时间大约为两个小时.水泵工作性能效率总是一定的,没有工作时需维修、使用次数多影响使用效率问题,水泵充水量远大于水塔水流量;

④ 表中的时间数据准确在 1 秒以内;

⑤ 水塔的水流量与水泵状态独立,并不因水泵工作而增加或减少水流量的大小;

⑥ 水塔的水流量曲线可以用一条光滑的曲线来逼近,这时水流量曲线的二阶导数是连续的.

符号约定及说明

h——水塔中水位的高度，是时间的函数，单位为英尺；

V——水塔中水的体积，是时间的函数，单位为加仑；

t——时间，单位为小时；

f——水塔水流量，是时间的函数，单位为加仑/小时；

p——水泵工作时充水的水流量，是时间的函数，单位为加仑/小时.

问题分析与建模

给出的问题需要通过给定的一组数据来解决，可以想到应通过对所给的数据进行插值或拟合来建模．本题可以分成以下三个步骤．

- 由所给数据得到在各数据点处的水流量（数值转换）.
- 找出一个水从水塔流出的水流量的光滑拟合逼近.
- 处理水泵工作时的充水水量及一天该小镇公众的总用水量，同时也重建了水泵工作时所缺的数据.

1）所给数据的处理

把表 7－1 所给的数据作为时间的函数画成散点图，如图 7－8 所示．从图 7－8 可以看出，要想获得一个好的水流量的光滑拟合，首先要解决如何描述水塔充水期间水流量的行为，特别是水泵的起止工作时间问题．为此，先分析水泵充水期间的观察数据，要解决两个问题：一是两次充水准确的起始时间和停止时间，如果无法得到准确时间，以哪一时刻作为起止时间比较合理；二是充水期间的水流量如何描述．从所给的数据无法知道水泵开始和停止的准确时间，考虑两次充水期间的数据情况．

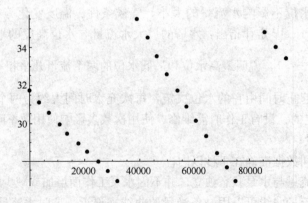

图 7－8

第一次充水期间的数据有

32 284(秒)	26.97(英尺)
35 932(秒)	水泵工作
39 332(秒)	水泵工作
39 435(秒)	35.50(英尺)

因为在 39 435 秒时水位为 35.50 英尺,它是水位停止工作的水位,因此可以考虑 39 435 为水泵停止工作的时间. 为找出水泵开始工作的时间,注意到在 32 284 秒时水位为 26.97 英尺,接近 27.00 英尺,而时间差为 39 435−32 284＝7 151(秒)≈1.99 小时,由于水泵每次充水大约要 2 小时,可以考虑在 32 284 秒为水泵开始工作的时间.

对第二次充水期间的数据为:

75 021(秒)	26.97(英尺)
79 154(秒)	水泵工作
82 649(秒)	水泵工作
85 968(秒)	34.75(英尺)

因为在 75 021 秒时的水位为 26.97 英尺,接近 27.00 英尺,可以假设 75 021 秒为水泵开始工作的时间. 但如果说在 85 968 秒时水位 34.75 英尺也接近水泵停止工作的 35.50 英尺,并选择 85 968 秒是水位停止工作的时间就有些勉强,因为考察对应的时间差有

$$85\ 968−75\ 021＝10\ 947(秒)≈3.04(小时)$$

这个时间差不符合水泵每次充水大约要 2 小时的假定,所以选择 85 968 秒是水位停止工作的时间不合适. 如果选择其前面的时间会怎样呢?考察时间差有

$$82\ 649−75\ 021＝7\ 628(秒)≈2.12(小时)$$

这个时间差符合水泵每次充水大约要 2 小时的假定. 由此可以选择 82 649 秒为水泵第二次充水停止时间,并且此时水位可以取为 35.50 英尺. 这样不仅确定了水泵的起止工作时间,而且还额外获得一个新增数据,即第二次充水期间的数据变为

75 021(秒)	26.97(英尺)
79 154(秒)	水泵工作
82 649(秒)	35.50(英尺)
85 968(秒)	34.75(英尺)

2) 水流量曲线的拟合

表 7-3 给出的是水位与时间的关系,而题目要求的是水流量与时间的关系. 利用水塔是高为 40 英尺,直径为 57 英尺的垂直圆形柱体,并根据体积单位的换算关系:1 立方英尺＝7.481 33 加仑,可以先将表 7-4 的数据转化为水塔中水的体积与时间的关系,然后再转化为水流量与时间的关系. 表 7-4 是转换后水的体积与时间的数据,

图 7 - 9 是对应的散点图.

表 7 - 4　时间与体积的关系

时间 t/小时	体积 V/加仑	时间 t/小时	体积 V/加仑	时间 t/小时	体积 V/加仑
0	606 125	9.981 1	working	19.037 5	542 554
0.921 1	593 717	10.925 6	working	19.959 4	528 236
1.843 1	583 026	10.954 2	677 715	20.839 2	514 872
2.949 7	571 571	12.032 8	657 670	22.015	working
3.871 4	562 599	12.954 4	639 534	22.958 1	677 715
4.978 1	552 099	13.875 8	622 352	23.880 0	663 397
5.900 0	544 081	14.982 2	604 598	24.986 9	648 506
7.006 4	533 963	15.903 9	589 325	25.908 3	637 625
7.928 6	525 372	16.826 1	575 008		
8.967 8	514 872	17.931 7	558 781		

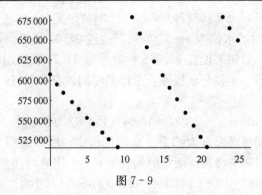

图 7 - 9

因为流量与体积有关系 $f(t) = \left| \dfrac{\mathrm{d}V}{\mathrm{d}t} \right|$，如果采用插值方法来获得流量函数的近似函数 $f(t)$，有如下两种方法可以做到.

(1) 由数据点集 (t_k, V_k) 获得流量函数的数据点集 $(t_k, f(x_k))$，然后再利用插值方法可以直接求出流量函数的近似函数 $f(t)$.

(2) 由数据点集 (t_k, V_k) 先获得水体积的近似函数 $V(t)$，然后对 $V(t)$ 求导得到 $f(t) \approx \left| \dfrac{\mathrm{d}V}{\mathrm{d}t} \right|$.

下面采用第一种方法来求出流量函数的近似函数 $f(t)$. 为获得流量函数的数据点集 $(t_k, f(x_k))$，这里采用差商的方法. 注意到所给数据被水泵充水两次分割成三组，如果去掉水泵工作时间的不确定数据，还有 25 个数据点，假设这些数据点对应的时间分别为：$t_0, t_1, \cdots, t_{24}$，那么这三组对应的数据分别为第一组：t_0，t_1，$\cdots$，t_9；

第二组：t_{10}，t_1，$\cdots$，t_{20}；

第三组：t_{21}，t_{22}，t_{23}，t_{24}．

为减少计算误差，对每一组数据，分别采用不同的公式来计算每一组数据点的水流量，具体如下．

对处于中间的数据，采用中心差商公式来计算，即

$$f_i = \left| \frac{-V_{i+2} + 8V_{i+1} - 8V_{i-1} + V_{i-2}}{12(t_{i+1} - t_i)} \right| \tag{7-14}$$

对每组前两个数据点，采用向前差商公式来计算，即

$$f_i = \left| \frac{-3V_i + 4V_{i+1} - V_{i+2}}{2(t_{i+1} - t_i)} \right| \tag{7-15}$$

对于每组最后二个数据，采用向后差商公式计算，即

$$f_i = \left| \frac{3V_i - 4V_{i-1} + V_{i-2}}{2(t_i - t_{i-1})} \right| \tag{7-16}$$

计算结果见表 7-5 和图 7-10．

表 7-5 时间与流量的关系

时间/小时	流量/(加仑/小时)	时间/小时	流量/(加仑/小时)	时间/小时	流量/(加仑/小时)
0	14 405	9.981 1	working	19.037 5	16 653
0.921 1	11 180	10.925 6	working	19.959 4	14 496
1.843 1	10 063	10.954 2	19 469	20.839 2	14 648
2.949 7	11 012	12.032 8	20 196	22.015	working
3.871 4	8 797	12.954 4	18 941	22.958 1	15 225
4.978 1	9 992	13.875 8	15 903	23.880 0	15 264
5.900 0	8 124	14.982 2	18 055	24.986 9	13 708
7.006 4	10 160	15.903 9	15 646	25.908 3	9 633
7.928 6	8 488	16.826 1	13 741		
8.967 8	11 018	17.931 7	14 962		

因为三次样条插值具有很好的逼近特性，这里采用三次样条插值来得到水流量的近似函数 $f(t)$．为给出样条插值函数所需的边界条件，用如上向前和向后的差商公式 (7-14) 和式 (7-15) 得出两个边界条件为

$$f_0' = \frac{-3f_0 + 4f_1 - f_2}{2(t_1 - t_0)} = -4\ 645.53$$

$$f_{24}' = \frac{3f_{24} - 4f_{23} + f_{22}}{2(t_{24} - t_{23})} = -5\ 789.56$$

用数学软件编程可以得到水流量的估计函数模型 $f(t)$，其函数图形如图 7-11 所示．

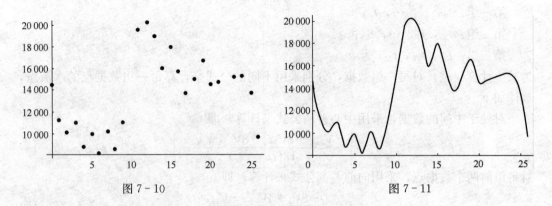

图 7 - 10　　　　　　　　　　　　　　　　　图 7 - 11

3）水泵充水期间的水流量处理

由于水泵充水期间的水流量仅用已知的数据是无法得出的，这里用两次充水期间的平均水流量来处理此事.

第一次充水期间充满水的水体积为
$$\Delta V_1 = 677\ 715 - 514\ 872 = 162\ 843（加仑）$$

充水时间为
$$\Delta t_1 = 10.954\ 2 - 8.967\ 8 = 1.986\ 4（小时）$$

则第一次充水期间的水泵平均水流量为
$$p_1 = \frac{\Delta V_1 + \int_{8.967\ 8}^{10.954\ 2} f(t)\,\mathrm{d}t}{\Delta t_1} \approx 97\ 576（加仑/小时）$$

第二次充水期间充满水的水体积为
$$\Delta V_2 = 677\ 715 - 514\ 872 = 162\ 843（加仑）$$

充水时间为
$$\Delta t_2 = 22.958\ 1 - 20.839\ 2 = 2.118\ 9（小时）$$

则第二次充水期间的水泵平均水流量为
$$p_2 = \frac{\Delta V_2 + \int_{20.839\ 2}^{22.958\ 1} f(t)\,\mathrm{d}t}{\Delta t_2} \approx 91\ 910（加仑/小时）$$

采用两次充水期间的平均水流量作为水泵充水期间的水流量可以尽量减少误差，这样水泵充水期间的水流量为
$$p = \frac{p_1 + p_2}{2} = 94\ 743（加仑/小时）$$

模型求解

估计该镇一天的总用水量. 用水流量插值曲线 $f(t)$ 在 24 小时的时间区间上积分即

可求出该镇一天的总用水量. 考虑到插值函数受端点边界条件的影响，故用在 [0.921 1，24.921 1] 时间区间积分作为该镇在一天的总用水量，于是有

$$\int_{0.921\,1}^{24.921\,1} f(t)\mathrm{d}t \approx 334\,088(加仑)$$

因此可以得到该镇一天的总用水量约为 334 088 加仑.

下面从两个方面来检验所得该镇在一天的总用水量的计算结果.

检验 1　用所得水流量函数检验

利用所给数据的时间在 [0，25.908 3] 的特点，在其上任取 24 小时的时间段做积分，有

$$\int_{1.843\,1}^{25.843\,1} f(t)\mathrm{d}t \approx 335\,729(加仑)$$

$$\int_{0.5}^{24.5} f(t)\mathrm{d}t \approx 332\,990(加仑)$$

它们相差约 1%.

检验 2　利用给定的数据检验

把非充水期间的用水量用已知数据尽量算出，其余部分用数值积分计算. 取 [0，24] 时间区间，则第一次充水前用水量为

$$V_1 = 606\,125 - 514\,872 = 91\,253(加仑)$$

第一次充水后，第二次充水前用水量为

$$V_2 = 677\,715 - 514\,872 = 162\,843(加仑)$$

第一次充水期间用水量为

$$\int_{8.967\,8}^{10.954\,2} f(t)\mathrm{d}t \approx 31\,027(加仑)$$

第二次充水期间用水量为

$$\int_{20.839\,2}^{22.958\,1} f(t)\mathrm{d}t \approx 31\,906(加仑)$$

在 [22.958 1，23.88] 期间用水量为

$$V_3 = 677\,715 - 663\,397 = 14\,318(加仑)$$

在 [23.88，24] 期间用水量为

$$\int_{23.88}^{24} f(t)\mathrm{d}t \approx 1\,829(加仑)$$

于是得到一天的总用水量为

$$V_1 + V_2 + V_3 + 31\,027 + 31\,906 + 1\,829 = 333\,176(加仑)$$

与 $\int_{0.921\,1}^{24.921\,1} f(t)\mathrm{d}t \approx 334\,088$ 相差约 0.3%. 这个结果说明插值曲线 $f(t)$ 是相当精确的.

误差分析

下面估计用所得模型计算一天总用水量的误差. 因为水位观测值的误差在 0.5% 以

内，由圆柱体积公式 $V=\pi r^2 h$ 可知，对应水体积的误差也在 0.5% 以内. 根据转换水体积的数值知，水体积误差约在 $2\,574\sim3\,389$ 加仑之间，这与一天的用水量相比是微不足道的. 为分析一天总用水量的误差，由于直接从构造公式中计算误差不方便，下面采用直接由所得水体积数表来分析误差. 记 V_{p_1}，V_{p_2} 为两次充水期间的用水量，V_t 表示时刻 t 的水体积，则一天用水总量为

$$V=V_0-V_{8.9678}+V_{p_1}+V_{10.9542}-V_{20.8392}+V_{p_2}+V_{22.9581}-V_{23.88}+V_{[23.88,24]}$$

$$(7-17)$$

其中，$V_{[23.88,24]}$ 是时间区间 $[23.88,24]$ 的用水量.

因为式（7-17）中 V_0，$V_{8.9678}$，$V_{10.9542}$，$V_{20.8392}$，$V_{22.9581}$，$V_{23.88}$ 的误差为 0.5%，所以只需估计 V_{p_1}，V_{p_2}，$V_{[23.88,24]}$ 的误差. 由于直接用样条函数来估计 V_{p_1}，V_{p_2}，$V_{[23.88,24]}$ 的误差不方便，这里利用样条函数的误差总是相近的特点，采用从实际中分析误差的界限方法，具体为：随机取出测量水位的时间区间用水量的误差，以其平均值作为 V_{p_1}，V_{p_2}，$V_{[23.88,24]}$ 的误差. 这里取如下 6 个时间段，即

$$[0.921\,1,1.843\,1],\quad[3.871\,4,4.978\,1],\quad[7.928\,6,8.967\,8],$$
$$[10.954\,2,12.032\,8],\quad[15.903\,9,16.826\,1],\quad[19.037\,5,19.959\,4]$$

由表 7-5 可分别得用水量为

$$10\,690,\ 10\,500,\ 10\,500,\ 20\,045,\ 14\,317,\ 14\,318$$

而用样条模型 $f(t)$ 的积分算出的对应用水量分别为

$$9\,574,\ 10\,391,\ 9\,663,\ 21\,622,\ 14\,470,\ 14\,397$$

对应误差分别约为

$$11.7\%,\quad1.0\%,\quad8.7\%,\quad7.3\%,\quad1.1\%,\quad0.5\%$$

其平均值约为 5.1%，由此可以算得一天总用水量的标准偏差为

$$S_v=\sqrt{S_{v_0}^2+S_{v_{8.9678}}^2+S_{v_{p_1}}^2+S_{v_{10.9542}}^2+S_{v_{20.8392}}^2+S_{v_{p_2}}^2+S_{v_{22.9581}}^2+S_{v_{23.88}}^2+S_{v_{[23.88,24]}}^2}$$

由当 $V=V_0$，$V_{8.9678}$，$V_{10.9542}$，$V_{20.8392}$，$V_{22.9581}$，$V_{23.88}$ 时，$S_v=0.5\%V$；当 $V=V_{p_1}$，V_{p_2}，$V_{[23.88,24]}$ 时，$S_v=5.1\%V$，可以算出一天总用水量的误差为

$$S_v=7\,846(加仑)$$

大约为一天用水量的 $2.4\%(=S_v/V)$.

模型的优缺点

该模型的优点为：

（1）模型可以用于有一个标准水箱的小镇使用，容易推广；

（2）模型用到的知识简单易懂，模型容易完成；

（3）模型不仅提供了水流量及一天用水量的较为准确的估计值，还可以估计任何时

刻的水流量，包括水泵工作时的水流量.

该模型的缺点是无法准确估计结果的误差.

习题与思考

1. 已知一组实验数据

$$x \quad 1 \ 3 \ 4 \ 5 \ 6 \ 7 \ 8 \ 9 \ 10$$
$$f(x) \quad 10 \ 5 \ 4 \ 2 \ 1 \ 1 \ 2 \ 3 \ 4$$

用多项式拟合求其拟合曲线.

2. （合成纤维的强度问题）某种合成纤维的强度与拉伸倍数有直接关系，为获得它们之间的关系，科研人员实际测定了 20 个纤维样品的强度和拉伸倍数，获得数据如表 7-6 所示。

表 7-6 数 据

编号	1	2	3	4	5	6	7	8	9	10
拉伸倍数	1.9	2.0	2.1	2.5	2.7	2.7	3.5	3.5	4.0	4.0
强度/MPa	14	13	18	25	28	25	30	27	40	35
编号	11	12	13	14	15	16	17	18	19	20
拉伸倍数	4.5	4.6	5.0	5.2	6.0	6.3	6.5	7.1	8.0	8.0
强度/MPa	42	35	55	50	55	64	60	53	65	70

试确定这种合成纤维的强度与拉伸倍数的关系.

3. （机床加工问题）通常待加工零件的外形按工艺要求由一组数据 $\{x_i, y_i\}_{i=0}^{n}$ 给出. 由于程控铣床加工时每一刀只能沿 x 方向和 y 方向走很小的一步，因此需要利用所给的这组数据获得铣床进行加工时要求的行进步长坐标值. 现测得机翼断面的下轮廓线上的一组数据如表 7-7 所示。

表 7-7 数 据

x	0	3	5	7	9	11	12	13	14	15
y	0	1.2	1.7	2.0	2.1	2.0	1.8	1.2	1.0	1.6

假设需要得到 x 坐标每改变 0.1 时 y 的坐标以决定加工路线，试给出加工所需要的数据.

4. 你也许认为新生儿的出生日期应该均匀分布在每周的任何一天，但事实并非如此. 表 7-8 的数据是美国国家健康统计中心统计得出的 1999 年周新生儿每天出生的平均人数.

表 7-8　数　　据

星期	星期日	星期一	星期二	星期三	星期四	星期五	星期六
平均出生人数	7 731	11 018	12 424	12 183	11 893	12 012	8 654

请根据该样本数据给出合适的拟合函数.

5. 由给定的一组数据 $(x_i, y_i)(i=1, 2, \cdots, n)$，分析出一个经验公式 $y=f(x, a, b, \cdots, c)$，其中 $a, b, \cdots, c$ 为一组待定参数，在使

$$\sum_{i=1}^{n}[y_i - f(x_i, a, b, \cdots, c)]^2$$

取到最小值的情况下，确定 $a, b, \cdots, c$ 的值的方法叫做最小二乘法. 当确定了参数 $a, b, \cdots, c$ 以后也就得到了一个由这组数据拟合的函数. 这个拟合函数与本章的曲线拟合有何异同？对其不同的情况，应该怎样求拟合函数？

6. 本章估计水塔的水流量问题的建模处理方法，对你有哪些启发？

7. 如果在本章的估计水塔的水流量中用曲线拟合法来求水流量曲线 $f(t)$ 应该怎样做？

第8章 面向问题的新算法构造问题

在数学建模过程中，怎样快速有效地进行模型求解有时是解决实际问题的关键. 当你的模型求解用已知的求解方法效果不好或没有现成的求解方法时，尝试针对要求解的数学问题自己设计一个专用的算法将是完成数学建模任务的关键. 自己设计一个专用的算法虽然很有挑战性，但也不都是非常困难的. 本章通过几个典型的算法设计案例介绍这方面的做法，以达到读者了解和学习这方面技能的目的.

8.1 平面曲线离散点集拐点的快速查找算法

1. 问题的提出

平面波形曲线一般是由一系列较短时间间隔采集数据点获得的平面离散点集，再经过分段线性插值的方法画出的. 波形特征（如波形曲线的极值点和拐点）的计算机自动识别在各种探伤和检测的计算机信息处理中占有重要的地位. 如何快速确定构成波形的这些离散点集中的拐点在平面曲线波形的计算机自动识别中是经常要考虑的问题之一. 目前确定平面离散点集中的拐点方法还没有较好的算法，一般是借助数值微分的多点数值微分公式或外推算法来做此类事情，这样求离散点集中的拐点方法往往有计算量大和误差大的缺点. 请尝试给出一个求离散点集中拐点的快速查找算法。

2. 问题的分析与算法构造

为了构造一个不用常规方法求平面波形曲线拐点的新算法，就要直接研究以稠密的平面离散点集为对象的求拐点快速算法.

拐点是曲线凹凸交界点，注意到不在同一直线上的三点可以确定此段曲线的凹凸性. 因此，要获得曲线拐点信息至少需要四个点. 观察由平面散点集画出的散点图，发现散点图中的某点如果是拐点，要由该点左边的 2 个点和右边的一个点共四个点来确定，逐次连接顺序两点连线更易看出是否拐点，如图 8-1 所示.

从图中拐点的特征，说明求拐点的问题实际上是确定点集中点的分类和判别问题，同时也提示可以尝试平面解析几何学的思想和理论来构造新算法.

由于凸（或凹）曲线是其所有切线的包络线，因此在较小的范围内，凸（或凹）曲线上的点都处于其上切线族的同侧. 假设给定的点集来自彼此很接近的曲线点集，则曲线的切线可以由相继两点的正向直线代替，这样就可以用关于正向曲线的点集分类来确

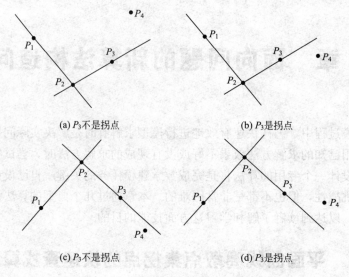

图 8-1　P_3 是否为拐点的几种情况

定拐点.

解析几何学的理论告诉我们平面的直线可以把平面的点集分为两类,如果是有向直线,其分类将不依赖坐标系. 观察图 8-1 发现:如果 P_3 是拐点,则有当 P_3 处于 P_1 和 P_2 连线的上方时,P_4 则处于 P_2 和 P_3 连线的下方;当 P_3 处于 P_1 和 P_2 连线的下方时,P_4 则处于 P_2 和 P_3 连线的上方. 为用数学公式描述这个特点,引入如下的定义.

定义 8-1　设平面上两点的坐标分别为 $P_1(x_1,\ y_1)$ 和 $P_2(x_2,\ y_2)$,$P_1 \neq P_2$,称具有方向 P_1P_2 且过此两点的有向直线为正向直线,而称对应的直线方程

$$L:\ (x_2-x_1)(y-y_1)+(y_1-y_2)(x-x_1)=0$$

为关于点 P_1,P_2 的正向直线方程.

定义 8-2　给定平面上一条正向直线 L 后,平面上不在 L 上的点分为两类,处于直线 L 顺时针一侧的点称为关于正向直线 L 的内点,而处于 L 逆时针一侧的点称为关于正向直线 L 的外点.

由如上定义可以得出一个用函数的符号判别关于正向直线 L 的内外点的结论.

定理 8-1　记关于平面上两点 $P_1(x_1,\ y_1)$ 和 $P_2(x_2,\ y_2)$ 的正向直线方程 L 的左端表达式为函数

$$S_{12}(x,\ y)=(x_2-x_1)(y-y_1)+(y_1-y_2)(x-x_1) \tag{8-1}$$

对于不在直线 L 上的任何一点 $P_0(x_0,\ y_0)$,有

(1) 如果 $S_{12}(x_0,\ y_0)<0$,则 $P_0(x_0,\ y_0)$ 是正向直线 L 的内点;

(2) 如果 $S_{12}(x_0,\ y_0)>0$,则 $P_0(x_0,\ y_0)$ 是正向直线 L 的外点.

证明　关于正向直线 L 的内点有如下四种情况,如图 8-2 所示. 取与点 P_0

$(x_0,\ y_0)$有同一横坐标且在 L 上的参考点 $Q(x_0,\ y^*)$，则有

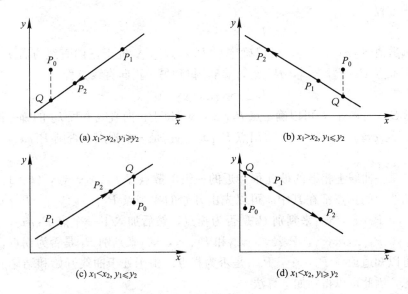

图 8-2　关于 P_1 和 P_2 构成的正向直线及对应的内点 P_0

$$S_{12}(x_0,\ y^*)=(x_2-x_1)(y^*-y_1)+(y_1-y_2)(x_0-x_1)=0$$

将 $P_0(x_0,\ y_0)$ 代入函数 $S_{12}(x,\ y)$，有

$$\begin{aligned}
S_{12}(x_0,\ y_0)&=(x_2-x_1)(y_0-y_1)+(y_1-y_2)(x_0-x_1)\\
&=(x_2-x_1)(y_0-y^*+y^*-y_1)+(y_1-y_2)(x_0-x_1)\\
&=(x_2-x_1)(y_0-y^*)+(x_2-x_1)(y^*-y_1)+(y_1-y_2)(x_0-x_1)\\
&=(x_2-x_1)(y_0-y^*)
\end{aligned}$$

若 $S_{12}(x_0,\ y_0)<0$，由式（8-1），对图 8-2 中的（c）和（d），由于 $x_2-x_1>0$，得 $y_0-y^*<0$，即 $y_0<y^*$，说明在情况（c）和（d）下，点 $P_0(x_0,\ y_0)$ 位于直线 L 下方；而对于图 8-2 中的（a）和（b），由于 $x_2-x_1<0$，得 $y_0>y^*$，说明在情况（a）和（b）下，点 $P_0(x_0,\ y_0)$ 位于直线 L 上方．因此，不论是哪种情况，当 $S_{12}(x_0,\ y_0)<0$，点 $P_0(x_0,\ y_0)$ 都位于正向直线 L 的顺时针一侧，由定义 8-2，可以知道 $P_0(x_0,\ y_0)$ 是关于正向直线 L 的内点．于是得出如果 $S_{12}(x_0,\ y_0)<0$，则点 $P_0(x_0,\ y_0)$ 是关于正向直线 L 的内点．

同理，可以证明如果 $S_{12}(x_0,\ y_0)>0$，则点 $P_0(x_0,\ y_0)$ 是关于正向直线 L 的外点．

拐点的确定及算法

采用前面正向直线和内外点知识，可以对顺序 4 个点中的第 3 个点进行是否为拐点的判断．设 $P_1(x_1,\ y_1)$，$P_2(x_2,\ y_2)$，$P_3(x_3,\ y_3)$，$P_4(x_4,\ y_4)$ 是曲线上相继的彼

此很接近的 4 个点，且点 $P_3(x_3, y_3)$ 可能是拐点．取 $P_1(x_1, y_1)$，$P_2(x_2, y_2)$，得到正向直线方程

$$L_1: S_{12}(x, y) = 0$$

计算函数值 $S_{12}(x_3, y_3)$，可以确定点 $P_3(x_3, y_3)$ 位于正向直线方程 L_1 的哪一侧，然后再取点 $P_2(x_2, y_2)$，$P_3(x_3, y_3)$，得到另一正向直线方程

$$L_2: S_{23}(x, y) = 0$$

计算函数值 $S_{23}(x_4, y_4)$，可以确定点 $P_4(x_4, y_4)$ 位于正向直线方程 L_2 的哪一侧．如果 $S_{12}(x_3, y_3)S_{23}(x_4, y_4) < 0$ 可以得出点 $P_3(x_3, y_3)$ 是一个拐点，否则 $P_3(x_3, y_3)$ 不是拐点．

对来自某一曲线上相继的彼此很接近的一组离散点集 $P_k(x_k, y_k)$（$k=1, 2, \cdots, n$），假设曲线上的拐点都在其中．可以先由开始的 4 个点 $P_1(x_1, y_1)$，$P_2(x_2, y_2)$，$P_3(x_3, y_3)$，$P_4(x_4, y_4)$ 来判别 P_3 是否为拐点，然后加入下一个点 $P_5(x_5, y_5)$，用 $P_2(x_2, y_2)$，$P_3(x_3, y_3)$，$P_4(x_4, y_4)$ 和 $P_5(x_5, y_5)$ 来判别 P_4 是否为拐点，这样继续下去就可以知道 P_5，P_6，$\cdots$，P_{n-1} 是否为拐点．由于处于曲线开始和结尾的拐点一般不作考虑，因此可以得到如下算法

确定平面曲线离散点集中拐点的快速算法

(1) 计算 $S_{12}(x_3, y_3)$ 并将其存储在变量 S_1 中，即 $S_{12}(x_3, y_3) \Rightarrow S_1$．

(2) 对 $k=3, 4, \cdots, n-1$：

① $S_{k-1 k}(x_{k+1}, y_{k+1}) \Rightarrow S_2$，

② 如果 $S_1 \cdot S_2 < 0$，则 $P_k(x_k, y_k)$ 是拐点，保存或打印此点 $P_k(x_k, y_k)$；

③ 替换 S_1 的值，进行下一个点的判别：$S_2 \Rightarrow S_1$．

(3) 停止．

如上算法可以非常快速准确地找到给定平面曲线离散点集中的拐点，且计算误差小，效率高．不但可以快速确定通常探伤和检测波形图中的拐点，而且可以快速确定平面参数曲线离散点集中的拐点．特别地，当给定的离散点集来自于点集横坐标为等距递增情况时，即 $x_k = x_1 + kh$（$k=2, 3, \cdots, n$），步长 $h > 0$，此时选取任意相邻三个点

$$P_{k-1}(x_{k-1}, y_{k-1}), \ P_k(x_k, y_k), \ P_{k+1}(x_{k+1}, y_{k+1})$$

由坐标的等距性，有

$$\begin{aligned}
S_{k-1 k}(x_{k+1}, y_{k+1}) &= (x_k - x_{k-1})(y_{k+1} - y_{k-1}) + (y_{k-1} - y_k)(x_{k+1} - x_{k-1}) \\
&= h(y_{k+1} - 2y_k + y_{k-1}) \\
&= h((y_{k+1} - y_k) - (y_k - y_{k-1}))
\end{aligned}$$

为减少计算量，引入变元 $z_k = y_k - y_{k-1}$，于是有

$$S_{k-1k}(x_{k+1}, y_{k+1})=h(z_{k+1}-z_k)$$

注意到 $h>0$，于是 $z_{k+1}-z_k$ 的符号可以决定 $S_{k-1k}(x_{k+1}, y_{k+1})$ 的符号，这样可以得到如下关于点集横坐标为等距递增的平面曲线离散点集拐点的更加快速简洁的查找算法.

更加快速简洁的查找算法

(1) 对 $k=2, 3, \cdots, n$，计算 $z_k=y_k-y_{k-1}$；

(2) 做 $z_2-z_1 \Rightarrow S_1$；

(3) 对 $k=2, 3, \cdots, n$

① 做 $z_k-z_{k-1} \Rightarrow S_2$；

② 如果 $S_1 \cdot S_2<0$，则 $P_k(x_k, y_k)$ 是拐点，保存或打印此点 $P_k(x_k, y_k)$；

③ 替换 S_1 的值，进行下一个点的判别：$S_2 \Rightarrow S_1$.

(4) 停止.

3. 算法检验与结论

为说明如上给出查找平面曲线离散点集的拐点算法的效率，下面分别给出一般曲线波形和参数曲线离散点集来进行求拐点的计算例题.

【例 8-1】 考虑在 $[-3, 3]$ 上的函数 $y=x\sin x^2$，它在 $[-3, 3]$ 上的有 7 个拐点，分别为 $x_1=-2.5514$，$x_2=-1.88206$，$x_3=-0.994103$，$x_4=0$，$x_5=0.994103$，$x_6=1.88206$，$x_7=2.5514$.

现在从该曲线上取 400 个等距点获得该曲线图形的离散点集. 利用本算法快速准确地求出了该离散点集的拐点，分别为

第 31 点：$\{-2.55, -0.55478\}$，第 76 个点：$\{-1.875, 0.685072\}$

第 135 个点：$\{-0.99, -0.822248\}$，第 201 个点：$\{2.43\times10^{-15}, 1.43\times10^{-44}\}$

第 268 个点：$\{1.005, 0.851079\}$，第 327 个点：$\{1.89, -0.788757\}$

第 372 个点：$\{2.565, 0.748299\}$

计算结果很令人满意. 其散点图与求出的拐点在同一坐标系的图形如图 8-3 所示.

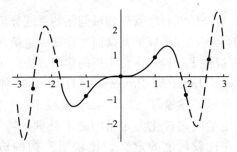

图 8-3　函数 $y=x\sin x^2$ 的散点
图与求出的拐点图

【例 8 - 2】　考虑参数方程 $x = \sin t \cos t$，$y = \sin t \sin t^2$；$t \in [0, \pi]$，现在从该参数曲线上取 1 000 个等距点获得该参数曲线图形的离散点集. 利用本算法快速准确地求出了该离散点集的拐点为

　　第 590 个点：$\{-0.265\ 256,\ -0.267\ 822\}$

　　第 923 个点：$\{-0.235\ 352,\ 0.208\ 575\}$

　　处理参数曲线点集的计算结果也是非常令人满意的. 它的散点图与求出的拐点在同一坐标系中的图形如图 8 - 4 所示.

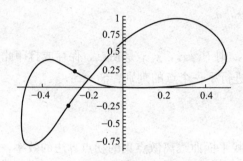

图 8 - 4　参数曲线 $x = \sin t \cos t$，
$y = \sin t \sin t^2$ 散点图与求出的拐点图

　　除了以上的例子外，我们还用从金属的超声波探伤获得的实际波形散点集数据进行计算机识别波形拐点的计算，计算结果也是非常满意的. 实际计算说明构造的算法是非常成功的，它可以快速确定平面离散点集中的拐点，具有结构简单、计算误差和计算量都很小的优点，而且可以应用于快速确定平面参数离散点集中的拐点.

　　至此，我们成功地完成了一种算法的构造.

8.2　层次分析法

　　人们在进行社会的、经济的及科学管理领域问题的系统分析中，面临的常常是一个由相互关联、相互制约的众多因素构成的复杂而往往缺少定量数据的系统. 层次分析法为这类问题的决策和排序提供了一种简洁而实用的建模方法.

　　层次分析法（Analytic Hierarchy Process，AHP）是一种定性和定量相结合的层次化分析方法，由美国运筹学家 T. L. Saaty 教授于 20 世纪 70 年代初期提出. 它较好地把半定性和半定量问题转化为定量问题来处理，特别适用于那些难于完全定量分析的问题. 本节中比较尺度的定义、比较矩阵构的造构和一致性检验等都是数学建模中把定性问题变为定量问题常见方法. 为方便读者学习，这里通过一

个案例引出问题，然后引入介绍层次分析法的构造过程和用层次分析法解决问题的方法.

1. 问题的提出

"五一"假期快到了，张勇决定假期去踏青. 他想去杭州、黄山和庐山三个踏青地点，但由于时间的原因，他只能在这 3 个地点中选一个来作为踏青目的地. 请用数学建模的方式帮他选择这个踏青地.

2. 问题的分析

该问题属于决策问题，即做一件事情有多个选择，怎样才能选择最好的一个. 要在多个选择对象中选择其中一个，人们往往要根据自己的目标和有利于目标实现的多种因素的考量来作出最后选择，这实际上就是人类作出某种决定的思维过程. 不过目标和要考量的因素往往是不能用数量描述的定性概念，如问题中张勇的目标是选择一个踏青地点，而选择踏青地他要考虑踏青地的景色、费用、居住、饮食和旅途等因素，这些因素显然都是定性的概念. 要用数学建模的方式解决此类问题，就要把它变为数学问题. 因此下面要做的事情是如何把定性的内容变为定量的内容，还要考虑有什么样的结构描述这类决策问题.

3. 层次分析法的递阶层次结构

要达到使决策问题具有条理化和层次化的结构模型，先把复杂问题分解为一些因素，然后把这些因素按其属性及关系形成若干层次. 上一层次的因素作为准则对下一层次有关因素起支配作用. 把这些层次可以分为以下三类.

① 目标层. 这一层次中只有一个因素，一般它是决策问题的预定目标或理想结果，处于层次结构的第一层.

② 准则层. 这一层次中包含了为实现目标所涉及的中间环节，它可以由若干个层次组成，包括所需考虑的准则、子准则，处于层次结构的中间层.

③ 方案层. 这一层次包括了为实现目标可供选择的各种措施、决策方案等，因此也称为措施层，处于层次结构的最底层.

递阶层次结构中的层次数不受限制，层次数的大小与问题的复杂程度及需要分析的详尽程度有关. 每一层次中各因素所支配的因素一般不要超过 9 个，这是因为支配的因素过多会给两两比较判断带来困难.

本节踏青问题可以表示为 3 层的递阶层次结构. 第一层（选择最佳旅游地）是目标层，第二层（判断旅游地的倾向）是准则层，第三层（旅游地点）是方案层，它们之间用线段连接表示之间的联系，要依据喜好对三个层次相互比较判断进行综合，在三个旅游地确定哪一个为最佳地点。该层次结构可用图 8-5 表示.

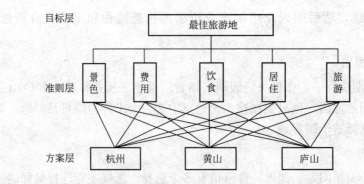

图 8-5　踏青问题的三层递阶层次结构

4. 构造判断矩阵

层次结构反映了因素之间的关系，但准则层中的各准则因素在目标衡量中所占的比重并不一定相同，在决策者的心目中它们各占有一定的比例.

在确定影响某因素的诸因子在该因素中所占的比重时，遇到的主要困难是这些比重常常不易定量化. 此外，当影响某因素的因子较多时，直接考虑各因子对该因素有多大程度的影响时，常常会因考虑不周全、顾此失彼而使决策者提出与他实际认为的重要性程度不相一致的数据，甚至有可能提出一组隐含矛盾的数据. 但两个因子通过比较容易知道它们所影响的因素的大小，根据这个特点，Saaty 等人提出先采取对因子进行两两比较建立成对比较矩阵的办法来描述各因素两两比较后对所影响因素的数据，然后再用代数方法确定影响该因素的诸因子在该因素中所占的比重.

成对比较矩阵的构造方法

假设要比较 n 个因子 $\{C_1，C_2，\cdots，C_n\}$ 对某因素 Z 的影响大小，每次取其中的两个因子 C_i 和 C_j，以 a_{ij} 表示 C_i 和 C_j 对 Z 的影响大小之比，全部比较结果用矩阵 $A = (a_{ij})_{n \times n}$ 表示，称 A 为 Z-C 之间的成对比较判断矩阵（简称判断矩阵）.

容易看出，若 C_i 与 C_j 对 Z 的影响之比为 a_{ij}，则 C_j 与 C_i 对 Z 的影响之比应为 $a_{ji} = \dfrac{1}{a_{ij}}$.

为确定 a_{ij} 的值，Saaty 等建议引用数字 1～9 及其倒数作为标度，含义如表 8-1 所示.

表 8-1　含　义

标度 a_{ij}	含　义	标度 a_{ij}	含　义
1	C_i 与 C_j 的影响相同	9	C_i 比 C_j 影响绝对的强
3	C_i 比 C_j 影响稍强	2，4，6，8	C_i 与 C_j 的影响之比在上述相邻等级之间
5	C_i 比 C_j 影响强	1，1/2，$\cdots$，1/9	C_i 与 C_j 的影响之比为 a_{ij} 的倒数
7	C_i 比 C_j 影响明显的强		

从心理学观点来看，分级太多会超越人们的判断能力，既增加了作判断的难度，又容易因此而提供虚假数据．Saaty 等人还用实验方法比较了在各种不同标度下人们判断结果的正确性，实验结果也表明，采用 1～9 标度最为合适．

在本例的准则层对目标的两两比较，张勇是年轻人，认为费用应占最大的比重，其次是风景，再者是旅途，至于吃住不太重要，为此他得出的比较数据如表 8 – 2 所示．

表 8 – 2　比 较 数 据

项目	景色	费用	饮食	居住	旅途
景色	1	1/2	5	5	3
费用	2	1	7	7	5
饮食	1/3	1/7	1	1/2	1/3
居住	1/5	1/7	2	1	1/2
旅途	1/3	1/5	3	2	1

由此可以得到一个比较判断矩阵

$$\boldsymbol{A} = \begin{bmatrix} 1 & 1/2 & 5 & 5 & 3 \\ 2 & 1 & 7 & 7 & 5 \\ 1/3 & 1/7 & 1 & 1/2 & 1/3 \\ 1/5 & 1/7 & 2 & 1 & 1/2 \\ 1/3 & 1/5 & 3 & 2 & 1 \end{bmatrix}$$

成对比较矩阵是一个特殊结构的矩阵．为方便下面论述，这里引入如下概念．

定义 8 – 3　若矩阵 $\boldsymbol{A} = (a_{ij})_{n \times n}$ 满足

① $a_{ij} > 0$，② $a_{ji} = \dfrac{1}{a_{ij}}(i, j = 1, 2, \cdots, n)$

则称之为正互反矩阵．

因为成对比较矩阵 $(a_{ij})_{n \times n}$ 是通过选择 n 个因子 $\{C_1, C_2, \cdots, C_n\}$ 的任意两个对因素 Z 的影响之比来构造的，假设因子 $C_j (j = 1, 2, \cdots, n)$ 对 Z 的权重为 $w_j (j = 1, 2, \cdots, n)$，用一个形式的数学表示，就是

$$Z = w_1 C_1 + w_2 C_2 + \cdots + w_n C_n, \quad w_i > 0, \sum_{i=1}^{n} w_i = 1$$

如果成对比较矩阵 $\boldsymbol{A} = (a_{ij})_{n \times n}$ 构造准确，应该有 $a_{ij} = \dfrac{w_i}{w_j} (i, j = 1, 2, \cdots, n)$ 和 $\boldsymbol{A}$ 的元素满足一致性条件 $a_{ij} a_{jk} = a_{ik} (i, j, k = 1, 2, \cdots, n)$．写出此时 $\boldsymbol{A}$ 的形式

$$A=\begin{bmatrix} \dfrac{w_1}{w_1} & \dfrac{w_1}{w_2} & \cdots & \dfrac{w_1}{w_n} \\[2mm] \dfrac{w_2}{w_1} & \dfrac{w_2}{w_2} & \cdots & \dfrac{w_2}{w_n} \\[2mm] \vdots & \vdots & & \vdots \\[2mm] \dfrac{w_n}{w_1} & \dfrac{w_n}{w_2} & \cdots & \dfrac{w_n}{w_n} \end{bmatrix} \qquad 并记权向量\ w=\begin{bmatrix} w_1 \\ w_2 \\ \vdots \\ w_n \end{bmatrix}$$

借助矩阵运算，有矩阵关系

$$Aw = nw$$

这说明权向量 w 可以通过求矩阵 A 的特征值 n 对应的特征向量得到. 注意到权向量要求每个分量为正，且所有分量之和为 1，故确定权的问题可以通过求成对比较矩阵 A 的特征值 n 对应的分量均为正且归一化的特征向量得到. 这里归一化指分量之和为 1 的向量.

上面论述中，常称满足一致性条件 $a_{ij}a_{jk}=a_{ik}$（$i,\ j,\ k=1,\ 2,\ \cdots,\ n$）的正互反矩阵为一致矩阵.

5. 一致性检验处理

在构造成对比较矩阵时，虽能较客观地反映出一对因子影响上级因素的差别，但构造过程中难免出现一定程度的非一致性，导致所构造的成对比较矩阵不是一致矩阵，这样会使求出的权向量不能反映各因子对上级因素的真实权值. 此时应该怎样借助成对比较矩阵来确定权向量呢？

考虑到层次分析法主要是通过权重的大小排序来进行决策的，因此各因子真实权重并不是必须要准确，只要能保证排序正确即可. 根据这个规律，可以尝试构造一个能达到权值排序目的的方法. 通过对成对比较矩阵的研究发现如下结论：

定理 8-2　n 阶正互反矩阵 A 为一致矩阵当且仅当其最大特征值 $\lambda_{max}=n$，且当正互反矩阵 A 非一致时，必有 $\lambda_{max}>n$.

定理 8-2 说明一致矩阵的最大特征值 $\lambda_{max}=n$. 根据这个结论，就可以由 λ_{max} 是否等于 n 来检验判断矩阵 A 是否为一致矩阵. 由于特征根连续地依赖于矩阵元素 a_{ij}，故 λ_{max} 若比 n 大时，可以认为 A 的非一致性程度不好，λ_{max} 对应的归一化特征向量可能不会真实地反映出权对因素 Z 的影响中所占的比重，但若 λ_{max} 比 n 相差不多时，可以认为 A 的非一致性程度不严重，此时 λ_{max} 对应的归一化特征向量有可能也会真实地反映出权对因素 Z. 因此，对决策者提供的判断矩阵有必要引进一个指标来对其作一次一致性检验，以决定该成对比较矩阵的比较判断是否能被接受.

因为进行一致性检验的指标没有标准的做法，Saaty 采用了使最大特征值 λ_{max} 与一致矩阵的最大特征值 n 之差尽量小的计算公式来作为一个标准. 要做到相差尽量小，$\lambda_{max}-n$ 是一个选择，注意到 $\lambda_{max}-n$ 也是 A 的另外 $n-1$ 个特征值之和，将此 $n-1$ 个特

征值之和取平均后给出了一个计算一致性指标（记为 CI）的计算公式为

$$CI = \frac{\lambda_{\max} - n}{n - 1}$$

注意到上述一致性指标 CI 是一个绝对量，不易说明取值多小才算是很小．为确定 $\mathbf{A}$ 的不一致程度的容许范围，还要找出衡量一致性指标的标准，要引入一个相对的量来描述"很小"的取值．为此，Saaty 借助随机实验的方式引入了随机一致性指标 RI，它描述了一致性指标 CI 的平均值．

随机一致性指标 RI 的得出为对每个固定的 n，随机地构造 100 至 500 个正互反矩阵 $\mathbf{A}$（借助随机数命令在 1 至 9 和 1/2，1/3，…，1/9 的数集中取数，只取下三角部分数即可，上三角部分用对应倒数填写，对角线都取 1），然后计算每一个矩阵的一致性指标 CI，再取平均，由此得到随机一致性指标 RI 的值，如表 8-3 所示．

表 8-3 一致性指标的值

n	1	2	3	4	5	6	7	8	9	10
RI	0	0	0.58	0.90	1.12	1.24	1.32	1.41	1.45	149

随机一致性指标 RI 给出了统计意义下阶数为 n 的正互反矩阵的平均一致性指标的取值，将其除以所考察正互反矩阵的一致性指标 CI，得到一个称为一致性比例 CR 的相对值，它的计算公式为

$$CR = \frac{CI}{RI}$$

通常 0.1 常被用作临界值．若规定 CR 的临界值是 0.1，即 CR<0.10 作为比较矩阵的一致性是可以接受的标准，它暗示了该比较矩阵的一致性指标 CI 比其平均值的 10％还小，可以认为是一个很小的数了．如果没有通过一致性检验，应该对比较矩阵作适当修正以使其通过一致性．

6. 组合权向量的计算

上面的做法得到的是一组元素对其上一层中某元素的权重向量．如果该组元素还有下一层的一组元素与其相连，则有下层的元素通过该层建立了与上层元素的权重集合，这种权重集合称为组合权向量．要用层次分析法解决决策问题，我们最终要得到各元素，特别是最底层中各方案对于目标的排序权重，从而进行方案选择．总排序权重是自上而下地将单准则下的权重进行合成，下面给出组合权向量之间的公式．

设目标层只有一个因素 O，第二层包含 n 个因素 $\mathbf{B} = (B_1, B_2, \cdots, B_n)$，它们关于 O 的权重分别为 $\mathbf{w}^{(2)} = (w_1, w_2, \cdots, w_n)^T$；第三层次包含 m 个因素 $\mathbf{C} = (C_1, C_2, \cdots, C_m)$，第三层对第二层的每个因素 B_j 的权重为 $\mathbf{w}_j^{(3)} = (w_{1j}, \cdots, w_{mj})^T$，$(j = 1, 2, \cdots, n)$，当 C_i 与 B_j 无关联时，$w_{ij} = 0$．把如上关系表示为数学形式，有

$$\boldsymbol{O} = w_1 B_1 + w_2 B_2 + \cdots + w_n B_n = \boldsymbol{B}\boldsymbol{w}^{(2)} \qquad (8\text{-}2)$$

$$B_j = w_{1j} C_1 + w_{2j} C_2 + \cdots + w_{mj} C_n = \boldsymbol{C}\boldsymbol{w}_j^{(3)}, \quad j = 1, 2, \cdots, n$$

记

$$\boldsymbol{W}^{(3)} = (\boldsymbol{w}_1^{(3)}, \ \boldsymbol{w}_2^{(3)}, \ \cdots, \ \boldsymbol{w}_n^{(3)}) = \begin{bmatrix} w_{11} & w_{12} & \cdots & w_{1n} \\ w_{21} & w_{22} & \cdots & w_{2n} \\ \vdots & \vdots & & \vdots \\ w_{m1} & w_{m2} & \cdots & w_{mn} \end{bmatrix}$$

有

$$\boldsymbol{B} = (B_1, \ B_2, \ \cdots, \ B_n) = (\boldsymbol{C}\boldsymbol{w}_1^{(3)}, \ \boldsymbol{C}\boldsymbol{w}_2^{(3)}, \ \cdots, \ \boldsymbol{C}\boldsymbol{w}_n^{(3)})$$

$$= \boldsymbol{C}(\boldsymbol{w}_1^{(3)}, \ \boldsymbol{w}_2^{(3)}, \ \cdots, \ \boldsymbol{w}_n^{(3)}) = \boldsymbol{C}\boldsymbol{W}^{(3)}$$

代入到式（8-2）中有

$$\boldsymbol{O} = \boldsymbol{B}\boldsymbol{w}^{(2)} = \boldsymbol{C}\boldsymbol{W}^{(3)}\boldsymbol{w}^{(2)} = (C_1, \ C_2, \ \cdots, \ C_m)(\boldsymbol{W}^{(3)}\boldsymbol{w}^{(2)})$$

上式说明第三层对第一层的组合权向量为

$$\boldsymbol{w}^{(3)} = \boldsymbol{W}^{(3)}\boldsymbol{w}^{(2)}$$

类似地讨论易知，层次结构中的第 k 层对第一层的组合权向量为

$$\boldsymbol{w}^{(k)} = \boldsymbol{W}^{(k)}\boldsymbol{w}^{(k-1)}, \quad k = 2, 3, \cdots$$

其中，$\boldsymbol{w}^{(k)}$ 是第 k 层对第一层的组合权向量，$\boldsymbol{W}^{(k)}$ 是第 k 层对第 $k-1$ 层各元素的权向量组成的权矩阵，该矩阵的第 j 列就是 k 层对第 $k-1$ 层的第 j 个元素的权向量.

根据这个结果，如果层次结构有 p 层，有最底层对第一层的组合权向量为

$$\boldsymbol{w}^{(p)} = \boldsymbol{W}^{(p)}\boldsymbol{W}^{(p-1)}\cdots\boldsymbol{W}^{(3)}\boldsymbol{w}^{(2)}$$

计算出 $\boldsymbol{w}^{(p)}$ 的值，根据权值的大小，就可以帮助决策者在最底层的方案中作出选择.

7. 组合一致性检验处理

一致性检验的目的是确定求出的权是否能对相应因素进行正确排序. 组合权重是经过至少 2 次以上的复合运算得到的跨层权重，由于各层次在一致性检验时会出现误差积累的情况，如果误差积累较严重，会导致最终分析结果出现错误，因此组合权重也需要一致性检验，这种检验就是组合一致性检验.

为了使组合一致性检验公式达到好的匹配效果，参考层次分析法的做法给出相应的计算公式. 方法为：层次分析法是从高层到低层逐次计算权向量的，因此进行组合一致性检验也用由高层到底层逐层检验的顺序进行；层次分析法每层对上一层的权只与相应的成对比较矩阵有关，而与其他成对比较矩阵无关，因此可以把组合一致性检验分解到各层考虑；层次分析法的组合权向量具有递推计算的特点，构造的组合一致性检验公式

也采用递推公式.

　　注意到从第三层开始，每一层都产生多个成对比较矩阵，因此该层有多个一致性指标，这些指标决定着该层一致性检验的通过与否. 为把这些一致性指标作为一个整体来构造该层的一个一致性指标，这里采用加权这些一致性指标的方式来完成此工作. 具体做法为：

　　设第 k 层有 n 个成对比较矩阵，其对应的 n 个一致性指标为 $\mathrm{CI}_j^{(k)}$（$j=1,2,\cdots,n$），随机一致性指标为 $\mathrm{RI}_j^{(k)}$（$j=1,2,\cdots,n$），定义第 k 层的一致性指标 $\mathrm{CI}^{(k)}$ 和随机一致性指标 $\mathrm{RI}^{(k)}$ 为

$$\mathrm{CI}^{(k)}=(\mathrm{CI}_1^{(k)},\ \mathrm{CI}_2^{(k)},\ \cdots,\ \mathrm{CI}_n^{(k)})w^{(k-1)}$$

$$\mathrm{RI}^{(k)}=(\mathrm{RI}_1^{(k)},\ \mathrm{RI}_2^{(k)},\ \cdots,\ \mathrm{RI}_n^{(k)})w^{(k-1)}$$

其中，$w^{(k-1)}$ 是第 $k-1$ 层对第一层的组合权向量. 用 $\mathrm{CI}^{(k)}$ 除以 $\mathrm{RI}^{(k)}$ 就得到第 k 层的一致性比率.

　　注意到，误差是逐次从上到下的顺序累加的，故可以定义第 k 层对第 1 层组合一致性比率 $\mathrm{CR}^{(k)}$ 为第 $k-1$ 层对第 1 层组合一致性比率 $\mathrm{CR}^{(k-1)}$ 加上第 k 层的一致性比率，由此得到第 k 层对第 1 层组合一致性比率计算公式为

$$\mathrm{CR}^{(k)}=\mathrm{CR}^{(k-1)}+\frac{\mathrm{CI}^{(k)}}{\mathrm{RI}^{(k)}},\quad k=3,4,\cdots$$

因为层次分析法的结构图中规定第一层只有一个因素，故 $\mathrm{CR}^{(2)}$ 直接用最初的一致性比率计算可以得出. 假设层次结构有 p 层，规定若

$$\mathrm{CR}^{(p)}<0.1$$

就认为整个层次的比较判断通过一致性检验. 当然，在层次数较多时，上面的临界值 0.1 可放宽.

8. 层次分析法的基本步骤

根据如上讨论，可得用层次分析法解决决策问题的基本步骤如下.

（1）建立层次结构模型，其中最高层为单个目标层，最底层是要决策的方案；

（2）从第二层开始，由上到下的顺序做：

① 对每一层构造出各层次中的所有成对比较矩阵；

② 计算每一个成对比较矩阵的最大特征值和特征向量，计算 $\mathrm{CI}=\dfrac{\lambda_{\max}-n}{n-1}$ 和 $\mathrm{CR}=\dfrac{\mathrm{CI}}{\mathrm{RI}}$，判别 $\mathrm{CR}<0.10$ 是否成立. 若成立，一致性检验通过，将特征向量归一化得到权重；否则，重新构造该成对比较矩阵；

③ 按公式 $w^{(k)}=W^{(k)}w^{(k-1)}$（$k=2,3,\cdots$）计算组合权重；

④ 按公式

$$CI^{(k)}=(CI_1^{(k)},\ CI_2^{(k)},\ \cdots,\ CI_n^{(k)})w^{(k-1)},\quad RI^{(k)}=(RI_1^{(k)},\ RI_2^{(k)},\ \cdots,\ RI_n^{(k)})w^{(k-1)}$$

$$CR^{(k)}=CR^{(k-1)}+\frac{CI^{(k)}}{RI^{(k)}}\quad (k=3,\ 4,\ \cdots)$$

计算组合一致性比率；

⑤ 按公式 $CR^{(p)}<0.1$ 进行组合一致性检验. 若通过，则根据组合权向量的分量作出决策；重新考虑模型结构或重新构造那些一致性比率较大的成对比较矩阵.

下面用层次分析法来求解本节选择踏青地的问题.

前面已经建立了一个三层的层次结构模型，并建立了第二层的一个成对比较矩阵 A，用数学软件求出的矩阵 A 的最大特征值为 $\lambda_{max}=5.253\,34$ 和对应的特征向量

$$X=(0.496\,306,\ 0.829\,804,\ 0.096\,847\,4,\ 0.120\,603,\ 0.202\,934)^T$$

对 A 作一致性检验

这里矩阵 A 的大小是 $n=5$，由公式 $CI=\frac{\lambda_{max}-n}{n-1}$，得 $CI=0.063\,335$. 此外查阅 $n=5$ 的随机一致性指标得 $RI=1.12$，由计算一致性比率的公式 $CR=\frac{CI}{RI}$，得一致性比率

$$CR=CR^{(2)}=0.056\,549<0.1$$

所以 A 通过一致性检验. 因为特征向量 X 不是归一化的（即不是所有分量之和为 1），用该向量的所有分量之和去除每个分量就得出如下归一化的特征向量

$$w^{(2)}=(0.284,\ 0.475,\ 0.055,\ 0.069,\ 0.116)^T$$

至此，完成了第二层的一致性检验.

同理，用同样的方法，给出第三层对第二层的每一准则成对比较矩阵，进行一致性检验，并求出最大特征值所对应的归一化的特征向量：

$$景色\ B_1=\begin{bmatrix}1&2&5\\1/2&1&2\\1/5&1/2&1\end{bmatrix},\quad CI_1^{(3)}=0.003,\quad w_1^{(3)}=\begin{bmatrix}0.595\\0.227\\0.129\end{bmatrix}$$

$$费用\ B_2=\begin{bmatrix}1&1/3&1/8\\3&1&1/3\\8&3&1\end{bmatrix},\quad CI_2^{(3)}=0.001,\quad w_2^{(3)}=\begin{bmatrix}0.082\\0.236\\0.682\end{bmatrix}$$

$$饮食\ B_3=\begin{bmatrix}1&1&3\\1&1&3\\1/3&1/3&1\end{bmatrix},\quad CI_3^{(3)}=0,\quad w_3^{(3)}=\begin{bmatrix}0.429\\0.429\\0.142\end{bmatrix}$$

$$居住\ \boldsymbol{B}_4 = \begin{bmatrix} 1 & 3 & 4 \\ 1/3 & 1 & 1 \\ 1/4 & 1 & 1 \end{bmatrix},\quad \mathrm{CI}_4^{(3)} = 0.005,\quad \boldsymbol{w}_4^{(3)} = \begin{bmatrix} 0.633 \\ 0.193 \\ 0.175 \end{bmatrix}$$

$$旅途\ \boldsymbol{B}_5 = \begin{bmatrix} 1 & 1 & 1/4 \\ 1 & 1 & 1/4 \\ 4 & 4 & 1 \end{bmatrix},\quad \mathrm{CI}_5^{(3)} = 0,\quad \boldsymbol{w}_5^{(3)} = \begin{bmatrix} 0.166 \\ 0.166 \\ 0.668 \end{bmatrix}$$

第三层的权矩阵为

$$\boldsymbol{W}^{(3)} = (\boldsymbol{w}_1^{(3)},\ \boldsymbol{w}_2^{(3)},\ \cdots,\ \boldsymbol{w}_5^{(3)}) = \begin{bmatrix} 0.595 & 0.082 & 0.429 & 0.633 & 0.166 \\ 0.277 & 0.236 & 0.429 & 0.193 & 0.166 \\ 0.129 & 0.682 & 0.142 & 0.175 & 0.668 \end{bmatrix}$$

得第三层对第一层的组合权向量为

$$\boldsymbol{w}^{(3)} = \boldsymbol{W}^{(3)}\boldsymbol{w}^{(2)} = \begin{bmatrix} 0.595 & 0.082 & 0.429 & 0.633 & 0.166 \\ 0.277 & 0.236 & 0.429 & 0.193 & 0.166 \\ 0.129 & 0.682 & 0.142 & 0.175 & 0.668 \end{bmatrix} \begin{bmatrix} 0.282 \\ 0.475 \\ 0.055 \\ 0.069 \\ 0.116 \end{bmatrix} = \begin{bmatrix} 0.294 \\ 0.247 \\ 0.458 \end{bmatrix}$$

作组合一致性检验

第 3 层有 5 个成对比较矩阵，其对应的 5 个一致性指标为 $\mathrm{CI}_j^{(3)}$ $(j = 1,\ 2,\ \cdots,\ 5)$，随机一致性指标为 $\mathrm{RI}_j^{(3)} = 0.58$ $(j = 1,\ 2,\ \cdots,\ 5)$，算出第 3 层的一致性指标和随机一致性指标为

$$\mathrm{CI}^{(3)} = (\mathrm{CI}_1^{(3)},\ \mathrm{CI}_2^{(3)},\ \cdots,\ \mathrm{CI}_5^{(3)}) \cdot \boldsymbol{w}^{(2)} = 0.017$$

$$\mathrm{RI}^{(3)} = (\mathrm{RI}_1^{(3)},\ \mathrm{RI}_2^{(3)},\ \cdots,\ \mathrm{RI}_5^{(3)}) \cdot \boldsymbol{w}^{(2)} = 0.579$$

得到第三层对第一层的组合一致性比率为

$$\mathrm{CR}^{(3)} = \mathrm{CR}^{(2)} + \frac{\mathrm{CI}^{(3)}}{\mathrm{RI}^{(3)}} = 0.056\,549 + \frac{0.017}{0.579} = 0.059\,4 < 0.1$$

通过组合一致性检验

结果分析

通过组合权向量 $\boldsymbol{w}^{(3)}$ 可知：方案 3（庐山）在踏青旅游选择中占权重为 0.458，明显大于方案 1（苏杭，权重为 0.247）、方案 2（黄山，权重为 0.247）. 故在他设定标准

的前提下，他应该去庐山.

🖥 习题与思考

1. 平面曲线离散点集拐点的快速查找算法的建立对你有什么启发？
2. 什么样的问题可以用层次分析法来求解？
3. 学校评选优秀学生，试给出若干准则，构造层次结构模型.
4. 大学生就业早已成为社会热点问题，对大学毕业生而言，工作的选择显得十分重要，试建立一种大学生就业决策的解决方案.
5. (2011 全国大学生电工数学建模竞赛 B 题) 拔河比赛

   拔河比赛始于我国春秋时期，是一项具有广泛群众基础且深受人们喜爱的多人体育运动. 拔河运动可以锻炼参加者的臂力、腿力、腰力和耐力，并且能够培养团队合作精神. 此外，一场拔河比赛最多持续几分钟或几十分钟，并不需要太多的体力，且比赛现场气氛热烈.

   拔河比赛有各种比赛分级方法. 常见的分级是以参赛双方每方 8 人的总体重来分级，从 320 公斤到 720 公斤，每隔 40 公斤一级. 拔河比赛的绳子中间有一个标记，在比赛中，若参赛的某一方将绳子标记拉过自己一侧 4 米则该方获胜. 请你们队完成如下工作：

   (1) 在某种分级比赛中，如果某方想在拔河比赛中发挥该队最大能量，他应该怎样安排他的队员位置？请用对比赛建立一个数学模型的方式来说明你的结果.

   (2) 比赛获胜规定为拉过绳索 4 米，请通过数学建模的方式说明该规定是否科学.

   (3) 当前我国在校学生的体质普遍不强，有人提出想用经常进行的拔河比赛来吸引更多的学生参加运动，以提高学生的身体素质. 请你设计一个既能保证在校大部分同学都能参加，又能体现比赛竞争性的拔河比赛规则，该规则要定量的说明.

   (4) 向全国大学生体育运动组委会写一个将你设计的拔河比赛列入全国大学生正式比赛项目的提案.

第9章　实际问题变为数学问题的方法

从数学建模的过程可以看到，将实际问题转化为数学问题在数学建模中占有重要的地位，它是用数学知识解决实际问题的关键，也是读者完成数学建模任务的最重要一环．要完成这部分工作，研究者要做的事情是要把实际问题进行合适的简化（做假设）并引进一些变量，然后利用问题的特点建立这些变量之间的关系．我们在前面各章的数学建模案例中可以看到一些这方面的做法和内容．由于数学建模问题几乎贯穿当前社会上所有需要进行决策或解释的实际问题，因此要想列举总结出所有"将实际问题转化为数学问题的方法"是不可能的，而且也没有必要，因为将实际问题转化为数学问题的方法不是教条的，而是灵活运用的．

观察第6章微分方程模型的建模内容会发现，如果研究的问题涉及所关心事物的变化率或增量的特征，常可以转化为微分方程表示的数学问题，读者在其转化过程中所做的工作就是分清哪些概念是变化率对应的内容，并针对出现的变化率作对应的数学描述即可．为帮助读者学好这方面的内容，本章将对用代数方法、数列方法和类比方法把相应实际问题变为数学问题的做法给予适当总结，特别在类比方法中详细分析了当前很流行的遗传算法构造中把实际问题转化为数学问题的过程，让读者通过案例的学习了解把实际问题变为数学问题的一般做法，并举一反三地去解决读者面对的实际问题．

9.1　代　数　方　法

代数方法是把实际问题变为数学问题的最基本方法．这种方法只要对所研究的实际问题用若干变量符号和其变量之间的关系列举数学表达式即可．代数方法处理的实际问题一般不必对所研究问题作简化和假设，其数学结构可以由变量之间的关系可以直接写出．

9.1.1　加工奶制品的生产计划问题

一奶制品加工厂用牛奶生产 A_1，A_2 两种奶制品，1桶牛奶可以在设备甲上用12小时加工成3公斤 A_1，或者在设备乙上用8小时加工成4公斤 A_2．根据市场需求，生产的 A_1，A_2 全部能售出，且每公斤 A_1 获利24元，每公斤 A_2 获利16元．现在加工厂每天能得到50桶牛奶的供应，每天正式工人总的劳动时间为480小时，并且设备甲每天至多能加工100公斤 A_1，设备乙的加工能力没有限制．试为该厂制定一个生产计划，使每天获利最大．

问题的分析

这个问题的目标是使每天的获利最大，要作的决策是生产计划，即每天用多少桶牛奶生产 A_1，用多少桶牛奶生产 A_2. 决策受到 3 个条件的限制：原料（牛奶）供应、劳动时间、设备甲的加工能力. 按照题目所给，将决策变量、目标函数和约束条件用数学符号及式子表示出来，就可以把该问题变为数学问题了.

转化方法

假设每天用 x_1 桶牛奶生产 A_1，用 x_2 桶牛奶生产 A_2，且每天获利为 z 元. 则有 x_1 桶牛奶可生产 $3x_1$ 公斤 A_1，获利 $24 \times 3x_1$；x_2 桶牛奶可生产 $4x_2$ 公斤 A_2，获利 $16 \times 4x_2$，故目标函数为

$$z = 72x_1 + 64x_2$$

此外，观察本题，发现其有 3 个约束条件.

原料供应约束：生产 A_1，A_2 的原料总量不得超过每天的供应，有 $x_1 + x_2 \leqslant 50$.

劳动时间约束：生产总加工时间不得超过每天正式工人总的劳动时间，有 $12x_1 + 8x_2 \leqslant 480$.

设备能力约束：A_1 的产量不得超过设备甲每天的加工能力，即 $3x_1 \leqslant 100$.

非负约束：x_1，x_2 均不能为负值，有 $x_1 \geqslant 0$，$x_2 \geqslant 0$.

综上可得该问题的数学模型为

$$\max z = 72x_1 + 64x_2$$
$$x_1 + x_2 \leqslant 50$$
$$12x_1 + 8x_2 \leqslant 480$$
$$3x_1 \leqslant 100$$
$$x_1, \ x_2 \geqslant 0$$

至此，我们将加工奶制品的生产计划问题变为了数学问题.

学习过线性规划课程的读者会发现，这里所得数学模型是典型的线性规划问题模型，其有成熟的求解方法.

9.1.2　市场分析问题

我国某市场有三种同类型的啤酒产品参与竞争. 为了解竞争情况，调查人员按月来评估三种啤酒的销售情况. 调查开始时，三种啤酒的消费者百分比分别为：0.2，0.3，0.5.

市场调研发现如下消费规律：第一种啤酒的消费人群每月发生消费习惯变化情况为 80% 还保持消费第一种啤酒；10% 转向消费第二种啤酒，10% 转向消费第三种啤酒；第二种啤酒的消费人群每月发生消费习惯变化情况为 70% 还保持消费第二种啤酒；20%

转向消费第一种啤酒，10％转向消费第三种啤酒；第三种啤酒的消费人群每月发生消费习惯变化情况为 60％还保持消费第三种啤酒；10％转向消费第一种啤酒，30％转向消费第二种啤酒.

（1）请建立一个描述每月三种啤酒消费人群分布的数学模型.

（2）讨论在如上规律持续不变的情况下，该市场随时间的发展会出现怎样的啤酒消费格局？是否最终将会有三种啤酒消费人群趋于稳定不变的情况发生？

问题的分析

这个问题是消费者有选择 3 种啤酒的哪一种消费的情况，而且消费者每月消费某种啤酒的习惯还会发生变化. 因此在设计变量时要考虑该变量既与月份有关，又与消费哪种啤酒有关的变量形式. 注意到月份和啤酒种类都是取整数值的，故可以选择二维下标变量符号来把该问题变为数学问题.

转化方法

设 $x_j = (x_{1j}, x_{2j}, x_{3j})^T$（$j = 0, 1, 2, \cdots$）表示调查开始第 j 个月三种啤酒的消费者分布. 显然，由题意有 $x_0 = (x_{10}, x_{20}, x_{30})^T = (0.2, 0.3, 0.5)^T$；$a_{ik}$ 表示原来消费第 k 种啤酒的人群下月消费第 i 种啤酒的百分比.

由题意可以有如下描述每月三种啤酒消费人群分布的数学模型：

$$x_{1j} = a_{11}x_{1j-1} + a_{12}x_{2j-1} + a_{13}x_{3j-1}$$
$$x_{2j} = a_{21}x_{1j-1} + a_{22}x_{2j-1} + a_{23}x_{3j-1}, \quad j = 1, 2, \cdots$$
$$x_{3j} = a_{31}x_{1j-1} + a_{32}x_{2j-1} + a_{33}x_{3j-1}$$

至此，我们将问题变为了数学问题.

学习过线性代数的读者会发现该问题可以用矩阵表示为

$$x_j = Ax_{j-1} = \cdots = A^j x_0, \quad j = 1, 2, \cdots \tag{9-1}$$

这里

$$0 \leqslant a_{ij} \leqslant 1 \quad \forall i, j, \quad \sum_{i=1}^{3} x_{ij} = 1, \quad A = \begin{bmatrix} a_{11} & a_{12} & a_{13} \\ a_{21} & a_{22} & a_{23} \\ a_{31} & a_{32} & a_{33} \end{bmatrix}, \quad x_j = \begin{bmatrix} x_{1j} \\ x_{2j} \\ x_{3j} \end{bmatrix}$$

由已知有

$$A = \begin{bmatrix} 0.8 & 0.2 & 0.1 \\ 0.1 & 0.1 & 0.3 \\ 0.1 & 0.1 & 0.6 \end{bmatrix}, \quad x_0 = \begin{bmatrix} 0.2 \\ 0.3 \\ 0.5 \end{bmatrix}$$

直接计算有

$$\boldsymbol{x}_1 = \begin{bmatrix} 0.27 \\ 0.38 \\ 0.35 \end{bmatrix}, \cdots, \boldsymbol{x}_8 = \begin{bmatrix} 0.442 \\ 0.357 \\ 0.201 \end{bmatrix}, \cdots, \boldsymbol{x}_{16} = \begin{bmatrix} 0.450 \\ 0.350 \\ 0.250 \end{bmatrix} = \boldsymbol{x}_{17} = \boldsymbol{x}^*$$

利用公式（9-1）有

$$\boldsymbol{x}_{17} = \boldsymbol{A}\boldsymbol{x}_{16} \Rightarrow \boldsymbol{x}^* = \boldsymbol{A}\boldsymbol{x}^*$$

由此得 $\boldsymbol{x}_k = \boldsymbol{x}^*$，$k \geq 16$. 这说明，在如上规律持续不变的情况下，从第 16 个月以后该市场随时间的发展出现啤酒消费格局不变的情况. 此时第一、二、三种啤酒消费人群比例分别为 0.45，0.35，0.25. 这说明最终将会有三种啤酒消费人群趋于稳定不变情况发生.

要解决第二个问题，也可以直接从本题所得的数学模型入手. 此时假设市场最终是趋于平稳的，看是否存在产品的最终分配解.

设 $\boldsymbol{x}_\infty$ 为终极分配解，则有

$$\boldsymbol{A}\boldsymbol{x}_\infty = \boldsymbol{x}_\infty, \quad \sum_{k=1}^{3} \boldsymbol{x}_{k\infty} = 1, \quad \boldsymbol{x}_{k\infty} \geq 0 \qquad (9-2)$$

求解该线性方程组，有解

$$\boldsymbol{x}_\infty = (0.45 \quad 0.35 \quad 0.25)^{\mathrm{T}}$$

该结果同样回答了问题（2）.

9.1.3 过河问题

3 名商人都随身带有宝物并各带 1 名随从乘船渡河. 渡河的船是只能容纳 2 人的小船，且渡船只能由他们自己划行. 这些随从心怀鬼胎做出密约：在河的两岸，一旦随从人数比商人多，就杀商人抢财宝. 不过此密约被商人得知. 好在如何乘船渡河的大权掌握在商人们手中，问商人们怎样安排每次乘船方案，才能安全渡河呢？

问题的分析

本题中商人要安全渡河，由于渡船一次只能容纳两人，故 3 名商人不可能一起乘船一次全都过河，只能分批过河. 此外，由于会发生在河岸商人少于随从时出现杀商人夺宝的情况，为避免此情况发生，一些商人或随从要多次在两岸反复过河多次. 本题的关键是用数学方法描述渡河过程中两岸的商人和随从的人数变化规律.

注意到，商人和随从是两个不相关的类别，且他们在任意时刻都是相伴出现的，如果关注在某时刻河岸商人和随从的人数情况，它表示商人和随从的一个状态，而状态概念在数学上可以用向量描述，本题中某时刻河岸商人和随从的人数可以用二维向量描述.

此外，河岸商人和随从人数的变化与渡船上商人和随从的人数有直接关系，如果称商人们要离开的河岸为此岸，则商人安排一次离开此岸的渡河方案时，则此岸商人和随

从的人数变化为减少了渡船上的商人和随从，而接着在安排一次回来的渡河方案，则渡船商人和随从上岸后，此案商人和随从的人数变化为加上渡船上的商人和随从人数，这时此案的商人和随从的人数变化正好可以用向量的加减法完成.

再者，商人每次安排渡船方案，就是作一个决策，但这个决策不是随便安排就行的，它要保证河岸不会出现商人比随从少的情况发生. 若称不会出现杀人夺宝情况的决策为允许决策，称不会出现杀人夺宝情况此案商人和随从的状态为允许状态，则本问题就是在所有允许决策中找一系列决策是此岸所有人数全都过河.

转化方法

设第 k 次渡河前此岸的商人为 x_k，随从数为 y_k，$k=1, 2, \cdots x_k, y_k=0, 1, 2, 3$，$S_k=(x_k, y_k)$ 为此岸的状态. 安全渡河条件下的状态集合称为允许状态集合，记为 S，则

$$S=\{(x, y)|x=0 \ \text{或} \ 3, y=0, 1, 2, 3; x=y=1, 2\}$$

又设第 k 次渡船上的商人数为 u_k，随从数为 v_k，$d_k=(u_k, v_k)$ 为渡船决策. 则允许决策集合为

$$D=\{(u, v)|u+v=1, 2\}$$

因为 k 为奇数时渡船从此岸驶出，k 为偶数时渡船驶回此岸，所以状态 S_k 随着决策 d_k 变化的规律可以用如下称为状态转移律的公式给出

$$S_{k+1}=S_k+(-1)^k d_k \quad k=1, 2, \cdots$$

从上面的分析可知，制定安全渡河方案归结为如下的多步决策问题：

求决策序列 $d_k \in D$，$k=1, 2, \cdots, n$，使状态 $S_k \in S$ 按照转移律 $S_{k+1}=S_k+(-1)^k d_k$，由初始状态 $S_1=(3, 3)$ 经过 n 次渡河变为 $S_{n+1}=(0, 0)$.

至此，本问题变为了数学问题，其求的结果是经过 11 次渡河就能达到安全渡河的目标，具体渡河的此岸状态变化为

3 商人 3 随从——3 商人 1 随从——3 商人 2 随从——3 商人——3 商人 1 随从——1 商人 1 随从——2 商人 2 随从——2 随从——3 随从——1 随从——2 随从——渡河成功

9.2　数 列 方 法

数列是定义在整数域上的函数，为研究方便，人们用 $a_n=f(n)$ $(n=0, 1, 2, \cdots)$ 表示. 对数列而言，人们更关注的是数列的变化趋势，特别是当 n 趋于无穷大时，数列的极限是什么. 在实际中有很多只考虑各个阶段变化情况的问题都可以归为数列问题，此时其第 n 个阶段正好对应数列的第 n 项，注意到这样的问题从阶段 n 变到阶段 $n+1$ 的一个周期内对应的数列值是不变的，利用这个特点就可以比较方便地考虑一个周期内

的情况，用数学来描述该实际问题的变化从而获得数学模型.

案例　污水处理问题

某城市的一个污水处理厂每小时可以去掉污水池中剩余污物的 15%，问一天后污水池中还剩多少污物？要多长时间才能把池中的污物减少为原来的 10%？

解　由于是关心若干个小时后污水池中剩余污物的情况，而且污水厂处理污物的效率是按小时计的，因此可以用数列描述在随后的若干小时污水池污物量. 引入数学符号如下.

设 a_n（$n=0, 1, 2, \cdots$）表示在处理开始的 n 小时后污水池中的污物量，考虑在第 n 小时到第 $n+1$ 小时的时间里，污水池中污物的变化情况，由题意有

$$\Delta a_n = a_{n+1} - a_n = -15\% a_n$$

式中的负号表示污物量的减少，于是有数学模型

$$a_n = (1-15\%)a_{n-1} = 0.85a_{n-1} = 0.85^n a_0, \quad n=0, 1, \cdots$$

至此已经把本问题化为数学问题.

因为 1 天＝24 小时，由如上模型有 1 天后污水池中还剩污物为

$$a_{24} = 0.85^{24} a_0 \approx 0.020\ 2 a_0$$

注意到 a_0 为初始时刻污水池的污物量，上面结果说明一天后可以去掉污水池约 98% 的污物. 要把池中的污物减少为原来的 10%，则有

$$a_n = 0.85^n a_0 = 10\% a_0 \Rightarrow 0.85^n = 0.1$$

得 $n = \ln 0.1/\ln 0.85 = 14.168\ 1$，说明要用 14 小时多一点时间就能使池中的污物减少为原来的 10%.

9.3　类比方法

一些实际问题没有明显的数学结构，读者必须通过对原问题合适的简化和大胆联想才能转化为数学问题. 这种方法没有一定的模式，要放开思路.

9.3.1　生物进化问题

一种生物的物种能在自然界的历史中没有灭绝或存在较长时间，按照强者生存的观点，该种生物应该是具有一代更比一代强的特点. 为了找到一种求最优值的优化算法，人们从自然界生物进化（物竞天择、适者生存）的历史得到启发，发现了其中的优化内容，然后利用数学建模方法发明了遗传算法（Genetic Algorithm，GA）.

遗传算法是模拟生物在自然环境下的遗传和进化过程而形成的一种自适应全局优化概率搜索方法，也是一种数学模型. 它借助生物遗传学的观点，通过自然选择、遗传、变异等作用机制，实现种群进化的寻优. 该算法的思想是美国密歇根大学心理系和计算

机与电子工程系的 Holland 教授在 1962 年首次提出的，经过多年的发展，已经具有比较完善的理论基础.

遗传算法提供了一种求解复杂系统优化问题的通用框架，它不依赖于问题的具体领域，对优化函数的要求很低，并且对不同种类的问题具有很强的鲁棒性，特别适用于复杂问题寻找最优解. 目前广泛应用于计算机科学、工程技术和社会科学等领域.

遗传算法最重要部分是把遗传进化现象用数学概念和知识来描述，从而成功地把生物进化问题转变为一些数学问题. 在遗传算法中有很多把遗传进化的实际问题变为数学问题的方法，可以让人们理解和学习"把实际问题变为数学问题"这个数学建模四大关键步骤之一的内容. 为了学习遗传算法中把实际问题变为数学问题的建模技术，了解其中的算法机理，要先了解有关生物学方面的知识.

9.3.2　遗传算法的生物学知识

1）生物遗传有关的概念

在自然界中，构成生物基本结构和功能的单位是**细胞**（Cell），细胞中含有的一种微小的丝状化合物称为**染色体**（Chromosome），生物的所有遗传信息都包含在这个复杂而又微小的染色体中. 生物学家研究发现，控制并决定生物遗传性状的染色体主要是由一种叫做**脱氧核糖核酸**（Deoxyribonucleic Acid 简称 DNA）的物质所构成. DNA 在染色体中有规则地排列着，它是一个大分子的有机聚合物，其基本结构单位是核苷酸，许多核苷酸通过磷酸二酯键相结合形成一个长长的链状结构，两个链状结构再通过碱基间的氢键有规律地扭合在一起，相互卷曲起来形成一种双螺旋结构. **基因**（Gene）就是 DNA 长链结构中占有一定位置的基本遗传单位. 遗传信息是由基因组成的，生物的各种性状由其相应的基因所控制，如图 9-1 所示.

生物的遗传方式有复制（Reproduction）、交叉（Crossover）和变异（Mutation）.

（1）复制

生物的主要遗传方式是复制. 遗传过程中，父代的遗传物质 DNA 被复制到子代. 即细胞在分裂时，遗传物质 DNA 通过复制而转移到新生的细胞中，新细胞就继承了旧细胞的基因.

（2）交叉

有性生殖生物在繁殖下一代时，两个同源染色体之间通过交叉而重组，亦即在两个染色体的某一相同位置处 DNA 被切断，其前后两串分别交叉组合而形成两个新的染色体.

（3）变异

在进行细胞复制时，虽然概率很小，仅仅有可能产生某些复制差错，从而使 DNA 发生某种变异，产生出新的染色体. 这些新的染色体表现出新的性状.

如此这般，遗传基因或染色体在遗传的过程中由于各种各样的原因而发生变化.

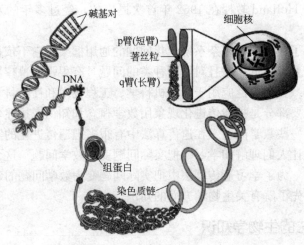

图 9-1

2）生物进化

地球上的生物，都是经过长期进化而形成的．生物在繁殖过程中，大多数生物通过遗传，使物种保持相似的后代，部分生物由于变异，后代具有明显差别，甚至形成新物种．由于生物的不断繁殖，生物数目大量增加，而自然界中生物赖以生存的资源却是有限的．因此，为了生存，生物就需要竞争获得生存的权利．生物在生存竞争中，根据对环境的适应能力，适者生存，不适者消亡．自然界中的生物，就是根据这种优胜劣汰的原则，不断地进化着．

生物的进化是以**群体**（Population）的形式进行的，该群体常称为种群．组成群体的单个生物称为**个体**（Individual），每个个体对其生存环境都有不同的适应能力，这种适应能力称为个体的**适应度**（Fitness）．

虽然人们还未完全揭开遗传与进化的奥秘，但其以下特点却为人们所共识．

① 生物的所有遗传信息都包含在其染色体中，染色体决定了生物的性状．

② 染色体是由基因及其有规律的排列所构成的，遗传和进化过程发生在染色体上．

③ 生物的繁殖过程是由其基因的复制过程来完成的．

④ 通过同源染色体之间的交叉或染色体的变异会产生新的物种，使生物呈现新的性状．

⑤ 对环境适应性好的基因经常比适应性差的基因有更多的机会遗传到下一代．

观察当前自然界中存在的某个动物群（如猴群）的繁衍过程，可以看到群中的猴王是最强壮者（高适应度），它可以有更多的机会与母猴交配繁衍，而其当猴王的时间可以多于一代以上．研究发现，生物进化的过程可以描述为：在一个种群以成功繁殖出下一代种群的进化过程中，该代种群中适应度低的个体较少具有繁殖的机会，而适应度高的个体会有更多的繁殖机会. 具有繁殖机会的个体通过复制（相当于无性繁殖或有性繁殖生物中的强者可以在下一代群体中继续存在）、交叉（相当于动物的交配）和变异（相当于进化出现返祖现象）的遗传方式使下一代种群中出现基因交叉、基因变异的新个体. 这种进化方式一代代不断重复，会出现适应度低的个体会被逐步淘汰，而适应度高的个体会越来越多. 经过 N 代的自然选择后，保存下来的个体都是适应度很高的，其中很可能包含史上产生的适应度最高的那个个体.

9.3.3　生物进化过程的数学表示

1）生物遗传进化过程

为了把生物进化的内容用数学知识来描述，以便达到把生物进化的问题变为数学问题，从如上生物遗传进化过程可以看到，完成进化的过程是先有一个由若干个体组成的种群，这些种群中的个体通过复制、交叉、突变的基因遗传（繁衍）操作方式产生新一代群体. 然后这代新群体通过竞争的选择方式产生新的种群以便进行更新一代群体的产生. 竞争特点的选择方式就是遗传进化的复制操作. 在个体竞争选择方式（由适应度控制）的作用下，使更适合竞争选择方式的"强者"的基因通过基因遗传操作方式被保留下来，产生的新群体具有更强的适应度，其中的个体有可能会进化出适应度很高的个体，如图 9-2 所示.

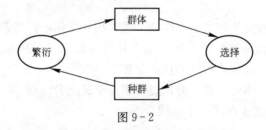

图 9-2

上面的过程可以表示为如下遗传进化流程.

① 随机选择一个种群；

② 种群的个体之间进行繁衍产生新一代群体；

③ 计算群体中每个个体的适应度；

④ 选择出新的种群并在其中再进行繁衍；

⑤ 计算新繁衍群体每个个体的适应度；

⑥ 判断新繁衍群体中是否有达到要求的个体；若有，给出该个体并退出，否则返回④.

2）数学表示

由生物学知识可知染色体包含着该生物的所有遗传信息，故可以用该生物的染色体表示该生物，而染色体主要由具有链状结构的 DNA 构成，这就使人们想到用数学中字符串表示该生物，这就把生物个体转化为数学中的字符串，其中的每个字母表示该生物的基因．于是一个生物个体对应一个字符串，而一个群体就可以用若干个字符串来表示了．通常把一个个体用某种字符串表示的处理称为编码，而由字符串找到对应个体的处理称为解码．

对于遗传学的遗传方式，在确定生物可以用字符串表示的前提和字符串每个字母实际含义的基础上，给出生物交叉的遗传方式可以定义为两个字符串对应字符段的互换，而生物变异的遗传方式可以定义为一个字符串某些字符发生变化．对于生物复制遗传方式的数学表示，注意到能够进行复制的个体通常情况下是强的个体比弱的个体有更多的机会．要表示个体的强弱，可以定义一个以个体为自变量的函数（可以形象地称为适应度函数），然后根据实际情况决定该函数的取值与个体强弱的标准．

（1）引入数学符号

个体（染色体）x：$x = a_1 a_2 \cdots a_n$，x 的第 k 个基因是 a_k，$k = 1, 2, \cdots, n$．

群体 Q：$Q = \{x_1, x_2, \cdots, x_N\}$，$x_k = a_{1k} a_{2k} \cdots a_{nk}$，$k = 1, 2, \cdots, N$．

适应度 F：个体的函数 $f(x)$，是群体到实数的映射，即 f：$Q \rightarrow R$．

（2）基因遗传操作方式的数学表示

基因遗传方式为复制、交叉和突变，它们都是以个体为对象产生新个体，这种操作在数学上表现为算子的功能，因此常称基因遗传的复制、交叉和突变操作为复制算子、交叉算子和突变算子．

交叉算子是指进行交叉的两个个体其染色体相互交错，产生两个新的个体．该新个体具有互换原来参与交叉的两个个体的基因片段的特点，互换基因段的位置叫做杂交点，是随机产生的，可以是染色体的任意位置．

交叉算子是两个个体的运算，有单点和多点交叉之分．

① 单点交叉，交叉点在第 k 个基因．

交叉前

$$x_1 = a_1 a_2 \cdots a_k \,|\, \boldsymbol{a_{k+1} a_{k+2} \cdots a_n}, \quad x_2 = b_1 b_2 \cdots b_k \,|\, \boldsymbol{b_{k+1} b_{k+2} \cdots b_n}$$

交叉后

$$y_1 = a_1 a_2 \cdots a_k \,|\, \boldsymbol{b_{k+1} b_{k+2} \cdots b_n}, \quad y_2 = b_1 b_2 \cdots b_k \,|\, \boldsymbol{a_{k+1} a_{k+2} \cdots a_n}$$

② 多点交叉，交叉点在第 k 个基因和第 m 个基因．

交叉前

$$x_1 = a_1 a_2 \cdots a_k \,|\, \boldsymbol{a_{k+1} \cdots a_m} \,|\, a_{m+1} \cdots a_n$$

$$x_2 = b_1 b_2 \cdots b_k \,|\, \boldsymbol{b_{k+1} \cdots b_m} \,|\, b_{m+1} \cdots b_n$$

交叉后

$$y_1 = a_1 a_2 \cdots a_k \,|\, \boldsymbol{b_{k+1} \cdots b_m} \,|\, a_{m+1} \cdots a_n$$

$$y_2 = b_1 b_2 \cdots b_k \,|\, \boldsymbol{a_{k+1} \cdots a_m} \,|\, b_{m+1} \cdots b_n$$

变异算子是单个个体的运算，有单基因变异和多基因变异之分.

① 单基因变异，变异点为第 k 个基因.

变异前：$x = a_1 a_2 \cdots a_{k-1} \boldsymbol{a}_k a_{k+1} \cdots a_n$

变异后：$y = a_1 a_2 \cdots \boldsymbol{a}_{k-1} b_k a_{k+1} \cdots a_n$

② 多基因变异，变异点为第 k 和第 m 个基因.

变异前：$x = a_1 \cdots a_{k-1} \boldsymbol{a_k} a_{k+1} \cdots a_{m-1} \boldsymbol{a_m} a_{m+1} \cdots a_n$

变异后：$y = a_1 \cdots a_{k-1} \boldsymbol{b_k} a_{k+1} \cdots a_{m-1} \boldsymbol{b_m} a_{m+1} \cdots a_n$

复制算子对应着遗传进化的个体选择，因此也有人把复制称为选择. 个体竞争选择方式由适应度控制，并有多种方式. 但不论哪种方式都要体现群体的个体优胜劣汰效果，该效果为适应度高的个体被选择的机会要大于适应度低的个体. 这里介绍遗传算法中常用的轮盘赌选择方法，它的基本思想是体现个体被选中的概率与其适应度函数值大小成正比，该方法蕴含着很好的用数学方法描述某种目的内容.

轮盘赌选择方法为：设 x_1，$x_2 \cdots$，x_N 是给定的 N 个个体组成的群体，$f(x_k)$ 是个体 x_k 的适应度值，满足 $f(x_k) \geqslant 0$，定义如下个体 x_k 适应度值在该群体中占比值

$$p_k = \frac{f(x_k)}{\sum\limits_{j=1}^{N} f(x_j)}$$

因为 $p_k \geqslant 0$，且 $\sum p_k = 1$，由此可以将 p_k 看成个体 x_k 的生存概率，构建该种群的分布率为

x	x_1	x_2	$\cdots$	x_N
p_k	p_1	p_2	$\cdots$	p_N

因为分布函数是单调增且值域为 $[0，1]$ 区间，令

$$F_k = p_1 + p_2 + \cdots + p_k, \quad k = 1, 2, \cdots, N$$

则有

$$p_1 = F_1 < F_2 < \cdots < F_N = 1$$

F_1，F_2，$\cdots$，F_N 把 $[0，1]$ 区间进行了划分，划分的小区间 $[F_k，F_{k+1}]$ 正好是个体 x_k 的生存概率 p_k. 选择个体的操作是用产生 $[0，1]$ 区间实数的随机数函数产生出一个随机数 r，若有 $F_k \leqslant r < F_{k+1}$，则个体 x_k 被选中. 这种选择机理同于轮盘赌选择方式，故称为轮盘赌选择法.

轮盘赌选择方式能达到适应度高的个体被选择的机会大于适应度低的个体要求，而且适应度低的个体也有被选中的机会. 注意到自然界中种群的强者可以和多个个体进行交配，这种现象可以表现为在选择中可以出现某个体被多次选中的现象，此时多次被选中的个体有多次进行交叉繁殖的操作. 通常情况下种群的规模小于群体的规模，具体种群规模的大小可以事先给定.

9.3.4　遗传算法数学模型

在实际的遗传进化中，参与繁衍的种群数目在每一代一般不是固定的，但为处理方便且有代表性，变为数学问题时将每一代的种群数设置为固定数. 此外，参与交配的个体数也是随机的，通常约占种群总数的 $60\%\sim100\%$，这个比例数常用 P_c 表示，称为交叉概率. 交叉概率反映两个被选中的个体进行杂交的概率. 例如，杂交率为 0.8，则 80% 的"夫妻"会生育后代. 每两个个体通过杂交产生两个新个体，代替原来的"老"个体，而不杂交的个体则保持不变. 种群中出现变异的个体通常很小，一般约占种群总数的 $0.1\%\sim1\%$，这个比例数常用 P_m，称为变异概率.

再者，遗传进化是一个逐步寻优的过程，这对应着数学中的迭代操作，而迭代是需要有控制条件终止的，因此在遗传进化要有满足最优个体条件的表述以找到满足条件的个体，该个体的特征在数学上表现为迭代结束的控制条件.

令 $X(i)$ 表示第 i 代群体，$X(i)=\{x_1, x_2\cdots, x_N\}$，$X(0)$ 表示初始种群，遗传算法的过程如下.

①　给定种群规模的大小 N，随机产生 N 个个体，获得初始种群 $X(0)$，记 $i=0$.

②　对种群个体进行编码，获得字符串集合.

③　计算群体 $X(i)$ 中每个个体 x_k 的适应度值 $f(x_k)$.

④　应用选择算子产生种群 $X_c(i)$.

⑤　选择一个交叉概率 P_c，得到种群 $X_c(i)$ 参与交叉的个体总数，在其中应用交叉运算产生新一代中间群体 $X_r(i+1)$.

⑥　选择一个变异概率 P_m，得到参与变异个体总数，对种群 $X_r(i+1)$ 应用变异运算产生新一代群体 $X(i+1)$；

⑦　判别新一代群体 $X(i+1)$ 中是否有满足终止条件的个体，若有把该个体解码还原该个体，终止运算；否则做下一代的进化：$i=i+1$，转③.

遗传算法最简单的一种编码方式是二进制编码，即将群体的个体用由 0 和 1 组成字符串表示，如 11100000001111111000101，当然编码不限于此.

实际上，把实际问题变为数学问题的例子在每个专业里面都有成功的案例，前面例题中的药物在体内的分布与排除问题就是药物动力学重要的药物研究模型. 从上面的例子可以看出，将实际问题转化为数学问题，一般遵循如下几个步骤.

①　掌握问题的实际背景，搜集了解必要的数据资料.

②　明确目的，通过对资料的分析，找出其主要因素，经过必要大胆的精炼、简化，提出若干符合客观实际的假设.

③　根据自己对问题的理解和熟悉的数学知识，引入数学符号和函数来描述所讨论的问题. 采用何种数学结构、数学工具要看实际问题和自己的知识而定，无固定单一的模式.

④ 建立把实际问题变为数学问题时适当辅助以图形，可以达到事半功倍的效果.

📖 习题与思考

1. (转售机器的最佳时间问题) 人们使用机器从事生产是为了获得更大的利润. 通常是把购买的机器使用一段时间后再转售出去买更好的机器. 那么一台机器使用多少时间再转售出去才能获得最大的利润是使用机器者最想知道的. 现有一种机器由于折旧等因素其转售价格 $R(t)$ 服从如下函数关系 $R(t) = \dfrac{3A}{4} e^{-\frac{t}{96}}$ (元)，这里 t 是时间，单位是周，A 是机器的最初价格. 此外，还知道在任何时间 t，机器开动就能产生 $P = \dfrac{A}{4} e^{-\frac{t}{48}}$ 的利润，问该机器使用了多长时间后转售出去能使总利润最大？最大利润是多少？机器卖了多少钱？

2. (繁殖问题) 一对刚出生的幼兔经过一个月可以长成成兔，成兔再经过一个月后可以繁殖出一对幼兔. 如果不计算兔子的死亡数，请给出在未来 24 个月中每个月的兔子对数.

3. (食谱问题) 某公司饲养实验用的动物以供出售，已知这些动物的生长对饲料中三种营养成分：蛋白质、矿物质、维生素特别敏感，每个动物每天至少需要蛋白质 70 g，矿物质 3 g，维生维 10 mg，该公司能买到 5 种不同的饲料，每种饲料 1 kg 所含营养成分如表 9 - 1 所示，每种饲料 1 kg 的成本如表 9 - 2 所示.

表 9 - 1　五种饲料单位重量 (1 kg) 所含营养成分

饲料	蛋白质/g	矿物质/g	维生素/mg
A_1	0.30	0.10	0.05
A_2	2.00	0.05	0.10
A_3	1.00	0.02	0.02
A_4	0.60	0.20	0.20
A_5	1.80	0.05	0.08

表 9 - 2　五种饲料单位重量 (1 kg) 成本

饲料	A_1	A_2	A_3	A_4	A_5
成本/元	0.2	0.7	0.4	0.3	0.5

要求既能满足动物生长需要，又使总成本最低的饲料配方，其对应的数学问题是什么？

4. 一个摆渡人欲将一只狼、一头羊和一篮白菜渡过河,由于船小,摆渡人一次最多带一物过河,并且狼与羊、羊与白菜不能离开摆渡人时放在一起,请把本问题变为数学问题,并给摆渡人设计出一种渡河方法.

5. "遗传进化数学表示"一节中有几处内容涉及把实际问题变为数学问题? 请逐一指出.

6. (最短路线问题) 从 A_0 地要铺设一条管道到 A_6 地,中间必须经过五个中间站. 第一站可以在 A_1,B_1 两地中任选一个. 类似的,第二、三、四、五站可供选择的地点分别是 $\{A_2, B_2, C_2, D_2\}$,$\{A_3, B_3, C_3\}$,$\{A_4, B_4, C_4\}$,$\{A_5, B_5\}$. 连接两点间管道的距离用图 9-3 上两点连线上的数字表示,两点间没有连线的表示相应两点间不能铺设管道,现要选择一条从 A_0 到 A_6 的铺管线路,怎样做可以使总距离最短?

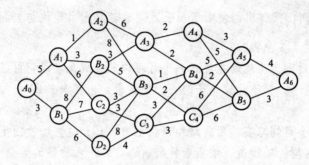

图 9-3

7. (机器负荷分配问题) 某机器可以在高低两种不同的负荷下进行生产. 在高负荷下生产时,产品年产量 $s_1 = 8u_1$,式中 u_1 为投入生产的机器数量,机器的年折损率为 $a = 0.7$,即年初完好的机器数量为 u_1,年终就只剩下 $0.7u_1$ 台是完好的,其余均需维修或报废. 在低负荷下生产,产品年产量 $s_2 = 5u_2$,式中 u_2 为投入生产的机器数量,机器的年折损率为 $b = 0.9$. 设开始时,完好的机器数为 $x_1 = 1\,000$ 台,请给出一个在每年开始时决定如何重新分配完好机器在两种不同负荷下工作数量的五年计划,使产品五年的总产量最高.

8. 参照本章的案例,给出一个把实际问题转化为数学问题的类似案例和用不同于本章介绍的转换方法的案例.

9. 数字和音乐往往是联系在一起的,一串数字可以表现一种音乐旋律. 请根据自然数 $e = 2.718\,28\cdots$ 的数字串特点及含义,用数学建模的方式为自然数 e 谱曲.

附录 A　数学建模竞赛介绍

数学建模竞赛不同于其他各种单个学科的竞赛，如数学竞赛、物理竞赛、计算机程序设计竞赛等，因为这些竞赛只涉及一门学科，甚至一门课程的知识，而数学建模竞赛涉及数学学科、计算机学科等其他许多学科，仅数学学科就涉及高等数学、线性代数、概率统计、计算方法、运筹学、图论、数学软件等方面的知识. 学生要想在数学建模竞赛中取得好成绩，除了具有以上数学知识外，还要有较好的计算机编程能力、网上查阅资料的能力及论文写作能力等. 此外他们还应有接触各种新知识的环境和兴趣. 因为数学建模的竞赛题远非只是一个数学题目，而更多是一个初看起来与数学没有联系的实际问题，它涉及的问题很广，有些还是当前尚未解决的问题，如飞行管理问题、DNA 排序问题等就是比较有代表性的数学建模考试题目. 通常数学建模题目只给出问题的描述和要达到的目的，参赛学生要做的事情就是将问题用数学语言转化成数学问题，然后在数学背景下使用计算机或数学软件来求解，最后再根据所得的解来解释和检验所给的实际问题. 与数学竞赛不同的是，数学建模赛题没有标准的正确答案，试卷的评分标准是看学生解决问题的能力和创新能力. 因此要做好一个数学建模问题并不是一件容易的事情，需要学生具有多方面的知识及对所学各种知识的综合运用，对学生来说是一个挑战.

数学建模竞赛可以培养团队精神和学生合理表达自己思想、综合运用知识的能力，所有这些对提高学生的素质都是很有帮助的，而且符合当今提倡素质教育的精神. 此外，国家已经把数学建模竞赛作为教育部认可的少数国家级竞赛之一，这使得参加数学建模的高等学校和参赛人数在快速增多，各学校也更加重视这一赛事. 我国很多省市常把每年一次的全国大学生数学建模竞赛结果作为衡量高校教学水平的一个重要指标，而在考研和毕业就业方面，很多研究生导师或应聘单位也更愿意接收参加过数学建模竞赛的学生.

我国从 1992 年起每年都举行一次全国大学生数学建模竞赛，具体参赛时间为每年 10 月左右，参赛时间长度为 3 昼夜，报名是以学校为单位报名，准备参赛的学生可以到本学校的教务处询问报名事项. 数学建模竞赛是按参赛队为单位来参赛的，每个参赛队由 3 名同学组成，且所有学过数学建模课程或了解数学建模的在校各年级的大学生都可以报名参赛. 不过能在这项赛事中取得好成绩的学生往往是那些知识面较广、喜欢接受新鲜事物和挑战、自学能力强、能吃苦、爱思考且在数学、计算机和文字表达方面至少有一方面较突出的学生.

　　除了我国的大学生数学建模竞赛外，每年的春节前后在美国还有一项国际大学生建模竞赛，该竞赛有 2 个建模竞赛组成，分别是数学建模竞赛（Mathematics Contest in Modelig，MCM）和交叉学科建模竞赛（Interdisciplinary Contestin Modeling，ICM）. 我国在校大学生也可以参加这项竞赛. 美国大学生建模竞赛从问题到解答全部使用英语，学生参加这样的竞赛既要有数学建模方面的知识和能力，又要有较高的用英语写作科技论文的水平，对参赛学生是一个较大的挑战.

　　在美国进行的国际大学生数学建模竞赛最早开始于 1985 年，从那时起每年进行一次，从未间断，且现在还在进行.

　　除了以上 2 个数学建模竞赛外，还有一个全国大学生电工数学建模竞赛也很受欢迎，该项竞赛每 2 年举办一次，且不收报名费. 竞赛时间是 12 月份.

　　有关数学建模竞赛的信息和资料在如下网站上可以看到：

http://mcm.edu.cn（全国大学生数学建模竞赛）

http://www.comap.com（国际数学建模竞赛）

http://www.cseem.jrg（全国大学生电工数学建模竞赛）

附录 B　数学建模竞赛论文写作注意事项

数学建模竞赛论文是参加数学建模竞赛的唯一标志，获奖级别主要由该论文的内容决定. 数学建模竞赛论文有标准的文章结构要求，参赛者应该按此文章结构来写作参赛论文. 因此了解数学建模竞赛论文的结构和写法是参赛学生必须知道的事情，它可以指导参赛者写出合格的论文并提高获奖等级.

一篇数学建模竞赛论文要有如下 9 部分内容：

- 摘要；
- 问题的重述；
- 模型的假设，符号和概念说明；
- 模型的建立；
- 模型的求解；
- 模型检验或误差分析；
- 模型评价；
- 参考文献；
- 附录.

这 9 部分内容在参赛论文中可以不层次分明，而且每个内容也可以不必都全部出现，只要体现其中内容即可.

摘要一般要求用一页完成，是论文的第一页，它是参赛论文的总体描述，在此中能够看到参赛者的主要研究方法、途径和结果. 摘要的内容应该写阅读者最想看到的东西，应该少些空洞的东西，当然，要注意语句之间的逻辑衔接.

文章第二页进入正文. 其第一个内容是**问题重述**，它一般把要解决的问题用自己的话简要的描述一下，该部分不要太多，把要解决的问题描述清楚即可.

接下来是**模型假设**. 根据全国组委会确定的评阅原则，基本假设的合理性很重要. 通常是根据题目中条件、题目中要求以及容易建模作出假设. 关键性假设不能缺，假设要切合题意. 模型假设后，一般是**符号和概念说明**部分，在此列举建模中出现的主要数学符号和关键概念. 完成这部分后，进入文章的主题模型建立部分.

模型建立部分要有问题分析，公式推导，基本模型，最终或简化模型等. 基本模型要有数学公式、方案等，它要求完整，正确，简明. 简化模型要说明简化思想和依据. 在问题分析推导过程中，要注意分析合乎逻辑，术语专业，依据正确，表述简明，且关键步骤要列出. 模型要实用有效，以能解决问题为最终原则. 数学建模中，不要追求数学上的：高（级）、深（刻）、难（度大）. 要遵循能用初等方法解决的、就不用高级方法；能用简单方法解决的，就不用复杂方法；能用被更多人看懂、理解的方法，就不用只能少数人看懂、理解的方法．建模创新很重要，但要切合实际，不要离题标新立异．

模型求解部分中，对自己设计的新算法要给出原理和思想．若采用现有软件求解，要说明采用此软件的理由和软件名称．计算过程中，中间结果可要可不要的，不要列出．

数学建模的创新可以提高论文的水平．该创新一般主要体现在如下方面：

(1) 在建模中．如模型本身，模型简化的好方法、好策略等；

(2) 在模型求解中．如构造效率高的算法，使用不同于传统方法的新方法等．

给出的计算结果要进行结果分析和**模型检验**，要注意结果的合理性．结果不合理或误差大时，分析原因，以此对算法或模型进行修正、改进．

模型评价要优点突出，缺点不回避．**参考文献**部分要按竞赛论文格式要求列出参考论文、书籍，凡是参考了别人的东西一定要列出，否则可能被认为是抄袭．附录中可以写较繁长的公式推导，次要数据表格等．

数学建模中要有应用意识．对要解决的实际问题，给出的结果和结论要符合实际；给出模型、方法和结果要易于理解，便于应用；要站在使用者的立场上想问题，处理问题．特别要注意的是题目中要求回答的所有问题要尽量给出结果．

附录 C　数学建模竞赛获奖论文选编

C.1　全国大学生数学建模竞赛题目和参赛论文*

C.1.1　题目：露天矿生产的车辆安排

钢铁工业是国家工业的基础之一，铁矿是钢铁工业的主要原料基地. 许多现代化铁矿是露天开采的，它的生产主要是由电动铲车（以下简称电铲）装车、电动轮自卸卡车（以下简称卡车）运输来完成. 提高这些大型设备的利用率是增加露天矿经济效益的首要任务.

露天矿里有若干个爆破生成的石料堆，每堆称为一个铲位，每个铲位已预先根据铁含量将石料分成矿石和岩石. 一般来说，平均铁含量不低于 25% 的为矿石，否则为岩石. 每个铲位的矿石、岩石数量，以及矿石的平均铁含量（称为品位）都是已知的. 每个铲位至多能安置一台电铲，电铲的平均装车时间为 5 分钟.

卸货地点（以下简称卸点）有卸矿石的矿石漏、2 个铁路倒装场（以下简称倒装场）和卸岩石的岩石漏、岩场等，每个卸点都有各自的产量要求. 从保护国家资源的角度及矿山的经济效益考虑，应该尽量把矿石按矿石卸点需要的铁含量（假设要求都为 29.5%±1%，称为品位限制）搭配起来送到卸点，搭配的量在一个班次（8 小时）内满足品位限制即可. 从长远看，卸点可以移动，但一个班次内不变. 卡车的平均卸车时间为 3 分钟.

所用卡车载重量为 154 吨，平均时速 28 公里/小时. 卡车的耗油量很大，每个班次每台车消耗近 1 吨柴油. 发动机点火时需要消耗相当多的电瓶能量，故一个班次中只在开始工作时点火一次. 卡车在等待时所耗费的能量也是相当可观的，原则上在安排时不应发生卡车等待的情况. 电铲和卸点都不能同时为两辆及两辆以上卡车服务. 卡车每次都是满载运输.

每个铲位到每个卸点的道路都是专用的宽 60 米的双向车道，不会出现堵车现象，每段道路的里程都是已知的.

一个班次的生产计划应该包含以下内容：出动几台电铲，分别在哪些铲位上；出动几辆卡车，分别在哪些路线上各运输多少次（因为随机因素影响，装卸时间与运输时间

---

* 本论文获 2003 年全国大学生数学建模竞赛一等奖. 作者：周成，陈漩，王理达. 指导教师：王兵团.

都不精确，所以排时计划无效，只求出各条路线上的卡车数及安排即可）. 一个合格的计划要在卡车不等待条件下满足产量和质量（品位）要求，而一个好的计划还应该考虑下面两条原则之一：

（1）总运量（吨公里）最小，同时出动最少的卡车，从而使运输成本最小；

（2）利用现有车辆运输，获得最大的产量（岩石产量优先；在产量相同的情况下，取总运量最小的解）.

请你就这两条原则分别建立数学模型，并给出一个班次生产计划的快速算法. 针对下面的实例，给出具体的生产计划、相应的总运量及岩石和矿石产量.

某露天矿有铲位 10 个，卸点 5 个，现有铲车 7 台，卡车 20 辆. 各卸点一个班次的产量要求：矿石漏 1.2 万吨，倒装场Ⅰ 1.3 万吨，倒装场Ⅱ 1.3 万吨，岩石漏 1.9 万吨，岩场 1.3 万吨. 铲位和卸点位置的二维示意图如图 1 所示，各铲位和各卸点之间的距离（公里）如表 1 所示.

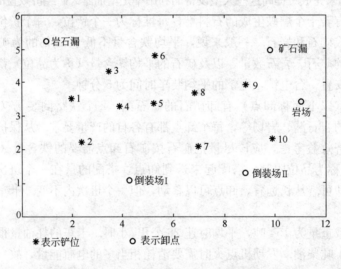

图 1

表 1　各铲位和各卸点之间的距离

	铲位 1	铲位 2	铲位 3	铲位 4	铲位 5	铲位 6	铲位 7	铲位 8	铲位 9	铲位 10
矿石漏	5.26	5.19	4.21	4.00	2.95	2.74	2.46	1.90	0.64	1.27
倒装场Ⅰ	1.90	0.99	1.90	1.13	1.27	2.25	1.48	2.04	3.09	3.51
岩　场	5.89	5.61	5.61	4.56	3.51	3.65	2.46	2.46	1.06	0.57
岩石漏	0.64	1.76	1.27	1.83	2.74	2.60	4.21	3.72	5.05	6.10
倒装场Ⅱ	4.42	3.86	3.72	3.16	2.25	2.81	0.78	1.62	1.27	0.50

各铲位矿石、岩石数量（万吨）和矿石的平均铁含量如表 2 所示.

表 2　各铲位矿石、岩石数量和矿石的平均铁含量

	铲位 1	铲位 2	铲位 3	铲位 4	铲位 5	铲位 6	铲位 7	铲位 8	铲位 9	铲位 10
矿石量	0.95	1.05	1.00	1.05	1.10	1.25	1.05	1.30	1.35	1.25
岩石量	1.25	1.10	1.35	1.05	1.15	1.35	1.05	1.15	1.35	1.25
铁含量	30%	28%	29%	32%	31%	33%	32%	31%	33%	31%

C.1.2　参赛论文

1. 摘要

在铁矿生产过程中，由于投入的资本有限，一个矿产基地所拥有的设备，以及设备的性能是一定的. 为了提高设备的利用率，使同样的投资得到最大的效益，更好地实现生产目标，我们可以通过对电铲位置、运输路线、各条路线上的运输量及车辆调度进行安排，作出合理的生产计划. 本文针对原则（1）和原则（2）分别建立了制定最优生产计划的模型.

在原则（1）即要求总运量最小、出动卡车数最少的情况下，我们把它归结为整数规划问题，把各条路线上运送的总趟数作为变元，总运量最小作为目标，建立模型Ⅰ进行求解，得到每条路线上需要运送的总趟数. 并提出了"变元数目 0 - 1 控制法"来对模型Ⅰ进行改进，通过控制 0 - 1 变元和的最大值，保证了铲车数不超过所能提供的数量. 在各卡车的路线和运输次数的安排上，我们也给出了一个具体的算法，在尽量避免等待和卡车大范围转移的前提下，通过凑零为整来安排每条路线上的卡车数，从而求得原则（1）下的最优生产计划.

在原则（2）即要求产量最大、且岩石产量优先的情况下，我们把它考虑为多目标规划问题建立模型Ⅱ，运用"分层序列法"求解. 首先以岩石产量最大为目标求最优解，然后在这个解的集合中以总产量最大为目标求最优解，最后在这些解的集合中寻找使得总运量最小的解，作为此模型的最优解. 它能快速的求解此类多目标规划问题. 在模型Ⅱ中，除了使用变元数目 0 - 1 控制法，我们还提供了一个更简便的控制铲车数目的算法——"贪心去点算法"，利用此算法可以依次去掉最差点，直到满足铲车的数目要求.

在这两个模型的求解过程中，我们充分利用了数学规划软件 Lindo，省去了烦琐的演算过程，并且通过编写 C++程序生成 Lindo 中输入的程序代码，避免了大量的手工录入，也方便数据的修改，从而使该模型更实用，更方便推广.

2. 问题重述

钢铁工业是国家工业的基础之一，铁矿是钢铁工业的主要原料基地. 露天开采铁矿的生产主要是由电动铲车装车、电动轮自卸卡车运输来完成. 为了增加露天矿的经济效益，需要制定一个好的生产计划来提高这些大型设备的利用率.

露天矿里有若干个铲位，每个铲位已预先根据铁含量将石料分成矿石和岩石. 每个

铲位的矿石、岩石数量，以及矿石的品位都是已知的．每个铲位至多能安置一台电铲，电铲的平均装车时间为 5 分钟．

卸点有卸矿石的矿石漏、2 个倒装场和卸岩石的岩石漏、岩场等，每个卸点都有各自的产量要求．把矿石按矿石卸点 29.5％±1％ 的品位限制搭配起来送到卸点，搭配的量在一个班次（8 小时）内满足品位限制即可．卸点在一个班次内不变．卡车的平均卸车时间为 3 分钟．

所用卡车载重量为 154 吨，平均时速 28 公里/小时．卡车在一个班次中只在开始工作时点火一次．卡车在安排时不应发生卡车等待的情况．电铲和卸点都不能同时为两辆及两辆以上卡车服务．卡车每次都是满载运输．

每个铲位到每个卸点的道路都是专用的双向车道，不会出现堵车现象，每段道路的里程都是已知的．

一个班次的生产计划包含：出动几台电铲，分别在哪些铲位上；出动几辆卡车，分别在哪些路线上各运输多少次．在卡车不等待、满足产量和质量要求的前提下，就以下两条原则分别建立数学模型：

（1）总运量最小，同时出动最少的卡车，从而运输成本最小；

（2）利用现有车辆运输，获得最大的产量（岩石产量优先，在产量相同的情况下，取总运量最小的解）．

并给出一个班次生产计划的快速算法．针对实例，给出具体的生产计划、相应的总运量及岩石和矿石产量．

3. 模型假设

（1）卡车每次都是一次卸完．

（2）卡车型号、性能完全相同．

（3）假设电铲的装车时间和卡车的卸车时间每次基本相同，可以用平均时间来计算．

（4）卡车在完成一趟运输之后才可能改变线路，且不考虑卡车从一条线路转到另一条所带来的消耗．

（5）铲车在一个班次内固定在一个铲位上．

4. 符号定义

对铲位和卸点进行编号如表 3 所示．

表 3　铲位、卸点编号

卸点编号	铲位编号	0	1	2	3	4	5	6	7	8	9
	铲 位 号	铲位 1	铲位 2	铲位 3	铲位 4	铲位 5	铲位 6	铲位 7	铲位 8	铲位 9	铲位 10
0	矿石漏	X_{00}	X_{01}	X_{02}	X_{03}	X_{04}	X_{05}	X_{06}	X_{07}	X_{08}	X_{09}
1	倒装场 I	X_{10}	X_{11}	X_{12}	X_{13}	X_{14}	X_{15}	X_{16}	X_{17}	X_{18}	X_{19}
2	倒装场 II	X_{20}	X_{21}	X_{22}	X_{23}	X_{24}	X_{25}	X_{26}	X_{27}	X_{28}	X_{29}

续表

铲位编号		0	1	2	3	4	5	6	7	8	9
卸点编号	铲 位 号	铲位 1	铲位 2	铲位 3	铲位 4	铲位 5	铲位 6	铲位 7	铲位 8	铲位 9	铲位 10
3	岩 场	X_{30}	X_{31}	X_{32}	X_{33}	X_{34}	X_{35}	X_{36}	X_{37}	X_{38}	X_{39}
4	岩 石 漏	X_{40}	X_{41}	X_{42}	X_{43}	X_{44}	X_{45}	X_{46}	X_{47}	X_{48}	X_{49}
0−1 变元	Y_j	Y_0	Y_1	Y_2	Y_3	Y_4	Y_5	Y_6	Y_7	Y_8	Y_9

文中使用的符号说明如下.

M——总运量（吨公里）；

N_{track}——所用卡车数；

P——总产量（吨）；

p_{Iron}——矿石产量（吨）；

p_{Rock}——岩石产量（吨）；

N_{ij}——第 j 个铲位到第 i 个卸点这条线路上所用的卡车数；

X_{ij}——第 j 个铲位到第 i 个卸点这条线路上的卡车来回的次数（决策变量）；

Y_j——限制铲车数量的 0−1 变量；

s_{ij}——第 j 个铲位到第 i 个卸点的距离（公里）；

w_i——第 i 个卸点的产量要求数（吨）；

$Iron_i$——第 i 个铲位矿石数量（吨）；

$Rock_i$——第 i 个铲位岩石数量（吨）；

μ_j——第 j 个铲位矿石的平均铁含量（％）；

q_{min}——卸点的最低品位限制（％）；

q_{max}——卸点的最高品位限制（％）；

t_w——一个班次的工作时间（小时）；

t_{load}——电铲的平均装车时间（小时）；

t_{unload}——卡车的平均卸车时间（小时）；

c——卡车的载重量（吨）；

v——卡车的速度（公里/小时）；

b——拥有铲车的数量.

5. 模型建立

1）在原则（1）的条件下进行建模

第 1 个原则要求出动的卡车数最小，我们认为在卡车数最小的情况下可以把卡车分散地安排到不同的路线上，这种情况下卡车要等待的概率比较小，所以可以先不考虑卡车的等待问题. 当出动的卡车越多，在一个班次内，卡车在不等待的前提下一直在工作，则卡车的运输量会越大，最终使总运量（吨公里）呈增长的趋势. 所以求总运量最小和求出动卡车数最少，可以看做一个同解的问题，故暂不考虑出动卡车的数．

我们把问题归结为一个整数规划的问题，目标就是使总运量 M 最小．如前面所说，当卡车在铲位和卸点之间来回的次数越多，运量就越多，就认为次数在一定程度上制约了运量，引入 X_{ij}（第 j 个铲位到第 i 个卸点这条线路上的卡车来回的次数）作为决策变量，根据假设（4）可以知道，X_{ij} 为整数，且 $X_{ij} \geqslant 0$．从第 j 个铲位到第 i 个卸点的运量为 $s_{ij} X_{ij} c$，则 $M = \sum\limits_{i=0}^{4} \sum\limits_{j=0}^{9} s_{ij} X_{ij}$．

每个铲位至多能安置一台电铲，电铲的平均装车时间 t_{load} 为 5 分钟．在理想条件下，假设铲车可以不停的工作，则在一个班次内，一个铲位上的铲车最多可以装车 $\dfrac{t_{\text{w}}}{t_{\text{load}}}$ 次．因此，要求

$$\sum_{i=0}^{4} X_{ij} \leqslant \frac{t_{\text{w}}}{t_{\text{load}}}$$

同理，已知卡车的平均卸车时间为 3 分钟，在一个卸点最多可以卸车 $\dfrac{t_{\text{w}}}{t_{\text{unload}}}$ 次，又可以得到

$$\sum_{j=0}^{9} X_{ij} \leqslant \frac{t_{\text{w}}}{t_{\text{unload}}}$$

每个卸点都有各自的产量要求，生产计划必须在一个班次内完成，所以往一个卸点运送的矿石，其岩石总量 $\sum\limits_{j=0}^{9} X_{ij} c$ 至少不能低于卸点的产量要求 w_i．这也作为一个约束条件．

每个铲位的矿石、岩石数量一定，卡车不可能从一个铲位源源不断地运矿石和岩石．一个班次内，从这个铲位运出的矿石产量 $\sum\limits_{i=0}^{2} X_{ij} c$ 不能超过这个铲位所含有的矿石量 Iron_i；从这个铲位运出的岩石产量 $\sum\limits_{i=3}^{4} X_{ij} c$ 也不能超出含有的岩石量 Rock_i，故可以列出如下不等式．

$$\sum_{i=0}^{2} X_{ij} c \leqslant \text{Iron}_i \quad (j = 0, 1, \cdots, 8, 9)$$

$$\sum_{i=3}^{4} X_{ij} c \leqslant \text{Rock}_i \quad (j = 0, 1, \cdots, 8, 9)$$

在实际中，还要求最终在一个班次内卸点的全部矿石需要满足 $29.5\% \pm 1\%$ 的品位限制．品位（含铁量/矿石量）的最低限制 $q_{\min}$ 为 28.5%，最高限制 $q_{\max}$ 为 30.5%．一个卸点矿石的品位由 $\sum\limits_{j=0}^{9} X_{ij} c \mu_j \Big/ \sum\limits_{j=0}^{9} X_{ij} c$ 求出，要求

$$
\begin{cases}
q_{\min} \leqslant \dfrac{\displaystyle\sum_{j=0}^{9} X_{ij} c \mu_j}{\displaystyle\sum_{j=0}^{9} X_{ij} c} \\[6mm]
\dfrac{\displaystyle\sum_{j=0}^{9} X_{ij} c \mu_j}{\displaystyle\sum_{j=0}^{9} X_{ij} c} \leqslant q_{\max}
\end{cases}
$$

将上面的不等式化简，得

$$
\begin{cases}
\displaystyle\sum_{j=0}^{9} (\mu_j - q_{\min}) X_{ij} \geqslant 0 & (i = 0, 1, 2) \\[6mm]
\displaystyle\sum_{j=0}^{9} (\mu_j - q_{\max}) X_{ij} \leqslant 0 & (i = 0, 1, 2)
\end{cases}
$$

考虑到 X_{ij} 的非负性，得到第（8）个约束条件. 至此，可以建立如下的整数规划模型.

模型 I　　目标函数　　　$\min M = c \displaystyle\sum_{i=0}^{4} \sum_{j=0}^{9} s_{ij} X_{ij}$

　　　　　约束条件

$$
\begin{cases}
\displaystyle\sum_{i=0}^{4} X_{ij} \leqslant \dfrac{t_{\mathrm{w}}}{t_{\mathrm{load}}} & (j = 0, 1, \cdots, 8, 9) \\[5mm]
\displaystyle\sum_{j=0}^{9} X_{ij} \leqslant \dfrac{t_{\mathrm{w}}}{t_{\mathrm{unload}}} & (i = 0, 1, \cdots, 4) \\[5mm]
\displaystyle\sum_{j=0}^{9} X_{ij} c \geqslant w_i & (i = 0, 1, \cdots, 4) \\[5mm]
\displaystyle\sum_{i=0}^{2} X_{ij} c \leqslant \mathrm{Iron}_i & (j = 0, 1, \cdots, 8, 9) \\[5mm]
\displaystyle\sum_{i=3}^{4} X_{ij} c \leqslant \mathrm{Rock}_i & (j = 0, 1, \cdots, 8, 9) \\[5mm]
\displaystyle\sum_{j=0}^{9} (\mu_j - q_{\min}) X_{ij} \geqslant 0 & (i = 0, 1, 2) \\[5mm]
\displaystyle\sum_{j=0}^{9} (\mu_j - q_{\max}) X_{ij} \leqslant 0 & (i = 0, 1, 2) \\[5mm]
X_{ij} \geqslant 0 & (i = 0, 1, \cdots, 4; j = 0, 1, \cdots, 8, 9)
\end{cases}
$$

考虑到目标函数与决策变量的函数关系复杂，以及限制条件过多，推荐使用数学软件进行此整数规划问题的求解，求出的结果将在下面"模型求解及验证"中给出.

在模型 I 中，我们并没有考虑铲车的数量，但按题中条件求解得到的结果中铲车数恰能满足要求（具体求解方法见下面的"模型求解"）. 但是实际情况中铲车的数量总是有限的，可能比铲位的数量 10 要小，在用模型 I 求解时有可能会得出铲车数量比实际铲车数量要大. 为解决这个问题，我们引进 10 个 0 - 1 变元 Y_j，令

$$Y_j = \begin{cases} 0, & \text{当第 } j \text{ 个铲位没有铲车工作} \\ 1, & \text{当第 } j \text{ 个铲位有铲车工作} \end{cases} \quad (j = 0, 1, \cdots, 8, 9)$$

此时目标函数改为 $\min \sum\limits_{i=0}^{4} \sum\limits_{j=0}^{9} s_{ij} X_{ij} Y_j$. 当 $Y_j = 0$ 时，这个铲位的产量将不再考虑，目标函数中只有 $Y_j = 1$ 的铲位起作用，并增加一个约束条件 $\sum\limits_{j=0}^{9} Y_j \leqslant b$，在此条件下求出的最优解铲车符合实际的数量. 改进后的模型 I 如下.

目标函数　　　　　　　$\min M = c \sum\limits_{i=0}^{4} \sum\limits_{j=0}^{9} s_{ij} X_{ij} Y_j$

约束条件

$$\begin{cases} \sum\limits_{i=0}^{4} X_{ij} Y_j \leqslant \dfrac{t_w}{t_{load}} & (j = 0, 1, \cdots, 8, 9) \\[3mm] \sum\limits_{j=0}^{9} X_{ij} Y_j \leqslant \dfrac{t_w}{t_{unload}} & (i = 0, 1, \cdots, 4) \\[3mm] \sum\limits_{j=0}^{9} X_{ij} Y_j c \geqslant w_i & (i = 0, 1, \cdots, 4) \\[3mm] \sum\limits_{i=0}^{2} X_{ij} Y_j c \leqslant \text{Iron}_i & (j = 0, 1, \cdots, 8, 9) \\[3mm] \sum\limits_{i=3}^{4} X_{ij} Y_j c \leqslant \text{Rock}_i & (j = 0, 1, \cdots, 8, 9) \\[3mm] \sum\limits_{j=0}^{9} (\mu_j - q_{min}) X_{ij} Y_j \geqslant 0 & (i = 0, 1, 2) \\[3mm] \sum\limits_{j=0}^{9} (\mu_j - q_{max}) X_{ij} Y_j \leqslant 0 & (i = 0, 1, 2) \\[3mm] X_{ij} \geqslant 0 & (i = 0, 1, \cdots, 4; j = 0, 1, \cdots, 8, 9) \\[3mm] \sum\limits_{j=0}^{9} Y_j \leqslant b \end{cases}$$

这是一个二维线性规划问题，我们可以用拉格朗日乘数法来降低维数，转换成一维线性规划问题再进行求解，但是求解过程相对复杂.

一个具体的生产计划应该包括每一辆车在各条路线上运输的趟数. 使用上面的模型 I 得到各条路线上的总趟数后，我们要做的就是安排每条路线上卡车数的算法，以及每

辆卡车跑多少趟的算法. 因为已经得到了各条路线上的运输总趟数, 所以我们可以方便地求出所需的最少卡车数为

$$\sum_i \sum_j X_{ij} \cdot \frac{\left(2\dfrac{s_{ij}}{v} + t_{\text{load}} + t_{\text{unload}}\right)}{8}$$

当然这个数目会是一个小数, 需要把它向上取整. 分配到每条路线上之后又存在一辆车在 8 小时内跑的趟数不是整数的问题. 为了解决这些问题我们做出如下算法.

算法目标 已知每条路线上需要的来回趟数 X_{ij}、各点之间的距离 s_{ij}、卡车速度 v、装卸车时间 t_{load} 和 t_{unload}, 求各辆车一个班次在各条线路上运输的趟数.

算法描述 (1) 每辆卡车在线路 v_{ij} (卸点为 i, 铲点为 j) 上来回一趟所需时间 $T = \left(\dfrac{2s_{ij}}{v} + t_{\text{load}} + t_{\text{unload}}\right)$, 8 小时卡车能在该路线走的趟数为 $\dfrac{8}{T}$, 一条路线所需车工作日 (即一辆车工作一天) 的理论值为趟数 $\text{N\_Truck}_{ij} = \dfrac{X_{ij}}{8/T}$. 一般来说, N_Truck_{ij} 是一个小数.

(2) 对每一个 N_Truck_{ij}, 用高斯函数取整, 得到路线 v_{ij} 上需要的整车数 $[\text{N\_Truck}_{ij}]$, 在这条路线上安排 $[\text{N\_Truck}_{ij}]$ 辆 "固定车" 跑全天.

(3) 对剩余的小数部分 $\text{R\_Truck}_{ij} = \text{N\_Truck}_{ij} - [\text{N\_Truck}_{ij}]$, 利用 "自由车" 来完成. 首先对卸点相同的路线求和, 得到 $\text{UnLoad}_i = \sum_j \text{R\_Truck}_{ij}$, 再对 UnLoad_i 用高斯函数取整, 得到运往相同卸点的 "卸点自由车" 数目 $[\text{UnLoad}_i]$. 安排卡车时按从 1 到 10 的顺序依次凑整, 不能凑整的剩余部分划到下一步.

(4) 对 UnLoad_i 的剩余小数部分 $\text{R\_UnLoad}_i = \text{UnLoad}_i - [\text{UnLoad}_i]$, 求和得 $\text{R\_UnLoad} = \sum_i \text{R\_UnLoad}_i$, 所有卸点剩余所需卡车数为 $[\text{R\_UnLoad}]+1$, 再依次凑整.

(5) 以上四步得到的是每条路线上所需的车工作日的值. 要得到趟数, 需再乘以每辆车一天在这条路线上能运的趟数并取整, 这样势必会使一部分线路上实际的趟数略少于需要的总趟数, 这些少的趟数可以由最后一辆全局 "自由车" 来完成.

卡车的时间安排: ①"固定车" 在固定的路线上运输整个班次; ②为避免卡车大规模的转移, "自由车" 应在运输完一条路线上分给它的任务后再转移到别的路线, 而且最好是上一个卸点和下一个铲点相连.

算法分析 这个算法有三个层次, 首先是确定 "固定车" 的数量和路线安排, 其次是对卸点相同的 "卸点自由车" 的数量和路线进行安排, 最后由 "全局自由车" 完成一些零碎的任务. 这样既能保证所有的任务顺利完成, 又能使车辆尽量分散, 避免等待. 算法本身并不复杂, 可以通过编程实现.

2) 在原则 (2) 的条件下进行建模

在第 2 个原则下, 我们可把它归结为一个多目标的整数规划问题, 用和建立模型 I

相似的方法，可以很容易地建立如下模型.

模型Ⅱ　目标函数

$$\max c\sum_{i=3}^{4}\sum_{j=0}^{9}X_{ij}$$

$$\max c\sum_{i=0}^{4}\sum_{j=0}^{9}X_{ij}$$

$$\min c\sum_{i=0}^{4}\sum_{j=0}^{9}s_{ij}X_{ij}$$

约束条件

$$
\begin{cases}
\displaystyle\sum_{i=0}^{4}X_{ij}\leqslant\frac{t_{\mathrm{w}}}{t_{\mathrm{load}}}\quad(j=0,1,\cdots,8,9)\\[3mm]
\displaystyle\sum_{j=0}^{9}X_{ij}\leqslant\frac{t_{\mathrm{w}}}{t_{\mathrm{unload}}}\quad(i=0,1,\cdots,4)\\[3mm]
\displaystyle\sum_{j=0}^{9}X_{ij}c\geqslant w_i\quad(i=0;1,\cdots,4)\\[3mm]
\displaystyle\sum_{i=0}^{2}X_{ij}c\leqslant\mathrm{Iron}_i\quad(j=0,1,\cdots,8,9)\\[3mm]
\displaystyle\sum_{i=3}^{4}X_{ij}c\leqslant\mathrm{Rock}_i\quad(j=0,1,\cdots,8,9)\\[3mm]
\displaystyle\sum_{j=0}^{9}(\mu_j-q_{\min})X_{ij}\geqslant0\quad(i=0,1,2)\\[3mm]
\displaystyle\sum_{j=0}^{9}(\mu_j-q_{\max})X_{ij}\leqslant0\quad(i=0,1,2)\\[3mm]
X_{ij}\geqslant0\quad(i=0,1,\cdots,4;\ j=0,1,\cdots,8,9)\\[3mm]
\displaystyle\sum_{i=0}^{4}\sum_{j=0}^{9}X_{ij}\left(\frac{s_{ij}\times2}{v}+t_{\mathrm{load}}+t_{\mathrm{unload}}\right)\leqslant t_{\mathrm{w}}\cdot\max N_{\mathrm{track}}
\end{cases}
$$

此模型的约束条件同模型Ⅰ相比只增加了最后一个，这个条件对最大工作时间 8 小时，以及最大卡车数 20 辆进行了约束，也就是所有参加运输的卡车工作时间的总和一定小于8（小时）×20＝160（小时）.

这个模型中虽然有多个目标函数，但是它们之间并不是并列的关系，而是有明确的主次之分. 我们首先要考虑的是岩石产量最大，然后在岩石产量最大的基础上再求总产量的最大值，也就是矿石产量的最大值. 在以上结果最大的情况下，如果出现多组解，则再从中选择总运量最小的解作为最优解. 经过分析后我们认为可以使用运筹学中的"分层序列法"求解，每次都在上一层的解集中求新目标的最优解，也就是将上一层求得的结果作为这一层的约束条件再次进行整数规划，直到实现所有目标.

对每一层进行求解时仍使用模型Ⅰ中求总运量最小时所采用的整数规划求解方法，并仍然先在不考虑铲车数目的情况下进行计算，然后再对 7 辆铲车的情况进行讨论.

在第一层算法中，可以不对铲车的数目进行讨论，因为它除了满足岩石产量最大的要求外，并没有对矿石产量进行其他限制．也就是说，矿石产量和运法会有很多种可能，对应铲点的安排也有很多种，其中总有满足 7 辆铲车的情况，所以在第一层算法中对铲车数目进行限制是没有必要的．

第二层算法中，把第一层算法得到的最大岩石产量作为了一个新的约束条件，从而求得岩石产量最大情况下的最大总产量．

此算法得到结果后，岩石产量和矿石产量都已经是唯一确定的了，这时要达到这个最大的产量要求，必定有固定的运输路线和所运趟数与其相对应，结合实际情况考虑这个运法即使不惟一也只有有限的几组，而在有限几组解的情况下，就可能出现对铲车数目的要求都大于 7 台的情况，这时就必须考虑题目中对铲车数目的限制，对模型进行改进．所以，我们提出以下两种改进算法．

(1) 变元数目 0-1 控制法

我们仍可以采用原则 (1) 下建模时提出的"变元数目 0-1 控制法"，对上面的第二层算法进行改进．具体算法如下．

目标函数
$$\max c \sum_{i=0}^{4} \sum_{j=0}^{9} X_{ij} Y_j$$

约束条件

$$\begin{cases} \displaystyle\sum_{i=0}^{4} X_{ij} Y_j \leqslant \frac{t_{\mathrm{w}}}{t_{\mathrm{load}}} \quad (j = 0, 1, \cdots, 8, 9) \\[2ex] \displaystyle\sum_{j=0}^{9} X_{ij} Y_j \leqslant \frac{t_{\mathrm{w}}}{t_{\mathrm{unload}}} \quad (i = 0, 1, \cdots, 4) \\[2ex] \displaystyle\sum_{j=0}^{9} X_{ij} Y_j c \geqslant w_i \quad (i = 0, 1, \cdots, 4) \\[2ex] \displaystyle\sum_{i=0}^{2} X_{ij} Y_j c \leqslant \mathrm{Iron}_i \quad (j = 0, 1, \cdots, 8, 9) \\[2ex] \displaystyle\sum_{i=3}^{4} X_{ij} Y_j c \leqslant \mathrm{Rock}_i \quad (j = 0, 1, \cdots, 8, 9) \\[2ex] \displaystyle\sum_{j=0}^{9} (\mu_j - q_{\min}) X_{ij} Y_j \geqslant 0 \quad (i = 0, 1, 2) \\[2ex] \displaystyle\sum_{j=0}^{9} (\mu_j - q_{\max}) X_{ij} Y_j \leqslant 0 \quad (i = 0, 1, 2) \\[2ex] X_{ij} \geqslant 0 \quad (i = 0, 1, \cdots, 4; j = 0, 1, \cdots, 8, 9) \\[2ex] \displaystyle\sum_{i=0}^{4} \sum_{j=0}^{9} X_{ij} Y_j \left(\frac{s_{ij} \times 2}{v} + t_{\mathrm{load}} + t_{\mathrm{unload}} \right) \leqslant t_{\mathrm{w}} \cdot \max N_{\mathrm{track}} \\[2ex] c \displaystyle\sum_{i=3}^{4} \sum_{j=0}^{9} X_{ij} Y_j = \max c \sum_{i=3}^{4} \sum_{j=0}^{9} X_{ij} Y_j \end{cases}$$

其中，Y_j 为 $0-1$ 变元，满足如下条件

$$Y_j = \begin{cases} 0, & \text{当第 } j \text{ 个铲位没有铲车工作} \\ 1, & \text{当第 } j \text{ 个铲位有铲车工作} \end{cases} \quad (j=0,1,\cdots,8,9)$$

对此算法求解时，需要解决的是一个二次整数规划问题，在有大量变元的情况下求解起来有较大的难度.

（2）贪心去点算法

在对问题进行初步计算时发现，即使在不考虑铲车数目的情况下，一些铲点也是很少使用，甚至是几乎不使用的，因此我们想到能不能找出这些点来，从而满足只有 7 辆铲车的条件. 经过讨论，我们提出了"贪心去点算法". 它的思想是：每次取出一个不使用的铲位，结合第二层算法，算出产量的最大值；然后将分别去掉这 10 个铲位时得到的最大值进行比较，找出一个最大值，它所对应的去掉的点就是第一个应该去掉的铲位. 具体算法流程如图 2 所示（用框图表示）.

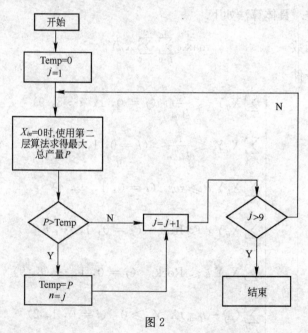

图 2

这个算法运算完成后 n 对应的铲位就是应该被去掉的铲位，Temp 中的值就是去掉一个铲位后的最大产量. 确定去掉的第一个铲位后，再次使用这个算法进行运算，找到应该去的第二个点（令 $X_{in}=0$，分别求另外 9 个铲点中某一个不用时的最大产量）. 同样的方法也可以找到第三个应该去掉的铲位，这样就能做到满足只有 7 辆铲车的条件，并求出此时产量的最大值.

算法评价　① 此算法时间复杂度小，循环次数为剩下的铲位数，是一个较少的数值，而且多次使用后的运算量为各次运算量的和，因此运算效率较高.

② 这个算法不仅局限于有 7 辆铲车的情况，当铲车数目为其他值时也一样可以使用．也就是说，可以对所有铲位的优劣给出一个排序结果，这样在实际应用中当铲车数目改变时能方便地给出一个快速的算法．

③ 有可能出现去掉某些点时所得最大产量相同的情况，但是这在条件繁多的实际问题中出现的可能并不是很大，即使出现了也不会有很多的相同情况．这时只要对这些相同情况分开讨论，同时用这个算法进行比较就可以了，并没有增加多少运算量．

④ "贪心去点算法"是说它并没有考虑全所有的可能性，从理论上说并不能保证运算出的结果一定是最优的，但是它进行的是一种最大可能性的运算，也就是说它的结果最可能是优的．出于实际应用的考虑，我们认为这个算法已经是可以接受的了，而且也避开了大量的运算．

第三层算法在第二层算法的基础上，把第二层算法中得到的最大产量作为了一个新的约束条件，再选择一些不用的铲位将它们去掉，也就是在上面求得的多组解中再寻求最优解．从而求得满足第一层算法和第二层算法情况下都有最小总运量的解．

6. 模型求解

1）对模型 I 进行求解

我们选用能够对整数规划问题进行快速求解的数学软件 Lindo 来对上面建立的模型 I 进行求解，得到结果为：最小总运量 85 845.76 吨公里，此时卡车载货运行的总路程为 557.44 公里，对应的 X_{ij} 的解如表 2 所示．

图 3 表示了此解对应的线路及趟数．这时铲位 5、6、7 没有使用，7 辆铲车正好可以放在其他 7 个铲位，符合题目中 7 辆铲车的要求，所以不需再用 "0 - 1 变元控制法" 进行计算．

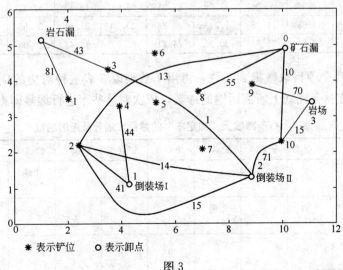

图 3

2）车辆安排求解

先利用算法中的公式求出所需的最小卡车数为 12.61，向上取整得最少卡车数为 13 辆. 使用上面的车辆安排算法进行求解，整个求解过程通过表 4～表 6 来表示.

表 4　各路线所需实际趟数

	铲点 1	铲点 2	铲点 3	铲点 4	铲点 5	铲点 6	铲点 7	铲点 8	铲点 9	铲点 10
矿石漏	0	13	0	0	0	0	0	55	0	10
倒装场 I	0	41	0	44	0	0	0	0	0	0
倒装场 II	0	14	1	0	0	0	0	0	0	71
岩　场	0	0	0	0	0	0	0	0	70	15
岩石漏	81	0	43	0	0	0	0	0	0	0

表 5　每条路线上所需卡车数的理论值（非整数值）

	铲点 1	铲点 2	铲点 3	铲点 4	铲点 5	铲点 6	铲点 7	铲点 8	铲点 9	铲点 10
矿石漏	0	0.819	0	0	0	0	0	1.850	0	0.280
倒装场 I	0	1.046	0	1.177	0	0	0	0	0	0
倒装场 II	0	0.716	0.050	0	0	0	0	0	0	1.500
岩　场	0	0	0	0	0	0	0	0	1.829	0.326
岩石漏	1.813	0	1.204	0	0	0	0	0	0	0

表 6　一辆车每条线路能运输的最大趟数

	铲点 1	铲点 2	铲点 3	铲点 4	铲点 5	铲点 6	铲点 7	铲点 8	铲点 9	铲点 10
矿石漏	15.72	15.87	18.43	19.09	23.25	24.31	25.89	29.73	44.68	35.71
倒装场 I	29.73	39.21	29.73	37.37	35.71	27.21	33.47	28.67	22.60	20.83
倒装场 II	17.82	19.56	20.05	22.28	27.21	23.95	42.32	32.12	35.71	47.32
岩　场	14.44	14.98	14.98	17.43	20.83	20.30	25.89	25.89	38.27	45.96
岩石漏	44.68	30.88	35.71	30.30	24.31	25.07	18.43	20.05	16.19	14.06

对表 5 中每个项目取整得到车数，再用车数乘以 3 表三种对应的项目中的值再取整，得到该车在这条路线上所需运输的趟数，依次对这些车进行编号即得表 7.

表 7　每条路线上"固定车"的数目、编号及走的趟数

	铲点 1	铲点 2	铲点 3	铲点 4	铲点 5	铲点 6	铲点 7	铲点 8	铲点 9	铲点 10
矿石漏	0	0	0	0	0	0	0	1 辆 29(a)	0	
倒装场 I	0	1 辆 39(b)	0	1 辆 37(c)	0	0	0	0	0	0
倒装场 II	0	0	0	0	0	0	0	0	0	1 辆 47(d)

续表

	铲点 1	铲点 2	铲点 3	铲点 4	铲点 5	铲点 6	铲点 7	铲点 8	铲点 9	铲点 10
岩 场	0	0	0	0	0	0	0	0	1 辆 38(e)	0
岩 石 漏	1 辆 4(f)	0	1 辆 35(g)	0	0	0	0	0	0	0

由表 5 及表 7 可以得到经过分配"固定车"后的剩余部分，然后再结合表 6 得到每条线路上的趟数，最后对它们依次编号，得表 8.

表 8 卸点"自由车"的安排

	铲点 1	铲点 2	铲点 3	铲点 4	铲点 5	铲点 6	铲点 7	铲点 8	铲点 9	铲点 10
矿石漏	0	0.819(h) 13(h)	0	0	0	0	0	0.181(h) 5(h) 0.669	0	0.280
倒装场 I	0	0.046	0	0.177	0	0	0	0	0	0
倒装场 II	0	0.716(i)	0.050(i) 1(i)	0	0	0	0	0	0	0.234 11(i) 0.266
岩 场	0	0	0	0	0	0	0	0	0.829(j) 31(j)	0.171(j) 7 (j) 0.155
岩石漏	0.813(k) 36(k)	0	0.187(k) 6(k) 0.017	0	0	0	0	0	0	0

依次凑足"1"，算得需要趟数，再编号，即得表 9.

表 9 去掉卸点"自由车"后剩余小数部分及全局"自由车"的安排

	铲点 1	铲点 2	铲点 3	铲点 4	铲点 5	铲点 6	铲点 7	铲点 8	铲点 9	铲点 10
矿石漏	0	0	0	0	0	0	0	0.669(l) 19(l)	0	0.280(l) 10(l)
倒装场 I	0	0.046(l) 0(l)	0	0.177(l) 4(l)	0	0	0	0	0	0
倒装场 II	0	0	0	0	0	0	0	0	0	0.266 12(m)
岩 场	0	0	0	0	0	0	0	0	0	0.326(m) 15(m)
岩石漏	0	0	0.017(m) 0(m)	0	0	0	0	0	0	0

综合表 4、表 5、表 6 的数据，可得每辆车在每条路线上所运输的趟数，项目中的整数值代表趟数，括号中的字母表示编号. 每条路线上因为取整所少的趟数由最后一辆"自由车"来补足.

从最后的结果可以看到，"固定车"为 7 辆，分别在不同的铲点，每个铲点一个，这样可以减轻铲点的负担. 卸点"自由车"和全局"自由车"都承担几条路线的运输任务，这样可以便于它们调整路线，避免发生等待，如表 10 所示.

表 10　总 的 安 排

	铲点 1	铲点 2	铲点 3	铲点 4	铲点 5	铲点 6	铲点 7	铲点 8	铲点 9	铲点 10
矿石漏	0	13(h)	0	0	0	0	0	29+a) 5(h) 19(l) 2(m)	0	10(l)
倒装场 I	0	39(b)	0	37(c) 4(l) 3(m)	0	0	0	0	0	0
倒装场 II	0	14(i)	1(i)	0	0	0	0	0	0	47(d) 11(i) 12(m) 1(m)
岩 场	0	0	0	0	0	0	0	38(e) 31(j) 1(m)	15 (m)	
岩石漏	44(f) 36(k) 1(m)	0	35(g) 6(k) 2(m)	0	0	0	0	0	0	0

我们在总运量最小、出动卡车数最少的情况下给出了尽量避免发生冲突的生产计划，并且还兼顾了做尽可能少的路线调整，应该说我们对原则（1）情况下建立模型的解决是非常理想的.

3）对模型 II 进行求解

运用"分层序列法"按原则（2）达到的要求目标，根据题目中给出的数据进行求解，主要使用软件 Lindo 进行. 第一层算法的解为：岩石的最大产量 49 280 吨，此时送岩石共用的趟数为 320 趟. 第二层使用"贪心去点算法"对模型进行改进后再进行求解，解为：最大产量为 103 488 吨，此时所有车跑的总趟数为 672 趟. 并且在满足如上产量的情况下，我们得到了如下四种去掉三个铲位的方案（也就是四种 7 台铲车的分配方案），即去掉铲位 5、6、7，去掉铲位 5、6、8，去掉铲位 4、5、6，去掉铲位 4、6、7. 而且每种方案对每条线路上跑多少趟求解得到的结果也并不惟一，所以我们需要进行第三层算法，求总运量最小的解. 第三层算法的解为：满足上面求得的产量最大时，最小总运量为 146 888.28 吨公里，此时卡车载货运行的总路程为 953.82 公里，这时铲位 5、6、7 没有使用，也就是 7 台铲车放在其他的 7 个铲位. 具体的使用路线及其所要走的总趟数如下.

$$X_{02} \quad 35 \qquad X_{07} \quad 28 \qquad X_{08} \quad 15$$
$$X_{10} \quad 24 \qquad X_{11} \quad 68 \qquad X_{13} \quad 68$$
$$X_{22} \quad 29 \qquad X_{27} \quad 56 \qquad X_{29} \quad 29$$
$$X_{37} \quad 12 \qquad X_{38} \quad 81 \qquad X_{39} \quad 67$$
$$X_{40} \quad 72 \qquad X_{41} \quad 28 \qquad X_{42} \quad 32 \qquad X_{43} \quad 28$$

图 4 表示此解对应的线路及趟数. 得到这样唯一的合理结果，也说明了我们所采用的"贪心去点算法"的正确性.

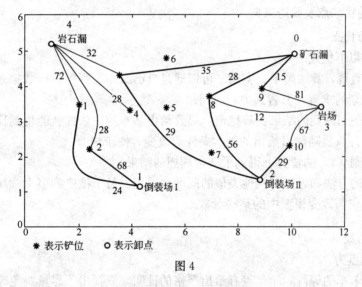

图 4

此模型中具体每条路线上的卡车数及各车跑的趟数，可以用和模型 I 中相同的车辆安排算法求解并讨论，此处不再赘述.

7. 验证与误差分析

每条路线上运输的总趟数主要与路线长度和品级搭配有关，从模型 I 的结果中可以看到，在品级相近的情况下，路线越长，运输趟数越少. 没有放置铲车的三个铲位，要么是品级太高不合适，要么就是位置不好. 这些合理的结果都验证了算法的正确性.

从车辆安排的结果可以看到，"固定车"为 7 辆，分别在不同的铲点，每个铲点一个，这样可以减轻铲点的负担. 卸点"自由车"和全局"自由车"都承担几条路线的运输任务，这样可以便于它们调整路线，最大限度地避免等待的发生.

车辆安排算法中，因为卡车数目、所跑趟数都只能为整数，所以在凑"1"、趟数取整安排车辆时会带来一定的误差. 但是因为模型 I 中使用的实际卡车数目是理论值的向上取整，如 12.61 向上取整按 13 辆算，也就是说用的车要比理论值多出不到一辆，经过计算可以认为这多出的部分在绝大多数情况下可以抵消趟数取整、凑"1"时的误差，这样仍能保证所求结果的正确性.

但是在原则（2）下，因为要实现的是最大运量，所以 20 辆车在正常情况下是会全部使用的. 这时就没有卡车数向上取整的部分来抵消趟数取整、凑"1"时带来的误差，也就是说不可能实现理论上求得的安排，所以实际完成的产量会比理论的最大值小一些.

在使用 Lindo 进行求解的过程中，我们先后使用了 6.01 和 6.1 两个版本，它们有时会算出不完全一致的结果. 例如，分别用这两个版本对模型 I 求解就出现了误差，用 6.1 版本算出的结果要稍好一点. 但是这些误差相对于总量来说都是很小的，基本上可以忽略不计. 基于上述考虑，我们在求解问题时尽量使用 Lindo 6.1 版进行计算.

8. 模型的优缺点及改进方向

1）模型的优点

模型具有以下优点.

（1）方法直观，算法简单、实用. 可以通过自己编写的程序进行数据录入，通过软件实现整数规划的求解，节省人力和时间.

（2）整数规划得到的结果比较稳定，只要给出基本约束条件就能得到比较理想的结果. 而约束条件只是随题目给出的基本条件而改变，便于修改.

（3）在原则（1）的情况下得到了非常理想的结果.

（4）建模的方法和思想对其他类似的问题也适用，易于推广到多个领域，当与类似问题结合时，仅需改变模型中的某些参数.

2）模型的缺点

模型的缺点为：

（1）对于卡车的等待问题，没有给出严格的证明，只提出了尽量避免等待的算法；

（2）整数规划对软件依赖性太大，如变量增多时软件不能求解；

（3）原则（2）下对问题的求解存在一定的误差.

3）模型的改进方向

模型需要改进的方向为：在解决原则（2）下的问题时，应该加入 8 小时内一辆车能跑的趟数为整数这一条件进一步去讨论，以求达到更理想的结果.

9. 模型的拓展与推广

从长远看，卸点可以移动，我们可以从卸点与各个铲位的距离关系中寻找新的约束条件，或者用图论来确定卸点的最佳位置，并可以用概率统计算法，找出一些效率低的铲位，优先给其他铲位分配铲车和卡车.

本模型适用于不同的初始数据，包括卡车、铲车的数量、卸点和铲位的位置、卡车的卸车时间、铲车的装车时间、品位限制、矿石和岩石含量、一个班次的工作时间等参数，并可推广到有一个铲位含多种矿产或是不同性能的卡车搭配工作的情况，还可应用到其他领域，如飞机场、火车站调度问题，工厂流水线生产问题，以及港口货物进出问题.

10. 参考文献

[1] 叶其孝. 大学生数学建模竞赛辅导教材. 长沙：湖南教育出版社，1993.

[2] 姜启源. 数学模型. 北京：高等教育出版社，1987.

[3] 中科院数学研究所运筹学研究室. 线性规划方法与应用. 北京：高等教育出版社，1959.

C. 2 美国大学生 MCM 赛题和参赛论文 *

C. 2. 1 题目：Wind and Waterspray

An ornamental fountain in a large open plaza surrounded by buildings squirts water high into the air. On gusty days, the wind blows spray from the fountain onto passersby. The water - flow from the fountain is controlled by a mechanism linked to an anemometer (which measures wind speed and direction) located on top of an adjacent building. The objective of this control is to provide passersby with an acceptable balance between an attractive spectacle and a soaking: the harder the wind blows, the lower the water volume and height to which the water is squirted, hence the less spray falls outside the pool area.

Your task is to devise an algorithm which uses data provided by the anemometer to adjust the water -flow from the fountain as the wind conditions change.

C. 2. 2 参赛论文

1. Summary：Wonder Control, Beautiful Fountain

We were asked to devise an algorithm which uses data provided by the anemometer to adjust the water - flow from the fountain as the wind conditions change.

We first discuss what measures can be used to judge the acceptable balance between a spectacle and a soaking of a fountain, so we define a contentment ratio. We define a control function as one which specifies the relations between the control variables (such as height and volume of the spray) and the wind data. We propose three models. Each gives a control function.

---

* 本论文获 2002 年美国大学生 MCM 一等奖，作者陈远旭，江泓，周海涛，指导教师王兵团.

We analytically construct a simple projectile motion model, taking account of the effect of air damping and the wind to the spray, and find a control function. We develop several sub-models to discuss this problem using different analytical methods.

Secondly, we set up a model in which we consider the spray squirted from the fountain with an initial angle off the vertical direction in any direction, concluding an optimal control function.

Then, developing the model, we assume the water-flow consists of water droplets, each as a single projectile. Similizing a water droplet as a particle, we establish a particle simulation model, based on the principle of Hydrokinetics, to simulate the spray with an initial volume and velocity moving in the air. We find a control function and specify the Contentment Ratio, and design a algorithm with a consideration of slightly altered air constraints.

Finally, we present a control algorithm using the control functions derived from models, and test the algorithm on a case we establish. In further discussion, we use the models to some patterns of fountain, and have a good control. And we attempt to improve the particle simulation model with metaballs modeling system which has excellent characters of water droplets, and try to achieve a better control function for the algorithm.

2. Assumptions and Justifications

(1) The fountain concerned is an ideal one that can be controlled without any delay by a mechanism which can be set a control algorithm.

(2) The pool of the fountain we concern is a circle and its diameter is given.

(3) The nozzle of the fountain is just on the ground (no higher and lower than the ground surface).

(4) The wind blowing from any direction is parallel the ground surface, and has the same effect to the water-flow of any height. And the data of the wind provided by the anemometer is just the same to that on the spray.

(5) Not to consider the effect of the buildings surrounding the plaza to the wind.

(6) The volume and height of the water-flow is controllable all the time in any way.

(7) There is enough time for the wind to change the water-flow during its continuous motion.

3. Terms and Definition

(1) A gust: is defined as the highest 5-second wind speed logged over the past ten

minutes, provided it equals or exceeds 28km · h^{-1} (15knots) and provided it exceeds the current two minute mean speed by at least 9km · h^{-1} (5knots).

Standard deviations of wind direction (sigma, theta) and wind speed may be reported for the output averaging times with a resolution of 1 degree and . 5km · h^{-1}, respectively (World Meteorological Organization (WMO) recommendation).

(2) Sampling frequency: is defined as the frequency by which the anemometer obtains the data of the wind.

(3) Air damping ratio: is a ratio which measures the degree of the force constraints applied to the water - flow during it moves in the air.

(4) Hydrokinetics: is a branch of physics that deals with fluids in motion.

(5) Range: the maximum distance the water - flow can get.

(6) Control function: is defined as a function by which we can get the optimal value of the variables which can control the motion of the spray.

(7) Contentment ratio: is a ratio which measures the acceptable balance between a spectacle and a soaking.

(8) Particle systems simulation: which uses numerical integration techniques to simulate a system of particles by applying physical force constraints on the system.

4. Notations

The symbols commonly used in this paper:

H——Height of the water - flow;

D_f——Diameter of the nozzle of the fountain;

D_p——Diameter of the pool;

V——Volume of the fountain;

v_w——Velocity of the wind;

v_0——Velocity of the water - flow;

α——Angle of the water - flow squirted from the fountain;

θ——Angle of the wind;

k——Air damping ratio;

t——The time of the water - flow motion;

S——Maximum range of the spray;

C——Contentment ratio.

5. Analysis of the Problem

(1) What is the acceptable balance between an attractive spectacle and a soaking?

We will appreciate a fountain if it has a good height with a large volume, and consider the more water droplets squirted out of the pool, the more unpleasant, how much is acceptable is our discussion. So we should find the balance point of these. We define a contentment ratio (C) to measure it, the definition is different when we consider the different factors of the water-flow and the wind. In our modeling we define different ratio for different models.

We want to quantitatively analyze the control, so we define a function F ( ) for our control algorithm to meet the given contentment ratio. F ( ) is a function of variables height, volume of spray, maximum range and the data of wind.

(2) Motion of the water-flow.

The motion of the water-flow squired from a fountain is a classical projectile motion, and it fits the motion equation well when we ignore the force constraints of atmospheric drag. But in fact, the motion is very complex, because the damping ratio of the air should be considered during the period of the motion, and the water-flow may be dispersed into droplets of water when it moves in the air. A slight air disturbance can make the droplets fly everywhere. On gusty days, the wind has a strong effect on the water-flow motion, so the track of the motion will greatly change.

(3) What we can do?

Before we are able to control the water-flow to solve the problem, we should make clear the relations between the parameters which determine the spray motion and those of the wind. In order to conclude a control function on basis of which the algorithm we embark on, we should construct models to work out the relations of variables, by which we can find optimal parameters of the spray to meet the contentment of passersby when the data of wind is given.

6. Projectile Motion Model

In this model, we simplify the spray from the fountain as a single track (Figure 1). The track consists of a lot of discrete water droplets and each water droplet had the same size and can be considered as a particle.

Firstly, we neglect the damping force of the air. Let v_o be the initial speed of the droplet. Let v_w be the speed of the wind (Also seem in Notations).

Consider this situation: the direction of the wind is parallel to X axis. We assume that the droplet obtain the

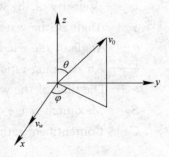

Figure 1

speed of v_w in X direction.

$$\begin{cases} v_z = v_0 - gt \\ v_x = v_w \end{cases}$$

From the equations above we can conclude:

$$\begin{cases} z = v_0 t - \dfrac{1}{2} gt^2 \\ x = v_w t \end{cases}$$

Let $z = 0$, then $t = 0$ or $t = \dfrac{2v_0}{g}$. If $x = \dfrac{2v_w v_0}{g} > \dfrac{D_p}{2}$, the water droplet will be out of the pool, and then drop onto the passersby.

The control function is $F(D_p, v_w) = \dfrac{D_p g}{4 v_w}$. The v_0 smaller than the function is content.

Now we consider the damping force of air in Z direction and neglect the damping force of the air in X or Y direction. Why we neglect the damping of the air in X or Y direction? Because we think that the pushing force of the wind is much greater than the damping force.

Let k be the damping factor.

$$\begin{cases} v_x = v_w \\ \dfrac{m dv_z}{dt} = -mg - k v_z \end{cases} \Rightarrow \begin{cases} v_x = v_w \\ v_z = \left(v_{z0} + \dfrac{mg}{k} \right) e^{\frac{-kt}{m}} - \dfrac{mg}{k} \end{cases}$$

then

$$\begin{cases} x = v_w t \\ z = \left(\dfrac{m v_0}{k} + \dfrac{m^2 g}{k^2} \right) (1 - e^{\frac{-kt}{m}}) - \dfrac{mg}{k} t \end{cases}$$

In above, we assume that the water droplet obtains the same speed as that of the wind and maintains the speed until it fails onto the ground.

Now we study the process more intensively.

1) Modification of the Above Model

We analyze the mechanism of the anemometer and the mechanism of wind pushes the water droplet (see in Appendix A), and deduce the influence of the wind on water droplets is specified as $U = V(1 - e^{\frac{-Lt}{V}})$ (U is the speed of spray in X axis direction, V is the speed of wind).

Assume that the wind direction is parallel to X.

$$\begin{cases} v_z = \left(v_{z0} + \dfrac{mg}{k}\right) e^{\frac{-kt}{m}} - \dfrac{mg}{k} \\[2mm] v_x = v_w \left(1 - e^{\frac{-lt}{v_w}}\right) \end{cases}$$

$$\Rightarrow \begin{cases} z = \left(\dfrac{mv_{z0}}{k} + \dfrac{m^2 g}{k^2}\right)\left(1 - e^{\frac{-kt}{m}}\right) - \dfrac{mgt}{k} \\[3mm] x = v_w t + \left(e^{\frac{-lt}{v_w}} - 1\right)\dfrac{v_w^2}{l} \end{cases}$$

Let $z = 0$, then

$$t = \frac{gm + k\,v_0 + g\,m \cdot \mathrm{ProductLog}\left[-\dfrac{e^{\frac{-1-kv_0}{gm}}\,(gm + kv_0)}{gm}\right]}{gk}$$

2) Strengths and Weaknesses of the Model

This model is simple and efficient. It can help us to understand the motion of the spray of the fountain and its control function is simple and easy to apply. However, it assumes that the spray comes out of the nozzle drop by drop; but in fact, there are a lot of droplets coming out of the nozzle at the same time. Additionally, for convenience, we neglect the damping force of the air in horizontal direction; but in fact, the damping force will be great when the speed of the speed of the water droplet is high.

7. General Model

Neglect the damping force of the air. Assume that the wind direction is parallel to X direction (If the wind direction is not parallel to X, we can rotate the coordinate to make it parallel to X).

$$\begin{cases} v_{x0} = v_0 \sin\theta\cos\alpha \\ v_{y0} = v_0 \sin\theta\sin\alpha \\ v_{z0} = v_0 \cos\theta \end{cases}$$

then

$$\begin{cases} v_x = v_{x0} + v_w \\ v_y = v_o \sin\theta\sin\alpha \\ v_z = v_0 \cos\theta - gt \end{cases}$$

we can get

$$\begin{cases} x = (v_0 \sin\theta\cos\alpha + v_w)t \\ y = v_0 t\sin\theta\sin\alpha \\ z = v_0 t\cos\theta - \dfrac{1}{2}gt^2 \end{cases}$$

Let $z=0$, then $t=0$ or $t=\dfrac{2v_0\cos\theta}{g}$. Thus

$$\begin{cases} x=(v_0\sin\theta\cos\alpha+v_w)\,\dfrac{2v_0\cos\theta}{g} \\[2ex] y=v_0\sin\theta\sin\alpha\,\dfrac{2v_0\cos\theta}{g} \end{cases}$$

when

$$\sqrt{x^2+y^2}=\sqrt{v_0\sin^2\theta+v_w^2+2v_0v_w\sin\theta\sin\alpha}\cdot\dfrac{2v_0\cos\theta}{g}>\dfrac{1}{2}D_p$$

the water droplet will be squirted out of the pool. So the control function is

$$\sqrt{x^2+y^2}=\sqrt{v_0\sin^2\theta+v_w^2+2v_0v_w\sin\theta\sin\alpha}\cdot\dfrac{2v_0\cos\theta}{g}>\dfrac{1}{2}D_p$$

Just like the deduction we got, we also consider the damping force of the air in Z direction and neglect the damping force of the air in X or Y direction. The X and Y direction are similar to the above, only Z direction has a change, v_z and z is the same to the model above

$$v_z=\left(v_{z0}+\dfrac{mg}{k}\right)\mathrm{e}^{\frac{-kt}{m}}-\dfrac{mg}{k}$$

$$z=\left(\dfrac{mv_0\cos\theta}{k}+\dfrac{m^2g}{k^2}\right)(1-\mathrm{e}^{\frac{-kt}{m}})-\dfrac{mg}{k}t$$

Let $z=0$, then

$$t=\dfrac{gm+k\,v_0+g\,m\cdot\mathrm{ProductLog}\left[-\dfrac{\mathrm{e}^{\frac{-1-kv_0}{gm}}(gm+kv_0)}{gm}\right]}{gk}$$

Considering the collision of the air molecule just like the conclude above, we can get

$$\begin{cases} x=v_wt+(\mathrm{e}^{\frac{-Lt}{v_w}}-1)\,\dfrac{\lambda v_w^2}{l}\quad\left(\lambda=\dfrac{v_w-v_0\sin\theta\cos\alpha}{v_w}\right) \\[2ex] y=v_0t\sin\theta\sin\alpha \\[2ex] z=\left(\dfrac{mv_0\cos\theta}{k}+\dfrac{m^2g}{k^2}\right)(1-\mathrm{e}^{\frac{-kt}{m}})-\dfrac{mgt}{k} \end{cases}$$

it is deferent for x, the t has the same value.

In this model, we analyze the distribution of the initial velocity of the water droplets and use particle system to describe it. It is very near to the reality. The model is efficient and the control function is easy to understand. However, it assumes that the directions of all droplets are vertical and it still neglects the damping force in horizontal direction. Additionally, it neglects surface tension of the water droplet. What is more, it neglects the mutual affect of each other; but in fact the droplets act on each other and this makes the motion much more complex.

8. Particle System Model

In this model, we have a fountain of water which is approximated by numeric particles each one representing a droplet of water. The force constraints applied to it are that of the environment such as gravity, atmospheric drag, etc. In reality, the nozzle of the fountain often has diameter, and because of friction the initial speeds of water droplets at different place are not the same.

To describe the exact mechanism of fluid is a very complex task. We use the law of Hydrokinetics to simulate the water – flow with a certain volume. The Navier – stokes [Reference 5] equation is a famous one. But it is also very complex. We simplify it and get a beautiful velocity equation.

The distribution of velocities of the water droplets is

$$v_{z0} = v_{max}\left[1 - \left(\frac{r}{R}\right)^2\right]$$

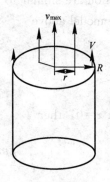

here, R is the radius of the nozzle of the fountain, v_{max} is the maximum velocity of the water droplets in theory.

When the water droplets are out of the nozzle, they form a particle system. We assume that each particle doesn't interfere with each other. So each particle fits the Single Curve Model.

To define V_s as the initial velocity at which the particle can drop onto the passersby.

$$v_{max}\left[1 - \left(\frac{r}{R}\right)^2\right] > V_s$$

so

Figure 2

$$r < R\sqrt{1 - \frac{V_s}{v_{max}}} = r_0$$

We define m as the quantity of the water flow squirted out of the pool, n as the quantity of the volume of the water flow.

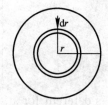

$$m = \int_0^{r0} 2\pi r v_{z0}\,dr = \frac{\pi v_{max}R^2}{2}\left[2\left(1 - \frac{V_s}{v_{max}}\right) - \left(1 - \frac{V_s}{v_{max}}\right)^2\right]$$

Figure 3

$$n = \int_0^R 2\pi r v_{z0}\,dr = \frac{\pi R^2 v_{max}}{2}$$

If we neglect the damping force of the air, using the Projectile Motion Model for each particle to value V_s.

$$V_s = \frac{gs}{2v_w} \quad (s \text{ is radius of the pool})$$

In this model, we use the ration between the water droplets that drop onto passerby and the total droplets to describe the balance.

We define λ as the ratio.

$$\lambda = \frac{m}{n} = 2\left(1 - \frac{V_s}{v_{max}}\right) - \left(1 - \frac{V_s}{v_{max}}\right)^2$$

$$V_s = v_{max}\sqrt{1-\lambda}$$

then control functions is

$$v_{max}^2 = \frac{g^2 s^2}{[4vw^2(1-\lambda)]}$$

If we use the General Model for each particle. From the Figure 4 we can get the equation of the edge of the area covered by squired water droplets.

$$\rho^2 = 4(v_0^2\sin^2\theta + v_w^2 + 2v_0 v_w \sin\theta\sin\alpha) \cdot \frac{v_0^2\cos^2\theta}{g^2}$$

$$A = 2\int_0^{\frac{\pi}{2}} \frac{1}{2}\rho^2 \, d\alpha = \frac{4v_0^2\cos^2\theta}{g^2}\left[\frac{\pi}{2}(v_0^2\sin^2\theta + v_w^2) + 2v_0 v_w \sin\theta\right]$$

$$\approx \frac{2\pi v_0^2 v_w^2 \cos^2\theta}{g^2} \quad (\theta \to 0)$$

A is the covered area of the squired water droplets.

Then

$$\lambda = \frac{A - \frac{\pi}{2}R^2}{\pi R^2} = \frac{A}{\pi R^2} - \frac{1}{2}$$

$$\frac{A}{\pi R^2} = \frac{1}{2} + \lambda$$

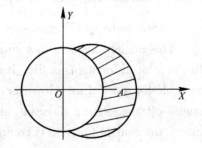

so the control function is

$$\frac{2\pi v_0^2 v_w^2 \cos^2\theta}{g^2 R^2} = \frac{1}{2} + \lambda$$

Figure 4

In this model, we use the ratio between the distance of the spray and the radius of the pool.

$$\lambda = \frac{x - \frac{D_p}{2}}{\frac{D_p}{2}} = \frac{2x}{D_p} - 1$$

then this λ is the contentment ratio C.

1) Simulation Algorithm Designed

The particle system simulation is computed throughout by using Euler's integration method.

$$F(t_1) = F(t_0) + tF'(t_1)$$

Using a time step t, the next value of a function can be calculated by incrementing the current value by the time step times the derivative of the function. The functions of the particle that are calculated in this manner are velocity and position. At any moment, it is possible to apply various forces to the particle and thus calculate its acceleration. As acceleration is the derivative of velocity, we can use it to calculate the next velocity value. As velocity is the derivative of position, we can use it to calculate the next position value. Thus we can simulate the positions of all the particles provided we have their initial values, masses and forces applied on them.

To create a data set of particles moving at various times, all the particles are initiated at the same place at the same time, but with uniformly random ages. The death of a particle replaces it back at the starting point with a new set of random variables. This way, a continuous stream of particle flow is achieved.

To naturally distribute the particle's state, properties such as mass, initial velocity, age, etc. are computed using a random Gaussian number generator. Every property is selected by using a mean and the variance and plugging it into the Gaussian Random Function.

2) Strengths and Weaknesses of the Model

This model considers this situation: there is an angle off the vertical direction. It fits to a lot of fountains in life. It uses the area ratio to describe the balance and it is acceptable for most of us. However, it still assumes that all water droplets have the same angles off the vertical direction and have the same value of initial velocity. What is more, the control function is complex and difficult to apply.

3) Control Algorithm

Here, we will present the process of the control of the fountain.

Firstly, we will have the data sampling. The frequency of controlling dates' sampling according to the anemometer should be 0. 1 second once, we will have 2 data in 0. 2 second, and we assume them to be V_{w1} and V_{w2}.

Then we will convey the data to a computer where we can take some calculation according to the data. We consider the wind speed as $V_w = (V_{w1} + V_{w2})/2$. Then we can put this V_w into the control functions from the above models, and we can get the water volume and height in this wind condition.

Then we can compare the water height at the current moment and the water height under our calculation. If they don't meet, we may change the water height base on our calculation. Avoiding repeatedly change the water height in a short time, we would not change the water height when it takes only a little change. Here we assume it to be 1%. That is said that if the height only need to change 1%, we would not change it. In fact, we do not need to control the height of the spray sensitively.

At last, if is needed, we will give the mechanism a data the make it change the height of the water spray.

```
Begin
    WHILE (the fountain and the anemometer works)
        Begin
            Data sampling from the anemometer;
            Get two values of the wind speed in the last 0.2 second and name them to be $V_{w1}$ and $V_{w2}$;
            $V_w = (V_{w1} + V_{w2})/2$;
            Get the height of the water spray now and name to be $H$;
            Calculate the height named h under the given function: $h = F(V_w, D_p, V)$;
            IF $[(h-H)/H] > 1\%$ THEN change the height of the water spray to be $h$;
        End
    End WHILE
End
```

9. Examples

To make our models more clearly, we present same examples based on our models. Here we assume the diameter of the poor is 6 meter.

1) Example 1 (Based on the Projectile Motion Model)

In this model, we will neglect the effect of the change in water volume.

Table 1

Times	1	2	3
$v_w/(km \cdot h^{-1})$	7.2	18	28.8
H/m	5.50	2.02	1.37

2) Example 2 (Based on the Particle Simulation Model)

In this example, we do not change the diameter of the nozzle of the fountain. And we assume that diameter of the nozzle of the fountain is 10cm.

Table 2

Times	1	2	3
v_w/(km · h^{-1})	7.2	18	28.8
H/m	5.75	0.98	0.43
V/(cm^3 · s^{-1})	418	172	114
C	5%	10%	20%

3) Example 3 (Based on the Particle Simulation Model)

In this example, we will change the diameter of the nozzle of the fountain.

Table 3

Times	1	2	3
v_w/(km · h^{-1})	7.2	18	28.8
H/m	5.75	1.03	0.49
V/(cm^3 · s^{-1})	418	268	133
C	5%	15%	30%
D_f/cm	10	8.76	7.38

10. Further discussion

First of all, we will discuss the relation between the water droplets. In our models, we do not consider the effect between the droplets. Then how much effect will it take to the model? Will it have a great effect to the droplet's movement? This is the mainly question that we concern.

As is known, when two droplets meet in the air, they combine to a larger one. We consider the droplets to be the same size before their combination, and assume their speeds to be V_1 and V_2. According to the law of conservation of Moment of Momentum, we know that:

$$MV_1 + MV_2 = 2MV$$

So $V = (V_1 + V_2)/2$. That is said that the speed of the larger droplet will slower than the faster droplet and faster than the slower one. In our given model, we known that the droplets' speeds are almost the same in the same place, so when they meet in the air, we can consider them to be the same speed. So when they combine into a larger droplet, the speed do not change.

And then what will happened to the larger droplet? We know that the acceleration of gravity would not change. If we neglect the damping force of the air, the time of droplet movement (begins when it leaves the nozzle, and ends when it drops to the ground). Due to its larger quality, the wind's effect will not become bigger. So the range of the droplet moves in the X direction will not become longer. We can drop a conclusion that the relation between the water droplets would not affect our model.

There are a lot of water droplets coming out of the nozzle. Because the droplets act on each other and are affected by the environment, the shape and quality of the water droplet change all the time. Metaballs Modeling System [Reference 7] is useful system to describe these situation: The shapes of them change as two metaballs come near to each other and they turn into one when they are too closed to each other. It is very similar to water droplet in reality. We consider to use metaballs modeling to simulate the motion of spray of the fountain.

11. Reference

[1] Qixiao Ye. Textbook of undergraduate mathematical model competition. 2001

[2] Manlu Luo. Aerodynamics. 1998

[3] Wenxun li, Baoxia Jin. Aerodynamics and method of calculate. 1990

[4] Zengji Cai, Tianyu Long. Hydrodynamics.

[5] Huagen Wan. Simulation of real – time motion of fountain based on physical model. Newspaper of Computer Science, 1998

[6] Fuzheng Qu, Chuanlin Lv. The method of computer controlling musical fountain. Modern Electron Technology. 2001

[7] Nishita T, Nakamae E. A method for displaying metaballs by using Bezier clipping. Computer Graphics Forum, 1994

[8] Http://cgl. bu. edu/GC/shammi/p2/index. htm

[9] Http://www. mb. ec. gc. ca/air/autostations/ab00s11. en. html

12. Appendix A

1) The Mechanism of Anemometer

In fact, when we measure the speed of wind, we measure the pressure caused by the collision of the air molecule.

Let M be the quality of anemometer, m be the quality of one air molecule, U_0, V_0 be the speeds of anemometer and molecule respectively; U_1, V_1 be the speeds of them after the collision.

We know that $M \gg m$, and $U_0 = 0$. From the law of conservation of Moment of Momentum

$$MU_0 + mV_0 = MU_1 + mV_1 \tag{1}$$

from the law of conservation of energy

$$\frac{1}{2}MU_0^2 + \frac{1}{2}mV_0^2 = \frac{1}{2}MU_1^2 + \frac{1}{2}mV_1^2 \tag{2}$$

from (1) we can know that

$$U_1 = \frac{m(V_0 - V_1)}{M}$$

we put it into (2), then

$$\frac{1}{2}mV_0^2 = \frac{1}{2}M \cdot \frac{m^2(V_0 - V_1)^2}{M^2} + \frac{1}{2}mV_1^2$$

because

$$M \gg m, \quad \frac{1}{2}M \cdot \frac{m^2(V_0 - V_1)^2}{M^2} \approx 0$$

so

$$V_1 = -V_0$$

Let F_0 be the force received by the molecule, let P_0 be the initial pressure of the anemometer, let τ be the time of collision, thus

$$F_0\tau = 2mV_0$$

Let n be the number of air molecules on one unit of square, then

$$P_0\tau = 2mV_0n \tag{3}$$

2) The Mechanism of Wind Pushes the Water Droplet

Let V, U be the initial speeds of wind, water droplet respectively; ΔV, ΔU be the increase of the speeds after the collision.

$$MU + mV = M(U + \Delta U) + m(V + \Delta V) \tag{4}$$

$$\frac{1}{2}MU^2 + \frac{1}{2}mV^2 = \frac{1}{2}M(U + \Delta U)^2 + \frac{1}{2}m(V + \Delta V)^2 \tag{5}$$

from (4)

$$M\Delta U + m\Delta V = 0 \tag{6}$$

from (5)

$$\frac{1}{2}M(\Delta U)^2 + \frac{1}{2}m(\Delta V)^2 + MU\Delta U + mV\Delta V = 0 \tag{7}$$

just as

$$\frac{1}{2}M\frac{m^2(\Delta V)^2}{M^2} - mU\Delta U + \frac{1}{2}m(\Delta V)^2 + mV\Delta V = 0$$

because

$$M \gg m, \quad \frac{1}{2}M\frac{m^2(V_0 - V_1)^2}{M^2} \approx 0$$

so

$$-U+\frac{1}{2}\Delta V+V=0 \Rightarrow \Delta V=2(U-V)$$

Let F be the pushing force, τ be the collision time, n be the number of air molecules on one unit square, P be the pressure caused by the wind on one unit square.

$$F\tau=2m(V-U), \quad P\tau=2nm(V-U) \tag{8}$$

from (3) and (8) we get

$$\frac{P\tau}{P_0\tau}=\frac{2nm(V-U)}{2nmV} \Rightarrow P=\left(1-\frac{U}{V}\right)P_0$$

Let m be the quality of the water droplet, then

$$\frac{dU}{dt}=\frac{F}{m}=l\left(1-\frac{U}{V}\right)$$

l is a parameter with constant value. So

$$-V\ln\left(1-\frac{U}{V}\right)=lt+C$$

When $t=0$, $U=U_0=0$, so $C=0$, then

$$U=V\left(1-e^{\frac{-lt}{V}}\right) \tag{9}$$

C. 3 美国大学生 ICM 赛题和参赛论文 *

C. 3. 1 题目: How environmentally and economically sound are electric vehicles? Is their widespread use feasible and practical?

Here arc some issues to consider, but, of course, there are many more, and you will not be able to consider all the issues in your model (s):

- Would the widespread use of electric vehicles actually save fossil fuels or would wc merely be trading one use of fossil fuel for another given that electricity is currently mostly produced by burning fossil fuels? What conditions would need to be put in place to maximize the savings through use of electric vehicles?

- Consider how much the amount of electricity generated by alternatives such as wind and solar would need to climb during the twenty-first century to make the widespread use of electric vehicles feasible and environmentally beneficial. Assess whether or not the needed growth of these alternate sources of electricity is likely and possible.

---

* 本论文获 2010 年美国大学生 ICM 特等奖，作者：吉昱茜，卢磊，孟凡东，指导教师王兵团.

- Would charging batteries at off-peak times be beneficial and increase the feasibility of widespread use of electric vehicles? How quickly would batteries need to charge to maximize the efflciency and practicality of electric vehicles? How would progress in these areas change the equation regarding the environmental savings and practicality of widespread use of electric vehicles?

- What method of basic transportation is mo st efficient? Is the efflciency of different methods dependent of the nation or region in which it is used?

- Pollution caused directly by electric vehicles is 10w. but are there hidden sources of pollutants associated with electric vehicles? Gasoline and diesel fuel burned in internal combustion engines for transportation account for nitrites of oxygen. vehicle - born monoxide and carbon dioxide pollution but are these biproducts something wc really should worry about? What are the short and long term effects of these substances on the climate and our health?

- How would the pollution caused by the increasing need to dispose of increasing numbers of 1arge batteries effect the comparison betwcen the environmental effects of electric vehicles versus the effects of fossil fuel - burning vehicles?

- You also should consider economic and human issues such as the convenience of electric vehicles. Can batteries be recharged or replaced fast enough to meet most transportation needs or would their ranges be limited? Would electric vehicles have only a limited role in transportation，good only for short hauls (commuters or 1ight vehicles on short trips) or could they practically be used for heavier and longer-range transportation and shipping? Should governments give subsidies to developers of electric vehicle technologies and if so，why，how much，and in what form?

C.3.2　参赛论文

Summary

After mathematically analyzing and modeling the ocean problem, we would like to present our conclusions and recommendations in order to determine the government policies and practices that should be implemented to ameliorate negative effects of marine debris.

We analyzed large mount of data and determined the severity and global impact of floating plastic. Our model uses the Multi-attribute Decision theory to select the valid data to improve the accuracy of the outcomes.

We made a deeper study on the risk degree of different types of floating plastic. This would provide valuable and economic insight into the pollution abatement. By knowing the most threatening plastic to the marine ecosystem, we provided practical suggestions in three levels for the government policy maker.

The model achieves several important objectives:

- The analysis of the marine debris problem: Floating plastic poses great danger on marine ecosystem and the damage is mainly caused by marine organism's ingestion.

- The risk degree of different types of plastic: among all kinds of floating plastic, the risk degrees of fragments and thin plastic are the largest and second largest respectively. In other words, fragments and thin plastic films are the most harmful two types of plastic

- An effective and economic ways to abate the marine pollution: according to the different risk degree of different types of plastic, policies should be specific designed. Strict policies should apply to the more harmful plastic.

Our model meets our expectations, and is easily modified to support different marine areas. We believe that our model can be used in further research and our recommendations will contribute a lot to the marine protection.

1. Introduction

The wastes dumped into the ocean by human beings are accumulating in high densities over a large area due to the ocean current. The Great Pacific Ocean Garbage Patch is just one of five that may be caught in giant gyres scattered around the world's oceans (Hoshaw, 2009). The accumulation of the wastes, most are plastic, is now recognized as a serious problem in marine ecosystem (Tanimura, 2007). Although the plastic pollution is quite evident and many researchers have estimated the amount of different types of floating marine debris, there are few studies on the risk degree of different types of plastic to the marine creatures.

To accomplish this goal, we model and analysis the risk degree caused by different types of plastic to the marine organism. As an application, we apply this model to the government legislation. The determination of the risk degree of all the types of plastic can help the policy maker formulate the favorable regulations, policies and laws according to the risk degree of the different materials. In this way, the marine environmental protection policies will be more proper, effective and it will cut down the unnecessary expense.

2. Analysis about ocean debris problem

Plastic is extensively used in various industries for its lightweight, strong, durable and cheap advantages (Laist, 1987). And the study of Unnithan (1998) showed that the recovery of plastic often does not provide readily realizable profits, or options for reuse. So more and more abandoned plastic enter to the nature every year and cause serious pollution. Since the ocean is downhill and downstream from virtually everywhere humans live, and about half of the world's human population lives within 50 miles of the ocean, lightweight plastic trash, lacking significant recovery infrastructure, blows and runs off into the sea (Moore, 2008). This have caused seriously marine pollution and posed a danger on marine ecosystem.

Marine debris poses a danger to marine organisms through ingestion and entanglement (Moore 2001). Between these two ways, ingestion should be attached greater important to because the ingestion of small size plastic fractions affects large number and diversity of species when compared to the entanglement. (Monica F, 2009) Spear et al. (1995) provided solid evidence for a negative relationship between number of plastic particles ingested and physical condition in seabirds from the tropical Pacific.

Moreover, Mato et al. (2001) found that plastic resin pellets contain toxic chemicals such as PCBs and nonylphenol. They suggested that plastic resin pellets could be an exposure route for toxic chemicals, potentially affecting marine organisms.

From the published data on the abundance of floating plastic in the North Pacific Ocean (ReiYamashita 2006) we know that the abundance of floating plastic is increasing enormously every few years.

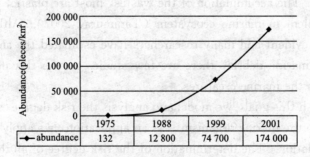

	1975	1988	1999	2001
abundance	132	12 800	74 700	174 000

Figure1　Abundance of floating plastics in the
North Pacific Ocean during 1975—2001

3. Terminology and Conventions

This section defines the basic terms used in this paper.

- *Risk degree* of a type of plastic refers to its damage possibility to the marine organism. That is to say, the larger a kind of plastic's risk degree is, the more likely it is ingested by marine organism and cause damage to the creature.

- The *abundance* of a type of plastic refers to the number of plastic debris per square kilometer.

- The *size* of a piece of plastic refers to the minimum mesh size the plastic piece can go though. Here we use the mesh size as the size of a piece because the actual size of the debris can not be measured accurately.

- The *attribute* is used to measure the achieving degree of an object. In this paper, the object is the risk degree of the plastic. The two attributes are abundance and size of the plastic.

- The *weight* of an attribute is the relative importance of the attribute. The larger the weight is, the more decisive it is for the object.

Table 1　Variables and definitions

Variable	definition	Variable	definition
w_i	The weight of attribute	A	Total-abundance attribute
B	Mesh-size attribute (mm)	r_{ij}	Effect measurement
s_{ij}	The performance of alternative j determined by attribute i	u_i^{max}	Upper limit of effect measurement
u_i^{min}	Lower limit of effect measurement	D	Decision matrix
$x(k)$	Raw data of alternative k	$r(k)$	Regularization data of alternative k

4. Assumptions

We make the following assumptions in this paper:

- Moore's data in 1999 is accurate and random enough to be a representative sample of the North Pacific Central Gyre.

- Marine debris poses danger to marine organisms only through ingestion. This ignores the danger brought by entanglement because the ingestion of small size plastic fractions affect large number and diversity of species when compared to the entanglement (Monica F, 2009).

- The danger to marine organism is only determined by the amount of pieces it ingests. The more pieces of plastic it ingest, the greater it will harm the plastic eater. The assumption is necessary because the other data, like poison chemical content of the plastic, cannot be obtained in our work.

- The amount of plastic the creatures ingest is only determined by two factors: the size of the plastic and the abundance of the plastic. This ignores the other factors may contribute to fish digestion such as color and shape, which are difficult to model accurately and have little effect on fish ingestion.

- The eating habits of different marine organism are same. In other words, all the marine creatures food selection are the same and their ingestion are random.

5. Modeling

The logic of the simulation process is detailed in Figure 2.

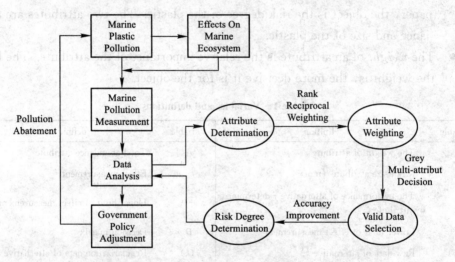

Figure 2   simulation of the pollution abatement process

6. Attribute weighting

To determine the risk degree of different types of plastic, both the abundance attribute and size attribute should be taken into consideration. But the effect degree of the two attributes, the abundance and the size of the plastic, is not known. So we use the Rank Reciprocal Weighting theory to set the weight of these two attributes.

In Rank Reciprocal Weighting method, the denominator of a weight is the sum of all the attribute rank reciprocals. The numerator of a weight is its attribute rank reciprocal. The smaller an attribute rank is, the more importance the attribute is, the larger its rank reciprocal is and the larger its weight is. The weights w_i of the factor i are given by $w_i = \dfrac{1/i}{\sum\limits_{i=1}^{n} 1/i}$, where n is the number of the attributes.

It is common sense that the abundance of the plastic is the main attribute that effect the marine organism, so the weight of abundance attribute is w_1 and the weight of size attribute is w_2. According to the formula above, we have:

$$w_1 = \frac{1/1}{1/1+1/2} = 2/3 \quad w_2 = \frac{1/2}{1/1+1/2} = 1/3$$

7. Valid data selection

Then we will calculate the risk degree of both the abundance attribute and the size attribute to the marine ecosystem according to the raw data obtained by Moore in 1999 (Moore. 2001). The data we need are as follows:

Table 2　Abundance (pieces km^2) of plastic pieces and tar found in the North Pacific gyre

Mesh-size (mm)	Total-abundance
>4.706	24 764
4.759~2.800	19 696
2.799~1.000	114 288
0.999~0.710	85 903
0.709~0.500	57 928
0.499~0.355	31 692
Total	334 270

Each group data can be regarded as an alternative, and though the Grey System Theory we can get the valid data.

Table 3　Effect measurement decision matrix

	Alternative	1	2	3	4	5	6
factor A	Total_abundance	24 764	19 696	114 288	85 903	57 928	31 692
factor B	Mesh-size (mm)	4.706	2.800	1.000	0.710	0.500	0.355

When the size of the plastic is fixed, the larger the abundance of a type of plastic is, the more likely it is ingested. That is to say, the more the abundance of the plastic is, the lager the risk degree is. So we use the upper limit effect measurement, which is applicable when the effect measure is expected to be large. Let the maximum of all alternative outcomes $u_i^{\max}$ be the corresponding element in the standard row: $u_i^{\max} = \max\limits_{j} s_{ij}$.

The upper effect measurement associated with i and j respectively is defined as $r_{ij} = \dfrac{s_{ij}}{u_i^{\max}}$, $i=A$, B; $j=1$, 2, 3, 4, 5, 6.

Similarly, when the abundance of the plastic is fixed, the smaller the size of a type of plastic is, the more likely it is ingested. So we use the lower limit effect measurement, which is applicable when the effect measure is expected to be small. Let the minimum of all alternative outcomes $u_i^{\min}$ be the corresponding element in the standard row: $u_i^{\min} = \min\limits_{j} s_{ij}$. The upper effect measurement associated with i and j respectively is defined as $r_{ij} = \dfrac{u_i^{\min}}{s_{ij}}$, $i=A$, B; $j=1$, 2, 3, 4, 5, 6.

Decision matrix is the matrix that uses to make a decision. Multi-attribute decision matrix is assembled by effect measurement r_{ij}. A decision matrix $\boldsymbol{D}$ with n attributes and m alternatives are as follows:

$$\boldsymbol{D} = \begin{bmatrix} r_{11} & r_{12} & \cdots & r_{1m} \\ r_{21} & r_{22} & \cdots & r_{2m} \\ \vdots & \vdots & & \vdots \\ r_{n1} & r_{n2} & \cdots & r_{nm} \end{bmatrix}$$

Substituted r_{ij} into decision matrix D, we have:

$$\boldsymbol{D} = \begin{bmatrix} r_{A1} & r_{A2} & r_{A3} & r_{A4} & r_{A5} & r_{A6} \\ r_{B1} & r_{B2} & r_{B3} & r_{B4} & r_{B5} & r_{B6} \end{bmatrix} = \begin{bmatrix} 0.217 & 0.172 & 1.000 & 0.752 & 0.507 & 0.277 \\ 0.075 & 0.127 & 0.355 & 0.500 & 0.710 & 1.000 \end{bmatrix}$$

We have already figure out the weight of the abundance attribute and size attribute are 2/3 and 1/3 respectively. According to the Grey Multi-attribute Decision we have:

$$\begin{bmatrix} 2/3 & 1/3 \end{bmatrix} \begin{bmatrix} 0.217 & 0.172 & 1.000 & 0.752 & 0.507 & 0.277 \\ 0.075 & 0.127 & 0.355 & 0.500 & 0.710 & 1.000 \end{bmatrix} = \begin{bmatrix} 0.170 \\ 0.157 \\ 0.785 \\ 0.668 \\ 0.575 \\ 0.518 \end{bmatrix} \begin{array}{l} Alternative\ 1 \\ Alternative\ 2 \\ Alternative\ 3 \\ Alternative\ 4 \\ Alternative\ 5 \\ Alternative\ 6 \end{array}$$

The contribution of alternative 1 and alternative 2 to the outcome is litter, so these two alternatives are not valid alternatives and should be rejected. Then we will analysis the risk degree of different types of plastic respectively according to the other four alternatives.

8. Risk degree determination

Let $x(k)$, $k = 3$, 4, 5, 6 be the number of alternative k and regulate these 4 alternatives according to the formulation: $r(k) = \dfrac{x(k)}{\sum\limits_{k=3}^{6} x(k)/4}$. Then we have:

$$[0.309 \quad 0.263 \quad 0.225 \quad 0.203]$$

By the research of Moore in 1999, we have data as follows:

Table 4 Abundance by type and size of plastic pieces and tar in North Pacific gyre

plastic / alternative	Frag-ments	Styrofoam pieces	pellets	Polypropylene /monofilament	Thin plastic films	Miscella-neous
Alternative 3	61 187	1 593	12	9 969	40 622	905
Alternative 4	55 780	591	0	2 933	26 273	326
Alternative 5	45 196	576	12	1 460	10 572	121
Alternative 6	26 888	338	0	845	3 222	398

Regulate the data in table 4 follow the formulate above and we have:

Table 5 Regulation data of table 4

plastic / alternative	Fragments	Styrofoam pieces	pellets	Polypropylene/ monofilament	Thin plastic films	Miscella-neous
Alternative 3	0.535 4	0.013 9	0.000 1	0.087 2	0.355 4	0.007 9
Alternative 4	0.649 3	0.006 9	0.000 0	0.034 1	0.305 8	0.003 8
Alternative 5	0.780 2	0.005 0	0.000 2	0.025 2	0.182 5	0.002 1
Alternative 6	0.848 4	0.010 7	0.000 0	0.026 7	0.101 7	0.012 6

Then the risk degrees of different types of plastic are as follows:

$$[0.309 \quad 0.263 \quad 0.225 \quad 0.203] \begin{bmatrix} 0.535\,4 & 0.013\,9 & 0.000\,1 & 0.087\,2 & 0.355\,4 & 0.007\,9 \\ 0.649\,3 & 0.006\,9 & 0.000\,0 & 0.034\,1 & 0.305\,8 & 0.003\,8 \\ 0.780\,2 & 0.005\,0 & 0.000\,2 & 0.025\,2 & 0.182\,5 & 0.002\,1 \\ 0.848\,4 & 0.010\,7 & 0.000\,0 & 0.026\,7 & 0.101\,7 & 0.012\,6 \end{bmatrix} = \begin{bmatrix} 0.684\,0 \\ 0.010\,5 \\ 0.000\,1 \\ 0.047\,0 \\ 0.252\,0 \\ 0.006\,5 \end{bmatrix}$$

According to the outcomes, the fragments and thin plastic films are the most harmful two types of plastic. 93.6% of the damager is caused by these two types of plastic and risk degrees of others are very small in comparison to them.

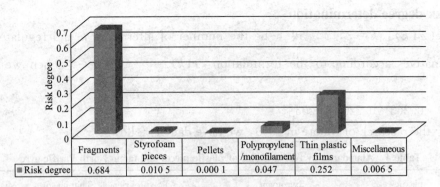

	Fragments	Styrofoam pieces	Pellets	Polypropylene /monofilament	Thin plastic films	Miscellaneous
■ Risk degree	0.684	0.010 5	0.000 1	0.047	0.252	0.006 5

Figure 3　Risk degrees of different types of plastic

9. Strength of model

Our model meets all of our original expectations with the use of the Rank Reciprocal Weighting theory and Grey Multi – attribute Decision method. We have determined the risk degree of different types of plastic. By knowing the risk degree of all kinds of plastic in ocean, the policy maker can formulate specific, effective and economic policies and regulations.

The model provides a framework for marine plastic pollution monitoring which can be applied to various periods and various sea areas. Extend this model to other sea areas, different policies can be made depending on the pollution in different areas to protect the ocean more effective and to the point.

Finally, a great strength of our model lies in the accuracy selection of the valid data. After calculation, analysis and selection, we substitute the valid data into the model to get a more accuracy outcome. Besides, our data show that the plastic we choose were 0. 355~2. 799 mm in size. This size of particle could be ingested by most marine organism (Bourne and Imber, 1982; Azzarello and Van Vleet, 1987; Moore et al., 2001). So the accuracy of our data selection can be confirmed.

10. Weakness of model

In fact, some other factors may contribute to the risk degree are not taken into consideration, such as the poison and the figure of the plastic. This may lead to a deviation of our model.

In reality, the habits of different marine organism are different. But this behavior is not reflected in our model. While we believe that all the behavior of the marine creatures are the same and their ingestions are random.

Our model aims to find out the risk degrees of different types of plastic. While we can not use this model measuring the overall marine pollution level.

11. Discussion

According to our model, the fragments and thin plastic films are the most harmful two types of plastic. The fragments danger makes up 68.4% of total danger that caused by floating plastic, the thin plastic film make up 25.2%. And the risk degrees of others are very small in comparison to them. So we divided the floating plastic into 3 grades by the risk degree: fragments belong to "the high risk plastic" (HRP), thin plastic films belong to "the middle risk plastic" (MRP), Styrofoam pieces, pellets and Polypropylene/monofilament belong to "the low risk standard plastic" (LRP)

Allow for the notable different among these three standards, we suggest policy maker make different policies to different plastic in order to abate the marine pollution more effective and more economic.

The methods to grade the plastic compound products are as follow:

Condition 1　If the product is only made up of HRP and MRP

Let the proportion and risk degree of HRP be p and ω_1 respectively. Let the proportion and risk degree of MRP be q and ω_2 respectively. If $p/q > \omega_1/\omega_1$, the product should be named as HRP. Otherwise, it should be named as MRP.

Condition 2　If the product contains LRP

Because the risk degree of LRP is very low, the product should be named as LPR only when the proportion of LRP is higher than 90%. Otherwise, the product should be named follow the Condition1. The specific solutions to the three standards are as follow:

Table 6　The specific solutions to the three standards

Solution ＼ Policy	The policy for HRP	The policy for MRP	The policy for LRP
grades of tax rates	highest	high	low
Rate of reuse	>=85%	>=75%	>=60%
penalty for littering plastic	Fines up to $50 000 per day	Fines up to $40 000 per day	Fines up to $30 000 per day
research funding	Highest	high	low

Note: The penalty for littering plastic is decided referring to the environment law on of United States.

In comparing plastics with other discarded materials such as lignocellulosic paper, plastics are chemically resistant, are particularly persistent in the environment (Andrady A. L. 2003). The cost of removing the existing floating plastic is prohibiting. To prevent the accumulation of the plastic debris in North Pacific Ocean, the most effective way is cut down the source of the waste.

12. Recommendations

Due to the extensively use of plastic in industries, just forbid the production of the plastic to abate the pollution is unrealistic. To improve the marine environment, we recommend:

- Reduce the production of plastic products which will decompose into fragments or thin plastic films, such as hard plastic and plastic bags, as far as the basic demand of people can be met.
- Modify the design of products or package to reduce the use of plastic.
- Make plastic more durable so that it will be reused to reduce the total demand for plastic.
- Make policy that banning all the promotion for plastic products.
- Substitute away the toxic constituents in plastic products.
- Moderately increase the tax for purchasing plastic products.
- For the area that is seriously polluted, clean up the debris with an efficient and economic method. For example, work in night to reduce the damage to the local ecosystem because the plankton abundance during the day is higher than that at night.
- In future research on marine plastic pollution, much more importance should be attached to the abundance of fragments and thin plastic films. The changes of them should be monitored and used to adjust their standards. And the policies can be adjusted according to the risk standards.
- Increase the funding on research of plastic degrade.
- Improve the reuse of the plastic products.
- Establish a comprehensive and accuracy marine pollution database for further study.

13. Reference

[1] Andrady, A. L. , 2003. In Plastics and the environment (ed. Andrady A. L.). West Sussex, England: John Wiley and Sons.

[2] Azzarello, M. Y. , Van Vleet, E. S. , 1987. Marine birds and plastic pellets. Marine Ecology Progress Series 37 (2 - 3), 295 - 303 .

[3] Bourne, W. R. P. , Imber, M. J. , 1982. Plastic pellets collected by a prion on Gough Island, Central South Atlantic Ocean. Marine Pollution Bulletin 13 (1), 20 -21.

[4] Costa M. F. , 2009. On the importance of size of plastic fragments and pellets on the strandline: a snapshot of a Brazilian beach. Environ Monit Assess. doi: 10. 1007/s10661 - 009 - 1113 - 4.

[5] Hoshaw L. , 2009. Afloat in the Ocean, Expanding Islands of Trash. Retrieved February 21, 2010, from: http: //www. nytimes. com/2009/11/10/science/10patch. html? em.

[6] Laist, D. W. , 1987. Overview of the biological effects of lost and discarded plastic debris in the marine environment. Marine Pollution Bulletin 18, 319 - 326.

[7] Mato, Y. , Isobe, T. , Takada, H. , Kanehiro, H. , Ohtake, C. , Kaminuma, T. , 2001. Plastic resin pellets as a transport medium for toxic chemicals in the marine environment. Environmental Science and Technology 35, 318 - 324.

[8] Moore, C. J. , Moore, S. L. , Leecaster, M. K. , Weisberg, S. B. , 2001. A comparison of plastic and plankton in the North Pacific central gyre. Marine Pollution Bulletin 42 (12), 1297 - 1300.

[9] Moore, C. J. , 2008. Synthetic polymers in the marine environment: A rapidly increasing, long - term threat. Environmental Research 108 , 131 - 139

[10] Spear, L. B. , Ainley, D. G. , Ribic, C. A. , 1995. Incidence of plastic in seabirds from the Tropical Pacific, 1984 - 91: relation with distribution of species, sex, age, season, year and body weight. Marine Environmental Research 40, 123 - 146.

[11] Tanimura A. , Yamashita R. , 2007. Floating plastic in the Kuroshio Current area, western North Pacific Ocean. Baseline / Marine Pollution Bulletin 54, 464 - 488

[12] Unnithan, S. , 1998. Through thick, not thin, say ragpickers. Indian Express 23 November.

附录 D　参赛学生感想

D.1　数学建模竞赛使我成熟

（祝诗扬，北京交通大学　光科 0102）

2006 年 9 月 25 日清晨，带着深深的遗憾，我们参赛队上交了论文．由于感觉获奖机会不大，在那一刻我曾经一度觉得数学建模会就此离我远去了，心中充满了难以言说的伤感．

但很快我就发现，数学建模事实上已融入我的生活，变得无处不在．经过这几天的磨炼，数学建模带给我的进步远远多出了我的想像，并不是单纯的能否获奖就能估量的．

比如说，我原来从来没觉得自己的表达能力会有问题．多年当班长的经验、平时对演讲的喜爱，让我对自己的这一方面相当有自信．然而，事实证明，科研讨论和平时一般的交流大有不同．尊重队友只是一个基本的要求，而如何有效地表达自己，如何正确的理解队友意图，都需要一些技巧和经验．在大家意见不统一时就必须有人妥协，而由谁来妥协、妥协到什么程度，就又是新的问题．这就需要各队不断摸索和总结．我们队也经过了校内比赛的磨合，才有了一个比较满意的状态．

比赛结束没几天，我就感觉到自己学习状态的变化．原来一些书上不甚了了的东西，教材为什么要这样编排、书上为什么非这样写不可、为什么不加讨论地采用方案 A 而非方案 B……现在竟是顿觉眼前一亮，"英雄所见略同"．此外，对知识的结构和整体把握也有了很大的提高．原来的学习，像是在迷宫里摸索穿行，现在却像是极目远眺．如果用武侠小说的语言来表达我这种只能意会、难以言传的感受，那就是经过一段时间的闭关修行之后，功力和境界又高了一层（开个玩笑）．

我曾经是个非常挑剔的人，要求舒适的工作条件、尽善尽美的每一个细节．虽然这种完美主义不能说不好，但现实是我们不可能有这么多的时间和精力来完善．三天时间，即使不吃不睡也就 72 小时，什么都考虑到，到了最后也许什么都解决不好．在我们陷入细节的泥沼时，与其勇往直前，不如"退一步海阔天空"．要学会站在全局的高度上去把握，必要的时候我们就得忍痛割爱．这也是我们队本次比赛一个很大的教训．建模中忽略细节主攻重点的思想其实非常有道理．我们以后工作了，成家立业了，一段时间里要兼顾各种事情，就必然会遇到更多此类心有余而力不足的情况，也必然面临更多的选择和放弃．舍得舍得，没有舍就没有得．这是数学建模的学问，也是平时学习的学问, 更是人生的学问.

有的人也许会认为, 参加数学建模竞赛会耽误平时的学习. 我承认, 在时间上, 这肯定是会受影响的. 但我们一整天都埋头苦干效果会不会很好呢? 大二的时候, 我曾经痛下决心, 要把所有的时间都花在学习上, 非要尝尝"笑傲考场、永不言败"的滋味. 虽然最后的成绩比起大一时的确很有起色, 可离自己标准却相差很远, 投入和收获不成比例. 现在回头想想, 一个原因是自己学习效率的问题. 另一个重要原因, 就是平时学习中理论和实践的一贯脱节. 理论和实践有着一道天然的沟壑, 因为书上不可能把所有的来龙去脉都写得一清二楚. 这就造成很多东西很难一下子明白. 即使刚开始自己觉得明白了, 事实上没有亲身的体会, 理解也来得并不深刻, 很容易碰上无法解决的问题. 我还曾经为此怀疑过自己没有天分, 觉得也许学理科并不适合我, 沮丧万分. 我们常常讲学以致用, 先学了一大堆自己并不知道有用没用的知识放着, 再等着有朝一日拿出来用. 问题是, 这样漫无目的、看起来遥遥无期的学习简直就是痛苦的煎熬, 更别说要学好了.

扪心自问, 我学习不能说不努力, 不能说不刻苦, 但成绩却总是差强人意. 我已经尽了最大努力为什么还没有多大进步? 这曾是困扰我许久、让我辗转反侧、夜不能寐的问题. 一次没考好可以归结为运气不好. 但这种小概率事件一次次发生, 那就是超小概率事件了. 根据概率论中超小概率事件在一次实验中不会发生的基本定理, 这只能说明我的学习方法上有问题. 如果不改变现状, 我就永远不能进步. 而我又该怎么改变呢? "不识庐山真面目, 只缘身在此山中". 我得跳出平时学习的环境, 才能认识得更清楚. 而事实也证明, 我的决定是正确的.

数学建模竞赛为我提供了实践的机会, 它培养了我们平时上课多思考的习惯, 使我们能在自觉不自觉中从"不知道自己不知道"到"知道自己不知道", 再从"不知道自己知道"到"知道自己知道". 学习学习, 有学有习才能进步.

最后, 感谢王兵团老师的"数学建模基础"和他的数学建模课程! 感谢数学建模竞赛给我提供了参与、锻炼和思考的机会! 我真诚地希望北京交通大学在数学建模教学上取得更多的成绩.

D. 2 爱拼才会赢

(温娟 史创 宗楠, 北京交通大学)

2003 年 8 月 5 日在得知学校要组织建模队参加 9 月份的全国建模比赛时, 我和我的一位舍友报名参加了学校组织的数学建模竞赛培训班. 在竞赛培训班上我们认真思考老师留给的问题并按指导教师的要求尽量学习一些有关数学建模的知识. 通过一段时间的学习和培训, 我们的数学建模能力有了很大的长进.

接下来是怎样组队参赛的问题. 由于数学建模竞赛需要三个人组队参赛, 老师根据我们的实际情况让参加数学建模竞赛培训班的计科的一位男生与我们组队磨合. 在那段日子我们要一边准备 8 月 20 日开始的专业课考试, 一边还要抽时间在一起讨论建模的有关知识, 紧张度可想而知. 28 日上午 8 点学校数学建模竞赛开始, 我们从老师那里领到题目后, 三个人就开始了分工与合作. 原本抱着参与的态度, 没想到竟然获得了一等奖, 由此我们获得了代表学校参加全国大赛的资格.

尽管获得了一等奖, 但我们也发现了自己有很多不足. 老师让我们这些参赛的学生多看一下历年获得全国一等奖的论文, 并告诫我们要写出一篇出色的论文, 需要有自己的观点, 摘要尤其重要, 要做到"人无我有, 人有我新", 这样才能获得评选老师的青睐. 这些对我们帮助很大, 使我们队准备参加全国大学生数学建模竞赛有了明确的目的.

9 月 22 日全国比赛正式拉开帷幕. 早上 8 点我和舍友从 mcm. edu. cn 网上下了题后便开始了我们长达 72 个小时的考试.

题目拿到手后, 我们就开始选题. 每一个参赛队都要在自己所能选的两个题中选择一题. A 题是有关 SARS 的文章, 画出了北京和香港的疫情走势图, 以及一些有关的数据. 看过之后, 我们感觉以前的书上有好多关于传染病的范例, 尽管 SARS 是一种新发现的疾病, 但要写出新意来很难. 所以没经过太多考虑, 我们一致选了 B 题. B 题是有关露天矿生产的车辆安排问题, 属于线性规划和运筹范围. 尽管我们没有一个人是数学系的, 但毕竟以前接触过一些, 所以还能拿下来. 选题的时间比我们预计的要少的多, 这样就等于增加了考虑的时间.

第一天晚上, 我们的思路已经大体定下来了, 但是队友在用软件计算时竟花了半个小时之多, 这与题目中的快速算法相差甚远. 我们不得不重新考虑另一种算法. 第一夜根本感觉不到累, 等你或你的队友抬起头时, 才发现此时已经深夜, 学校的大门早已锁了, 但不管怎么样经过一天的讨论后毕竟还有些进展, 我们打算第二天再接着干. 第一天晚上, 我们只睡了 5 个小时左右 (其实脑子里一直在想题, 哪能睡结实?).

第二天 6 点钟我们又汇集到了考试场所开始了又一天的比赛. 有时为一个条件和队友争得面红耳赤, 不管如何我们的目标都是写出一篇好的论文来, 所以争吵是免不了的. 题目中的条件我们审了又审, 把很多无关紧要的信息划掉, 把关键的语句用自己的话先归纳出来, 再写成数学语言. 第二天晚上我们已经把大部分内容写完了, 但还是计算得比较麻烦, 我们决定保存精力, 第三天大干一场.

第三天上午我们三个人都在考虑快速算法的问题, 此时每个人心里脑子里没有任何的杂念, 全身心都投入到这场"战斗"中来, 或许只有在吃饭的时候才能得到一丝的放松. 下午终于灵感来了, 我们联想到市场经济中的性价比问题, 于是开始计算, 很巧的是竟然与复杂算法的结果惊人的相似! 此时已经是快天黑了, 我们高呼万岁! 痛痛快快的吃过晚饭后, 我们开始分工写论文. 此时离交卷时间还剩 15 个小时左右.

凌晨 2 点, 看看外面一片寂静. 虽然我们已经有点困得睁不开眼睛的感觉, 一直不停地滴眼药水，看电脑屏幕都快成双层了，但此时谁都知道只能进，不能退，跨过这道坎，我们就是最后的胜利者！大家互相鼓励，互相帮助，终于在早晨6点时写完了！

看着写了17页的论文，我们都会心的笑了．虽然此时已经是一天一夜没合眼了，但每个人的喜悦是溢于言表的．

接下来就是等待结果．每次上网的时候都免不了去看看结果出来了没有．

11月1日，我是永远都不会忘记的，当看到我和其他两个队友的名字出现在数学建模比赛国家一等奖的名单中时，我激动的简直不知道说什么好，我和队友拥抱在一起，我们都知道这是大家共同的心血，是把别人喝咖啡、逛商店的时间都用于准备数学建模比赛的结果，太难得了！同时，我们也要感谢指导老师，没有他给我机会和辛勤指导，我们也不可能取得今天的成绩，在这里，我们要对他说，您选择了我们没有错！

从这次比赛中，我感到了团队合作的重要性，三个人就像是一个人的器官一样，不可或缺，每个器官所起的作用都不一样，组合起来才能共同完成某种任务，同时也增强了自信心．其实很多知识你都已经掌握了，只是没有把它运用到实际中来，要充分挖掘自己的潜力才能成功！

D. 3 爱数学建模，不容错过

（宗楠，北京交通大学 光科 0103 班）

梦想着一种不是考试的考试，追寻着一种放松的心情，偶然间和它不期而遇，从此后却一发不可收拾．迷人的数学建模，我怎忍放弃．

只经历了两次建模竞赛，却被它的形式与内容深深吸引．开放、灵活、实用，是它的特点．

建模的问题都是实际生产生活中出现的"原汁原味"的自然问题，有广阔的空间任你自由的发挥．传统的题目大多是"过滤"了的，早以把实际中的诸多因素完全忽略了，拿出来的是理想情况，有"华而不实"之嫌．同时解决这些问题的方法又已固定了，束缚着人们的思维．建模就大不一样了．它是一块天然的玉石，等待你去仔细的观察、研究，根据它的本身纹路精雕细刻．建模要根据实际需要来有选择的忽略次要因素，同时找出不可忽略的因素对问题的影响规律，而这些工作都是由你自己来完成的．没有固定模式的束缚，你会感觉自由自在，想做什么，怎么做，只要能够解决问题，符合实际，你就可以任着性子来．而你又可以借鉴，而不是遵从别人的方法，省去了不少力气．

建模的魅力在于探求和创新．一方面要建立在以往知识的基础上，另一方面在于活跃的思维方式．这些都是从实际出发的，灵活多变的．没有对与错之分，只有好与更好，完善与更完善.

良好的团队精神也是在彼此的合作中磨砺出来的. 我和队友们有争吵，有分歧，也有不理解，最后还是为了共同的目标走回一起. 劳累时的鼓励，困倦时的玩笑，更有成功时的喜悦，所有的一切，大家共同分享.

想起痛苦而快乐的三天，和备战的每个日子，亲爱的数模，我真的已经喜欢上了你.

附录 E 获奖证书

全国大学生数学建模竞赛

Certificate of

获 奖 证 书

北京交通大学

学　生　周　成　王理达　陈　漩

指导教师　王兵团

在二零零三年全国大学生数学建模

竞赛中荣获一等奖

教育部高等教育司

中国工业与应用数学学会

2009

Mathematical Contest In Modeling

Certificate of Achievement

Be It Known That The Team Of

Xiaohui Xi

Xiaoli Chen

Shijia Ma

With Faculty Advisor

Bingtuan Wang

of

Beijing Jiaotong University

Was Designated As

Meritorious Winner

2010

Interdisciplinary Contest In Modeling

Certificate of Achievement

Be It Known That The Team Of

Yuxi Ji

Lei Lu

Fandong Meng

With Faculty Advisor

Bingtuan Wang

of

Beijing Jiaotong University

Was Designated As

Outstanding Winner